ABITUR

Prüfungsaufgaben
mit Lösungen

'99

W0237204

Mathematik

Leistungskurs
Gymnasium
Sachsen
1994–1998

STARK

Der Jahrgang 1998 wurde nach der neuen Rechtschreibung abgefasst.

ISBN: 3-89449-223-6

© 1995 by Stark Verlagsgesellschaft mbH · D-85318 Freising · Postfach 1852 · Tel. (08161) 1790
4. ergänzte Auflage 1998
Nachdruck verboten!

Inhalt

Fortsetzung nächste Seite

Abiturprüfung Nachtermin 1994

Abiturprüfung 1995

Abiturprüfung Nachtermin 1995

Abiturprüfung 1996

Abiturprüfung 1997

Abiturprüfung 1998

Jeweils zu Beginn des neuen Schuljahres erscheinen die neuen Ausgaben der Abiturprüfungsaufgaben mit Lösungen.

Lösungen der Aufgaben:

Steffi Tarnowski, Radebeul

Hinweise

Sehr geehrte zukünftige Abiturientinnen und Abiturienten,

im vorliegenden Band finden Sie die **Abituraufgaben** für den **Leistungskurs Mathematik** im Freistaat Sachsen zur zentralen Abiturprüfung sowie die entsprechenden Aufgaben zur zentralen Abiturnachprüfung (Nachtermin).

Da das Abitur in dieser Form erst seit 1994 in Sachsen abgelegt wird, wurden zusätzlich weitere **Übungsaufgaben** in dieses Buch aufgenommen. Außerdem sind die „abiturähnlichen Musterklausuren" enthalten, die zur Vorbereitung des ersten Abiturs an den sächsischen Gymnasien nach Einführung des neuen Kurssystems vom Sächsischen Staatsministerium für Kultus herausgegeben wurden. Sie sollten Umfang und Stil der zu erwartenden Prüfungen demonstrieren, zumindest für die Bereiche Analysis und Geometrie/Algebra.

Alle diese Aufgaben sollen insbesondere den sächsischen Gymnasiasten eine Hilfe zur **Vorbereitung auf das Abitur** sein. Darüber hinaus kann das Material vor allem aufgrund des umfangreichen Stichwortverzeichnisses aber auch zur **Vorbereitung auf Klausuren** verwendet werden. Hierzu wählt man nur den entsprechenden Aufgabenteil aus. Gerade für unsere Schüler/innen, die bereits nach zwölfjähriger Schulzeit die Abiturprüfung ablegen müssen, ist eine individuelle Vorbereitung nötig, zumal der Lehrplan dafür keinerlei Freiraum bietet. Deshalb habe ich mich für **sehr ausführliche Lösungen mit Zwischenergebnissen** zur Selbstkontrolle entschieden. Die angegebenen Lösungswege sind freilich oft nicht die einzig möglichen.

Die **Prüfungsinhalte** richten sich nach den bereits genannten einheitlichen Prüfungsanforderungen aller Länder sowie dem Lehrplan für das allgemeinbildende Gymnasium in Sachsen.

Den Prüfungsteilnehmer/innen stehen folgende **Hilfsmittel** zur Verfügung:
- Taschenrechner (nichtprogrammierbar, ohne Grafikdisplay),
- Tabellen- und Formelsammlung (ohne ausführliche Musterbeispiele),
- Zeichengeräte,
- Duden.

Die **Arbeitszeit** für den Leistungskurs beträgt 300 Minuten. Bis zum Jahre 1996 wählte der prüfende Fachlehrer am Tag der Prüfung von den zentral gestellten Aufgaben aus:
- im Teil A eine von zwei vorgegebenen Aufgaben zur Analysis,
- im Teil B eine von zwei vorgegebenen Aufgaben zur Geometrie/Algebra,
- im Teil C eine von zwei vorgegebenen Aufgaben zur Stochastik.

Die **Bewertung** der Arbeit erfolgte durch Bewertungseinheiten (BE) mit folgendem verbindlichen Bewertungsmaßstab:
- Teil A: 30 BE erreichbar,
- Teil B: 20 BE erreichbar,
- Teil C: 10 BE erreichbar.

Dementsprechend sollte als **Zeitmaß** für das Lösen der Aufgaben etwa das gleiche Verhältnis gelten, also:
- Teil A: ca. 150 min,
- Teil B: ca. 100 min,
- Teil C: ca. 50 min.

Seit **1997** ist die Struktur der Prüfungsarbeit verändert. Von den Prüfungsteilnehmer/innen sind nunmehr zu bearbeiten:
- im Teil A eine Pflichtaufgabe zur Analysis,
- im Teil B eine Pflichtaufgabe zu grundlegenden Problemen von Geometrie und Algebra,
- im Teil C eine Pflichtaufgabe zu grundlegenden Problemen von Stochastik,
- im Teil D eine von zwei Wahlaufgaben mit erhöhtem Schwierigkeitsgrad.

Eine Aufgabenauswahl durch den prüfenden Fachlehrer entfällt somit.

An den jeweiligen Aufgabenstellungen sind die verbindlichen Bewertungsmaßstäbe ersichtlich.

Das Prüfungsergebnis wird nach der so genannten 60-BE-Skala als Bewertungsrichtlinie ermittelt:

BE	Punkte	Noten
60 ... 58	15	1+
57 ... 55	14	1
54 ... 52	13	1–
51 ... 49	12	2+
48 ... 46	11	2
45 ... 43	10	2–
42 ... 40	9	3+
39 ... 37	8	3
36 ... 34	7	3–
33 ... 31	6	4+
30 ... 28	5	4
27 ... 25	4	4–
24 ... 21	3	5+
20 ... 17	2	5
16 ... 13	1	5–
12 ... 0	0	6

Die **Korrektur der Arbeiten** erfolgt unabhängig durch den eigenen Fachlehrer (Erstkorrektor) und einen anderen Fachlehrer des eigenen Gymnasiums bzw. ab 1998 eines anderen Gymnasiums (Zweitkorrektor).

Noch ein Wort an die zukünftigen Abiturientinnen und Abiturienten: Sicher benötigt man erst einmal mehr Zeit als für die Aufgabe eigentlich vorgesehen ist. Aber mit der Übung stellen sich Fertigkeiten ein und Standardaufgaben werden bald sicher gelöst, sodass mehr Zeit für die anspruchsvolleren Aufgabenteile bleibt. In unmittelbarer Vorbereitung auf das Abitur sollte aber schon der Zeitfaktor eine zunehmende Rolle spielen. Nutzen Sie auch die Selbstkontrolle mit der Bewertungstabelle.

Ihnen viel Erfolg bei Ihrer Arbeit und Spaß beim Üben sowie ein gutes Abiturzeugnis!

Steffi Tarnowski

Stichwortverzeichnis

Das Verzeichnis gliedert sich in drei Themenbereiche:

A = Analysis *B = Geometrie/Algebra* *C = Stochastik*

Die Abkürzungen wurden folgendermaßen gewählt:

Ü ...	*Übungsaufgaben*	*N 95 ...*	*Abiturprüfung 1995 (Nachtermin)*
M ...	*Abiturähnliche Musterklausuren*	*96 ...*	*Abiturprüfung 1996*
94 ...	*Abiturprüfung 1994*	*97 ...*	*Abiturprüfung 1997*
N 94 ...	*Abiturprüfung 1994 (Nachtermin)*	*98 ...*	*Abiturprüfung 1998*
95 ...	*Abiturprüfung 1995*		

A. Analysis

B. Geometrie/Algebra

C. Stochastik

Leistungskurs Mathematik (Sachsen)
Analysis – Übungsaufgabe 1

Gegeben sind Funktionen f_t durch

$$f_t(x) = e - e^{tx} \quad (x \in R,\ t \in R,\ t > 0)\ .$$

a) Die Graphen von f_t schneiden die x-Achse in N_t und die y-Achse in R. Bestimmen Sie N_t und R und geben Sie die Steigung in diesen Punkten an! Untersuchen Sie f_t auf Asymptoten! Zeichnen Sie f_1 für $-3 \le x \le 1{,}5$. (Längeneinheit 2 cm).

b) Stellen Sie die Gleichung der Tangenten g_t an f_t in N_t auf. Zeigen Sie, daß sich alle diese Tangenten in einem gemeinsamen Punkt S schneiden. Berechnen Sie die Koordinaten von S!

c) f_t hat in R die Tangenten h_t und die Normalen n_t. Diese schneiden aus der x-Achse eine Strecke aus. Bestimmen Sie t, so daß die Länge dieser Strecke ein Minimum wird und berechnen Sie die Länge für diesen Fall!

d) f_t, die Tangenten g_t in N_t, die Geraden $y = e$ und $x = u$ $(u < 0)$ umschließen eine Fläche. Berechnen Sie deren Inhalt $A_t(u)$ sowie $\lim\limits_{u \to -\infty} A_t(u)$!

Lösungen

a) N_t... Schnittpunkte mit der x-Achse

$$0 = e - e^{tx_N}$$

$$x_N = \frac{1}{t} \qquad \underline{\underline{N_t\left(\frac{1}{t};\ 0\right)}}$$

$$f_t'(x) = -te^{tx}$$

$$f_t'\left(\frac{1}{t}\right) = \underline{\underline{-te = m_{N_t}}} \text{ ... Steigung in } N_t$$

R... Schnittpunkt mit der y-Achse

$$f_t(0) = e - e^0 = e - 1 \qquad \underline{\underline{R(0; e-1)}}$$

$$f_t'(0) = -te^0 = \underline{\underline{-t = m_R}} \text{ ... Steigung in R}$$

$$\lim_{x\to-\infty} f_t(x) = \lim_{x\to-\infty} (e - e^{tx}) = e$$

$\underline{\underline{y = e}}$ ist Asymptote

Weitere Asymptoten existieren nicht. $\left(\lim\limits_{x\to-\infty} f_t(x) = -\infty\right)$

$f_1(x)$: $N_1(1; 0)$
$R(0; e-1)$

x	–3	–2	–1	0,5	1,5
$f_1(x)$	2,7	2,6	2,4	1,1	–1,8

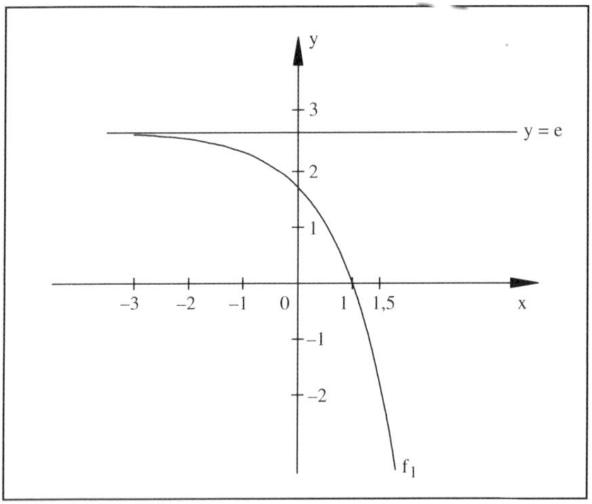

b) g_t... Tangenten an f_t in $N_t\left(\frac{1}{t};0\right)$

$$m_{g_t} = f_t'\left(\frac{1}{t}\right) = -te$$

$$g_t:\ y - 0 = -te\left(x - \frac{1}{t}\right)$$

$$\underline{\underline{y = -tex + e}} \ldots \text{Gleichungen für } g_t$$

Alle Tangenten g_t schneiden die y-Achse im Punkt (0; e).
Dies ist der Punkt S. $\underline{\underline{S(0; e)}}$

c) h_t... Tangenten an f_t in R(0; e – 1)

$$m_{h_t} = f'(0) = -t$$

$$h_t:\ y - (e-1) = -t(x-0)$$

$$\underline{\underline{y = -tx + e - 1}} \ldots \text{Gleichung für } h_t$$

$$n_t:\ m_{n_t} = -\frac{1}{-t} = \frac{1}{t}$$

$$y - (e-1) = \frac{1}{t}(x-0)$$

$$\underline{\underline{y = \frac{1}{t}x + e - 1}} \ldots \text{Gleichung für } n_t$$

Schnittstellen mit der x-Achse (Nullstellen):

$h_t:\ 0 = -tx_1 + e - 1$	$n_t:\ 0 = \frac{1}{t}x_2 + e - 1$
$\underline{\underline{x_1 = \frac{e-1}{t}}}$	$\underline{\underline{x_2 = (1-e)\cdot t}}$

Strecke, die aus der x-Achse geschnitten wird:

$$s(t) = x_1 - x_2 = \frac{e-1}{t} - (1-e)\cdot t \qquad (t > 0)$$

Berechnung des Minimums:

$$s'(t) = \frac{1-e}{t^2} - (1-e)$$

$$0 = \frac{1-e}{t_E^2} - (1-e)$$

$$1 - e = \frac{1-e}{t_E^2}$$

$$t_E^2 = 1$$

$$\underline{\underline{t_E = 1}} \qquad (t > 0)$$

$$s''(t) = \frac{(e-1)\cdot 2t}{t^4} = \frac{2(e-1)}{t^3}$$

$$s''(1) = 2(e-1) > 0$$

$$\Rightarrow \underline{\underline{t_E = 1}} \text{ ist ein Minimum}$$

Länge der Strecke:

$$s(1) = \frac{e-1}{1} - (1-e)\cdot 1$$

$$s(1) = \underline{\underline{2(e-1)}}$$

d) Skizze:

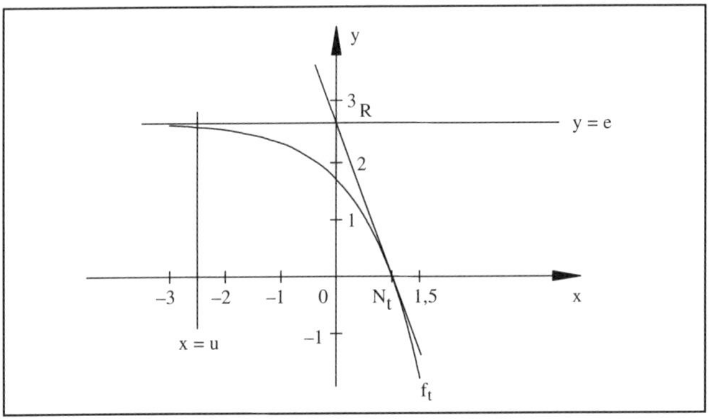

$$A_t(u) = \int_u^0 \left[e - (e - e^{tx})\right] dx + \int_0^{\frac{1}{t}} \left[(-tex + e) - (e - e^{tx})\right] dx$$

$$A_t(u) = \int_u^0 e^{tx} dx + \int_0^{\frac{1}{t}} \left[(-tex + e^{tx})\right] dx$$

$$A_t(u) = \left[\frac{1}{t}e^{tx}\right]_u^0 + \left[-\frac{te}{2}x^2 + \frac{1}{t}e^{tx}\right]_0^{\frac{1}{t}}$$

$$A_t(u) = \left(\frac{1}{t} - \frac{1}{t}e^{tu}\right) + \left(-\frac{te}{2}\cdot\frac{1}{t^2} + \frac{1}{t}\cdot e\right) - \left(0 + \frac{1}{t}\right)$$

$$A_t(u) = -\frac{1}{t}e^{tu} - \frac{e}{2t} + \frac{e}{t} = -\frac{1}{t}e^{tu} - \frac{e}{2t} + \frac{2e}{2t}$$

$$\underline{\underline{A_t(u) = -\frac{1}{t}e^{tu} + \frac{e}{2t}}}$$

$$\underline{\underline{\lim_{u\to-\infty} A_t(u) = \frac{e}{2t}}} \quad , \quad \text{da } \lim_{u\to-\infty}\left(-\frac{1}{t}e^{tu}\right) = 0$$

Leistungskurs Mathematik (Sachsen)
Analysis – Übungsaufgabe 2

Gegeben sind Funktionen f_t durch

$$f_t(x) = \frac{4}{x} - \frac{4t}{x^2} \qquad (x \in D_f,\ t > 0)$$

sowie die Funktion g durch

$$g(x) = \frac{4}{x} \qquad (x \in D_f)\ .$$

a) Untersuchen Sie f_t auf Nullstellen, Extrem- und Wendepunkte, Polstellen sowie das Verhalten im Unendlichen!
Zeichnen Sie f_1 und g für $-5 \le x \le 5$ in ein gemeinsames Koordinatensystem!
(Längeneinheit 1 cm)

b) Die Koordinatenachsen und die Parallelen zu diesen durch das lokale Maximum von f_t bilden ein Rechteck.
Für welches t wird sein Umfang minimal?
Was für ein Rechteck liegt in diesem Fall vor?

c) Die Geraden $x = 2t$ und $x = u$ $(u > 2t)$ sowie die Graphen von f_t und g umschließen eine Fläche vom Inhalt $A_t(u)$. Berechnen Sie $\lim\limits_{u \to \infty} A_t(u)$!

d) Im Schnittpunkt von f_t mit der x-Achse wird die Tangente an f_t gelegt; sie schneidet die y-Achse in T_1.
Auf dieser Tangente stehen zwei Tangenten von g senkrecht, die die y-Achse in T_2 bzw. T_3 schneiden.
Berechnen Sie die Koordinaten von T_1, T_2 und T_3!
Für welche Werte von t liegt T_1 nicht zwischen T_2 und T_3?

Lösungen

a) Nullstellen: $0 = \frac{4}{x_N} - \frac{4t}{x_N^2} \qquad | \cdot x_N^2$

$0 = 4x_N - 4t$

$\underline{\underline{x_N = t}}$

Extrempunkte: $f_t'(x) = -\frac{4}{x^2} + \frac{8t}{x^3}$

$0 = -\frac{4}{x_E^2} + \frac{8t}{x_E^3} \qquad | \cdot x_E^3$

$0 = -4x_E + 8t$

$x_E = 2t \qquad y_E = \frac{4}{2t} - \frac{4t}{4t^2} = \frac{1}{t}$

$E\left(2t; \frac{1}{t}\right)$

$f_t''(x) = \frac{8}{x^3} - \frac{24t}{x^4}$

$f_t''(2t) = \frac{8}{8t^3} - \frac{24t}{16t^4} = \frac{1}{t^3} - \frac{3}{2t^3} = -\frac{1}{2t^3} < 0$ für alle $t < 0$

$\underline{\underline{E\left(2t; \frac{1}{t}\right) \text{ ist ein lokales Maximum}}}$

Wendepunkte: $0 = \frac{8}{x_W^3} - \frac{24t}{x_W^4} \qquad | \cdot x_W^4$

$0 = 8x_W - 24t$

$x_W = 3t \qquad y_W = \frac{4}{3t} - \frac{4t}{9t^2} = \frac{12t - 4t}{9t^2} = \frac{8}{9t}$

$W\left(3t; \frac{8}{9t}\right)$

$f_t'''(x) = -\frac{24}{x^4} + \frac{96t}{x^5}$

$f_t'''(3t) = -\frac{24}{81t^4} + \frac{96t}{243t^5} = \frac{8}{81t^4} \neq 0$ für alle $t > 0$

$\underline{\underline{W\left(3t; \frac{8}{9t}\right) \text{ ist Wendepunkt}}}$

Polstelle: $\underline{\underline{x_p = 0}}$ (y-Achse ist Asymptote)

$\underline{\underline{\lim_{x \to \pm\infty} f_t(x) = 0}}$ (x-Achse ist Asymptote)

$$f_1(x) = \frac{4}{x} - \frac{4}{x^2}$$

f_1: $x_N = 1$ $\qquad x_p = 0$

$E(2;1)$ $\qquad \lim_{x \to \pm\infty} f_1(x) = 0$

$W\left(3; \frac{8}{9}\right)$

x	–5	–3	–1	0,5	1	2	4	5
$f_1(x)$	–0,96	–1,78	–8	–8	0	1	0,75	0,64
g(x)	–0,80	–1,33	–4	8	4	2	1	0,8

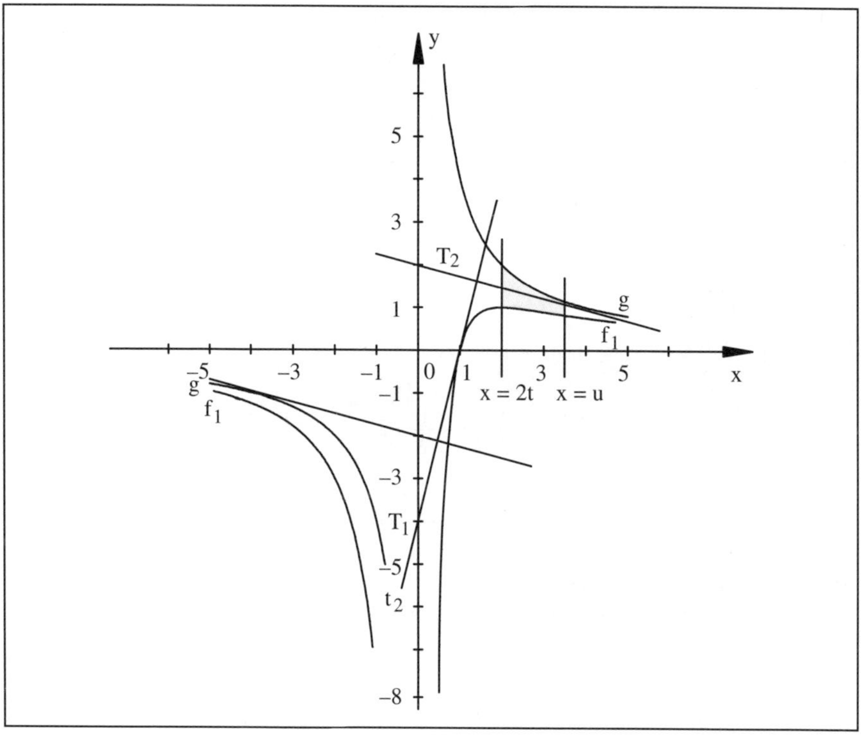

b) Seitenlängen des Rechtecks: $a = x_E = 2t$

$$b = y_E = \frac{1}{t}$$

$$u(t) = 2 \cdot 2t + 2 \cdot \frac{1}{t} = 4t + \frac{2}{t}$$

$$u'(t) = 4 - \frac{2}{t^2}$$

$$0 = 4 - \frac{2}{t_E^2}$$

$$t_E^2 = \frac{1}{2}$$

$$\underline{\underline{t_E = \sqrt{\tfrac{1}{2}} = \frac{1}{2}\sqrt{2}}} \quad (\text{da } t > 0)$$

$$u''(t) = \frac{4}{t^3}$$

$$u''\left(\frac{1}{2}\sqrt{2}\right) > 0$$

Der Umfang des Rechteckes ist für $t = \frac{1}{2}\sqrt{2}$ minimal.

Art des Rechtecks: $a = 2 \cdot \frac{1}{2}\sqrt{2} = \sqrt{2}$

$$b = \frac{1}{\frac{1}{2}\sqrt{2}} = \frac{2}{\sqrt{2}} = \frac{2\sqrt{2}}{\sqrt{2} \cdot \sqrt{2}} = \sqrt{2}$$

Es handelt sich um ein Quadrat.

c) $A_t(u) = \int_{2t}^{u} [g(x) - f_t(x)]\,dx$

$$A_t(u) = \int_{2t}^{u} \left[\frac{4}{x} - \left(\frac{4}{x} - \frac{4t}{x^2}\right)\right] dx = \int_{2t}^{u} \frac{4t}{x^2}\,dx$$

$$A_t(u) = \left[-\frac{4t}{x}\right]_{2t}^{u} = \left(-\frac{4t}{u}\right) - \left(-\frac{4t}{2t}\right) = -\frac{4t}{u} + 2$$

$$\lim_{u \to \infty} A_t(u) = \lim_{u \to \infty}\left(-\frac{4t}{u} + 2\right) = \underline{\underline{2}} \qquad \left(\lim_{u \to \infty}\left(-\frac{4t}{u}\right) = 0\right)$$

d) t_t ... Tangente an f_t in N(t; 0)

$$m_{t_t} = f_t'(t) = -\frac{4}{t^2} + \frac{8t}{t^3} = \frac{4}{t^2}$$

$$t_t:\ y - 0 = \frac{4}{t^2}(x - t)$$

$$y = \frac{4}{t^2}x - \frac{4}{t}$$

Schnittpunkt von t_t mit y-Achse: $\underline{\underline{T_1\left(0;-\frac{4}{t}\right)}}$

Senkrechte zu t_t: $m=-\frac{1}{\frac{4}{t^2}}=-\frac{t^2}{4}$

$$g'(x)=-\frac{4}{x^2}$$

Berechnen der Berührungspunkte der Tangenten an g:

$$g'(x_B)=-\frac{4}{x_B^2}=-\frac{t^2}{4}$$

$$-\frac{4}{x_B^2}=-\frac{t^2}{4}$$

$$x_B^2=\frac{16}{t^2}$$

$x_{B_1} = \frac{4}{t}$ $\qquad$ $x_{B_2} = -\frac{4}{t}$

$y_{B_1} = t$ $\qquad$ $y_{B_2} = -t$

$\underline{B_1\left(\frac{4}{t};t\right)}$ $\qquad$ $\underline{B_2\left(-\frac{4}{t};-t\right)}$

Senkrechte zu t_t durch B_1:

$$y-t=-\frac{t^2}{4}\left(x-\frac{4}{t}\right)$$

$$y=-\frac{t^2}{4}x+2t$$

Schnittpunkt mit der y-Achse:
$\underline{\underline{T_2(0;2t)}}$

Senkrechte zu t_t durch B_2:

$$y+t=-\frac{t^2}{4}\left(x+\frac{4}{t}\right)$$

$$y=-\frac{t^2}{4}x-2t$$

Schnittpunkt mit der y-Achse:
$\underline{\underline{T_3(0;-2t)}}$

$$T_3 < T_1 < T_2$$

$$-2t < -\frac{4}{t} < 2t \qquad |\cdot(-t)$$

$$2t^2 > 4 > -2t^2 \qquad |:2$$

$$t^2 > 2 > -t^2$$

gilt für $t>\sqrt{2}$, da $t>0$

Für $\underline{\underline{0<t<\sqrt{2}}}$ liegt T_1 nicht zwischen T_2 und T_3.

Leistungskurs Mathematik (Sachsen)
Analysis – Übungsaufgabe 3

Die Funktion f sei gegeben durch

$$f(x) = \frac{8x}{x^2 + 2} \qquad (x \in D_f).$$

a) Untersuchen Sie f auf Symmetrie, Nullstellen, Polstellen, lokale Extrempunkte, Wendepunkte sowie das Verhalten im Unendlichen. (Auf die hinreichende Bedingung bei den Wendepunkten wird hier verzichtet.)
Zeichnen Sie f für $-6 \le x \le 6$. (Längeneinheiten 1 cm)

b) Begründen Sie, daß die Tangenten an f in den Punkten $P(\sqrt{6}; \sqrt{6})$ und $R(-\sqrt{6}; -\sqrt{6})$ zusammen mit den Geraden $x = \sqrt{6}$ und $x = -\sqrt{6}$ ein Parallelogramm bilden. Zeichnen Sie dieses Parallelogramm in das Koordinatensystem ein und berechnen Sie dessen Flächeninhalt!

c) Der Graph von f, die positive x-Achse und die Parallele zur y-Achse durch den lokalen Maximumpunkt E_1 von f begrenzen eine Fläche vom Inhalt A. Einen Näherungswert $\overline{A}$ für A erhält man, indem f durch eine Parabel 2. Ordnung ersetzt wird. Diese Parabel soll f im Punkt E_1 berühren und durch den Ursprung gehen. Bestimmen Sie ihre Gleichung! Berechnen Sie $\overline{A}$!

d) Für welche $t > 0$ schneidet die Gerade $y = tx$ die Funktion f außer im Ursprung auch in einem Punkt S_t des 1. Quadranten?
Die Punkte $O(0; 0)$, $S_t(x_t; y_t)$ und $T_t(x_t; 0)$ bestimmen ein Dreieck. Berechnen Sie den Inhalt $A(t)$ des Dreiecks. Untersuchen Sie, ob es ein t gibt, für das dieser Flächeninhalt ein Extremum annimmt!

Lösungen

a) Symmetrie: $f(-x)=\frac{8(-x)}{(-x)^2+2}=-\frac{8x}{x^2+2}=-f(x)$

f ist symmetrisch zum Ursprung.

Nullstellen: $0=\frac{8x_N}{x_N^2+2}$

$0=8x_N$

$\underline{\underline{x_N=0}}$

Polstellen: $0=x_p^2+2$

$x_p^2=-2$ $\quad$ $\underline{\underline{\text{f besitzt keine Polstelle}}}$

Extrempunkte: $f'(x)=\frac{8(x^2+2)-8x\cdot 2x}{(x^2+2)^2}=\frac{-8x^2+16}{(x^2+2)^2}$

$0=-8x_E^2+16$

$x_E^2=2$

$x_{E_1}=\sqrt{2}$ $\qquad$ $x_{E_2}=-\sqrt{2}$

$y_{E_1}=2\sqrt{2}$ $\qquad$ $y_{E_2}=-2\sqrt{2}$

$\underline{\underline{E_1\left(\sqrt{2};2\sqrt{2}\right)}}$ $\qquad$ $\underline{\underline{E_2\left(-\sqrt{2};-2\sqrt{2}\right)}}$

$$f''(x)=\frac{-16x(x^2+2)^{1}-(-8x^2+16)\cdot 2(x^2+2)^{1}\cdot 2x}{(x^2+2)^{3}}$$

$f''(x)=\frac{16x^3-96x}{(x^2+2)^3}$

$f''\left(\sqrt{2}\right)<0\rightarrow$ lokales $\underline{\underline{\text{Maximum}}}$: $E_1\left(\sqrt{2};2\sqrt{2}\right)$

$f''\left(-\sqrt{2}\right)>0\rightarrow$ lokales $\underline{\underline{\text{Minimum}}}$: $E_2\left(-\sqrt{2};-2\sqrt{2}\right)$

Wendepunkte: $0=16x_W^3-96x_W$

$0=16x_W(x_W^2-6)$

$x_{W_1}=0$ $\qquad$ $x_{W_2}=\sqrt{6}$ $\qquad$ $x_{W_3}=-\sqrt{6}$

$y_{W_1}=0$ $\qquad$ $y_{W_2}=\sqrt{6}$ $\qquad$ $y_{W_3}=-\sqrt{6}$

$\underline{\underline{W_1(0;0)}}$ $\qquad$ $\underline{\underline{W_2(\sqrt{6};\sqrt{6})}}$ $\qquad$ $\underline{\underline{W_3(-\sqrt{6};-\sqrt{6})}}$

$\lim\limits_{x\rightarrow\pm\infty}\frac{8x}{x^2+2}=\underline{\underline{0}}$

Die x-Achse ist Asymptote von f.

x	± 6	± 4	± 1	± 0,5
f(x)	± 1,3	± 1,8	± 2,7	± 1,8

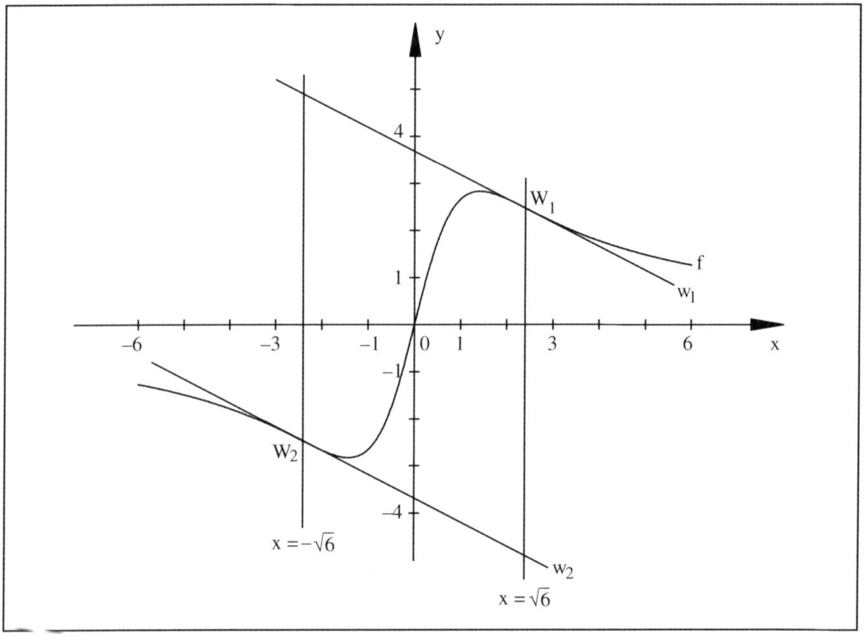

b) Gerade $x = \sqrt{6}$ verläuft zur Gerade $x = -\sqrt{6}$ parallel (parallel zur y-Achse).
Zu zeigen: Die Wendetangenten verlaufen auch parallel.

$$W_1\left(\sqrt{6};\sqrt{6}\right) \qquad f'\left(\sqrt{6}\right) = \frac{-8\cdot 6+16}{(6+2)^2} = \underline{\underline{-0,5 = m_{W_1}}}$$

$$W_2\left(-\sqrt{6};-\sqrt{6}\right) \quad f'\left(-\sqrt{6}\right) = \frac{-8\cdot 6+16}{(6+2)^2} = \underline{\underline{-0,5 = m_{W_2}}}$$

Die Wendetangenten haben denselben Anstieg, verlaufen also auch parallel.
Damit bilden die 4 Geraden ein Parallelogramm.

$A_{Par} = g \cdot h_g$ g... Abstand der Schnittpunkte der Wendetangenten mit der y-Achse
h... Abstand der Geraden $x = \sqrt{6}$ und $x = -\sqrt{6}$

Wendetangente w_1: $W_1\left(\sqrt{6};\sqrt{6}\right)$, $m_{W_1} = -0,5$

$$y - \sqrt{6} = -0,5\left(x - \sqrt{6}\right)$$

$$y = -0,5x + \frac{3}{2}\sqrt{6}$$

Wendetangente w_2: $W_2\left(-\sqrt{6}; -\sqrt{6}\right), m_{W_2} = -0,5$

$$y + \sqrt{6} = -0,5\left(x + \sqrt{6}\right)$$

$$y = -0,5x - \frac{3}{2}\sqrt{6}$$

$$g = \frac{3}{2}\sqrt{6} + \frac{3}{2}\sqrt{6} = 3\sqrt{6}$$

$$h = \sqrt{6} + \sqrt{6} = 2\sqrt{6}$$

$$A_{Par} = 3\sqrt{6} \cdot 2\sqrt{6} = \underline{\underline{36}}$$

c) Skizze:

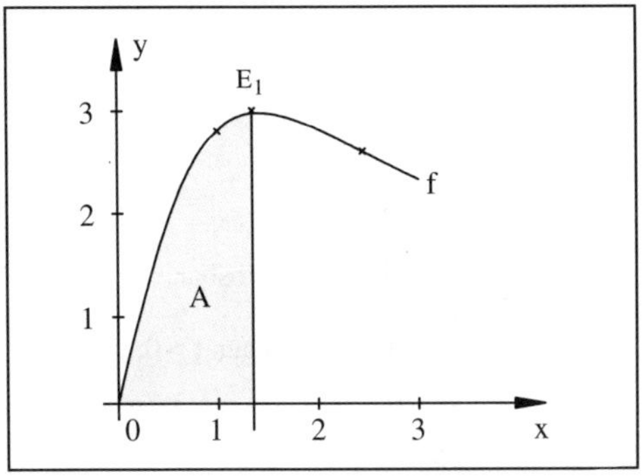

Parabel: $g(x) = ax^2 + bx + c$ $\qquad E_1\left(\sqrt{2}; 2\sqrt{2}\right) \in g$

c = 0, da g durch Ursprung verläuft.

E_1 muß Scheitelpunkt von g sein, da f und g sich in E_1 berühren.

$g'(x) = 2ax + b$ $\qquad 2\sqrt{2} = a \cdot 2 + b \cdot \sqrt{2}$ (2)

$$0 = 2ax_E + b$$

$$0 = 2a\sqrt{2} + b \quad (1)$$

(1) $\quad 0 = 2\sqrt{2}a + b \quad \rightarrow \quad b = -2\sqrt{2}a$

(2) $\quad 2\sqrt{2} = 2a + \sqrt{2}b \quad \rightarrow \quad 2\sqrt{2} = 2a + \sqrt{2}\left(-2\sqrt{2}a\right)$

$$2\sqrt{2} = 2a - 4a$$

$$2\sqrt{2} = -2a$$

$$a = -\sqrt{2}$$

$$b = -2\sqrt{2} \cdot \left(-\sqrt{2}\right) = 4$$

Gleichung der Parabel: $\underline{\underline{y = g(x) = -\sqrt{2}x^2 + 4x}}$

$$\overline{A} = \int_0^{\sqrt{2}} \left(-\sqrt{2}x^2 + 4x\right) dx = \left[\frac{-\sqrt{2}}{3}x^3 + 2x^2\right]_0^{\sqrt{2}}$$

$$= -\frac{4}{3} + 4 = \frac{8}{3}$$

$$\underline{\underline{\overline{A} = \frac{8}{3}}}$$

d) $y = tx \qquad (1)$

$y = \dfrac{8x}{x^2 + 2} \qquad (2)$

$$tx_S = \frac{8x_S}{x_S^2 + 2}$$

$$tx_S\left(x_S^2 + 2\right) = 8x_S$$

$$tx_S^3 + 2tx_S - 8x_S = 0$$

$$x_S \cdot (tx_S^2 + 2t - 8) = 0 \qquad\qquad tx_S^2 + 2t - 8 = 0$$

$$x_{S_1} = 0 \text{ (Ursprung)} \qquad\qquad x_S^2 = \frac{8 - 2t}{t} \quad \text{ist lösbar, wenn}$$

$$\frac{8 - 2t}{t} > 0 \qquad \text{wegen } t > 0\text{, wenn}$$

$$8 - 2t > 0$$

$$\underline{\underline{t < 4}}$$

Für $t < 4$ gibt es solch einen Punkt S_t (im 1. Quadranten).

$$S_t\left(\sqrt{\frac{8-2t}{t}},\ t\sqrt{\frac{8-2t}{t}}\right) \qquad T_t\left(\sqrt{\frac{8-2t}{t}};\ 0\right)$$

$$A(t) = \frac{1}{2} \cdot \overline{OT_t} \cdot \overline{T_tS_t}$$

$$= \frac{1}{2} \cdot \sqrt{\frac{8-2t}{t}} \cdot t \cdot \sqrt{\frac{8-2t}{t}}$$

$$= \frac{t \cdot (8 - 2t)}{2 \cdot t} = 4 - t$$

$$\underline{\underline{A(t) = 4 - t}} \qquad (0 < t < 4)$$

Die Funktion A(t) ist eine lineare Funktion und besitzt somit kein lokales Extremum. Da A(t) für $t = 0$ und $t = 4$ nicht definiert ist, gibt es auch kein globales Extremum.

Leistungskurs Mathematik (Sachsen)
Analysis – Übungsaufgabe 4

Gegeben sind Funktionen f_t durch

$$f_t(x) = \frac{3}{4}x + \frac{tx}{x^2 - 4} \qquad (x \in D_f,\ t > 0)$$

a) Untersuchen Sie f_t auf Symmetrie, Nullstellen, Polstellen sowie das Verhalten im Unendlichen (Gleichung der Asymptoten)!
Berechnen Sie für f_1 die lokalen Extrempunkte und Wendepunkte! Zeichnen Sie f_1 für $-4 \le x \le 4$ (Querformat; Längeneinheit 2 cm).

b) Bestimmen Sie alle t, für die f_t mit der x-Achse im 1. Quadranten eine Fläche einschließen.
Berechnen Sie den Inhalt dieser Fläche: A(t)!
Bestimmen Sie $\lim\limits_{t \to 0} A(t)$!

c) Durch $g_t(x) = f_t(x) - \frac{3}{4}x$ ist eine weitere Kurvenschar gegeben.
Stellen Sie für jedes $t > 0$ die Gleichung der Normalen n_t zu g_t im Punkt O(0; 0) auf. Zeigen Sie, daß die Normalen n_t die Kurven g_t in zwei weiteren Punkten A_t und B_t schneiden.
Berechnen Sie den Wert von t, für den der Abstand der Punkte A_t und B_t minimal wird!

Lösungen

a) Symmetrie: $f_t(-x) = \frac{3}{4}(-x) + \frac{t\cdot(-x)}{(-x)^2-4} = -\frac{3}{4}x - \frac{tx}{x^2-4} = -f_t(x)$

f_t ist symmetrisch zum Ursprung.

Nullstellen: $0 = \frac{3}{4}x_N + \frac{tx_N}{x_N^2-4} \qquad | \cdot 4\left(x_N^2-4\right)$

$$0 = 3x_N\left(x_N^2-4\right)+4tx_N$$

$$0 = x_N\cdot(3x_N^2-12+4t)$$

$\underline{\underline{x_{N_1} = 0}} \qquad x_N^2 = \frac{12-4t}{3}$

$x_{N_2} = \sqrt{\frac{12-4t}{3}} \qquad x_{N_3} = -\sqrt{\frac{12-4t}{3}}$

$\underline{\underline{x_{N_2} = 2\sqrt{1-\frac{t}{3}}}} \qquad \underline{\underline{x_3 = -2\sqrt{1-\frac{t}{3}}}}$

Für $t \geq 3$ gibt es nur eine Nullstelle $x_{N_1} = 0$,
für $t < 3$ gibt es zwei weitere Nullstellen x_{N_2} und x_{N_3} (s. o.).

Polstellen: $x_p^2 - 4 = 0$

$x_p^2 = 4$

$\underline{\underline{x_{p_1} = 2}} \qquad \underline{\underline{x_{p_2} = -2}}$

Asymptote (Verhalten im Unendlichen):

Die Gerade $\underline{\underline{y = \frac{3}{4}x}}$ ist Asymptote der Kurven f_t, da $\lim\limits_{x\to\pm\infty} \frac{tx}{x^2-4} = 0$ gilt.

$f_1(x) = \frac{3}{4}x + \frac{x}{x^2-4} \quad \rightarrow \quad \underline{\underline{x_{N_1} = 0}}, \quad x_{N_2} = \sqrt{\frac{8}{3}} = \underline{\underline{2\sqrt{\frac{2}{3}}}}$

$x_{N_3} = -\sqrt{\frac{8}{3}} = \underline{\underline{-2\sqrt{\frac{2}{3}}}}$

$\underline{\underline{x_{p_1} = 2}}, \quad \underline{\underline{x_{p_2} = -2}}$

f_1 ist symmetrisch zu O(0; 0)
$y = \frac{3}{4}x$ ist Asymptote
(Dies ist bereits bekannt.)

Lokale Extrempunkte: $f_1'(x) = \frac{3}{4} + \frac{1 \cdot (x^2 - 4) - x \cdot 2x}{(x^2 - 4)^2}$

$$= \frac{3}{4} - \frac{x^2 + 4}{(x^2 - 4)^2}$$

$$0 = \frac{3}{4} - \frac{x_E^2 + 4}{(x_E^2 - 4)^2} \qquad | \cdot 4\left(x_E^2 - 4\right)^2$$

$$0 = 3\left(x_E^2 - 4\right)^2 - 4\left(x_E^2 + 4\right)$$

$$0 = 3x_E^4 - 28x_E^2 + 32$$

$$0 = x_E^4 - \frac{28}{3}x_E^2 + \frac{32}{3}$$

$x_E^2 = z$: $z^2 - \frac{28}{3}z + \frac{32}{3} = 0$

$$z_{1,2} = \frac{28}{6} + \sqrt{\left(\frac{28}{6}\right)^2 - \frac{32}{3}}$$

$$z_{1,2} = \frac{14}{3} \pm \sqrt{\frac{196-96}{9}}$$

$z_1 = 8$ $\qquad$ $z_2 = \frac{4}{3}$

$x_E^2 = 8$ $\qquad$ $x_E^2 = \frac{4}{3}$

$x_{E_1} = \sqrt{8} = 2\sqrt{2}$ $\qquad$ $x_{E_3} = \sqrt{\frac{4}{3}} = \frac{2}{3}\sqrt{3}$

$x_{E_2} = -\sqrt{8} = -2\sqrt{2}$ $\qquad$ $x_{E_4} = -\sqrt{\frac{4}{3}} = -\frac{2}{3}\sqrt{3}$

$$y_{E_1} = \frac{3}{4}\sqrt{8} + \frac{\sqrt{8}}{4} = \sqrt{8} = 2\sqrt{2}$$

$$y_{E_2} = -\frac{3}{4}\sqrt{8} + \frac{-\sqrt{8}}{4} = -\sqrt{8} = -2\sqrt{2}$$

$$y_{E_3} = \frac{3}{4} \cdot \frac{2}{3}\sqrt{3} + \frac{\frac{2}{3}\sqrt{3}}{\frac{4}{3} - 4} = \frac{1}{2}\sqrt{3} - \frac{1}{4}\sqrt{3} = \frac{1}{4}\sqrt{3}$$

$$y_{E_4} = \frac{3}{4} \cdot \left(-\frac{2}{3}\sqrt{3}\right) - \frac{\frac{2}{3}\sqrt{3}}{\frac{4}{3} - 4} = -\frac{1}{4}\sqrt{3}$$

$\underline{\underline{E_1\left(2\sqrt{2}; 2\sqrt{2}\right)}}$ $\qquad$ $\underline{\underline{E_3\left(\frac{2}{3}\sqrt{3}; \frac{1}{4}\sqrt{3}\right)}}$

$\underline{\underline{E_2\left(-2\sqrt{2}; -2\sqrt{2}\right)}}$ $\qquad$ $\underline{\underline{E_4\left(-\frac{2}{3}\sqrt{3}; -\frac{1}{4}\sqrt{3}\right)}}$

$$f_1''(x) = \frac{-2x(x^2-4)^{\cancel{2}\,1} - (-x^2-4)\cdot 2\cdot \cancel{(x^2-4)}^{1}\cdot 2x}{(x^2-4)^{\cancel{4}\,3}}$$

$$= \frac{-2x^3+8x+4x^3+16x}{(x^2-4)^3}$$

$$= \frac{2x^3+24x}{(x^2-4)^3}$$

$f_1''\left(2\sqrt{2}\right) > 0 \rightarrow$ lokales Minimum

$f_1''\left(-2\sqrt{2}\right) < 0 \rightarrow$ lokales Maximum

$f_1''\left(\frac{2}{3}\sqrt{3}\right) < 0 \rightarrow$ lokales Maximum

$f_1''\left(-\frac{2}{3}\sqrt{3}\right) > 0 \rightarrow$ lokales Minimum

Wendepunkte: $f_1''(x) = \frac{2x^3+24x}{(x^2-4)^3}$

$$0 = 2x_W^3 + 24x_W$$

$$0 = 2x_W(x_W^2+12)$$

$x_{W_1} = 0$ $\qquad x_W^2 = -12$ (keine weitere Lösung)

$y_{W_1} = 0$

$\underline{\underline{W_1(0;0)}}$

$$f_1'''(x) = \frac{(6x^2+24)\cdot(x^2-4)^{\cancel{3}\,1} - (2x^3+24x)\cdot 3\cancel{(x^2-4)}^{\cancel{2}\,1}\cdot 2x}{(x^2-4)^{\cancel{6}\,4}}$$

$$= \frac{6x^4-24x^2+24x^2-96-12x^4-144x^2}{(x^2-4)^4}$$

$$= \frac{-6x^4-144x^2-96}{(x^2-4)^4}$$

$f_1'''(0) = \frac{-96}{(-4)^4} \neq 0$ $\qquad \rightarrow W_1$ ist Wendepunkt

x	± 4	± 2,5	± 0,5
$f_1(x)$	± 3,3	± 3,0	± 0,2

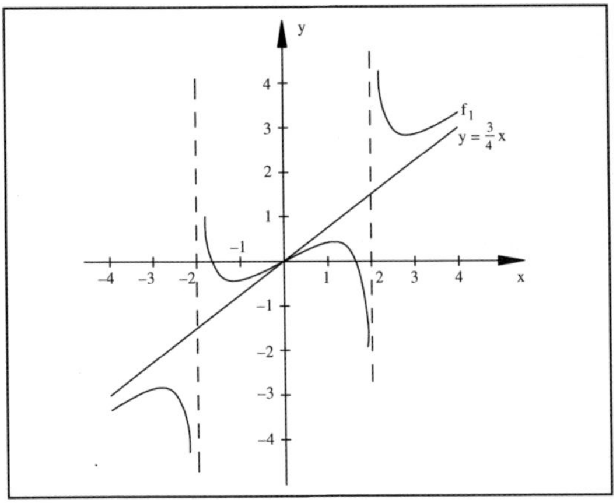

b) f_t schließt mit der x-Achse im 1. Quadranten eine Fläche ein, wenn f_t eine Nullstelle außer $x_{N_1} = 0$ besitzt mit $x_N > 0$, also für alle $t < 3$ (vgl. a). Wegen $t > 0$ gilt also: $\underline{\underline{0 < t < 3}}$.

$$A(t) = \int_0^{2\sqrt{1-\frac{t}{3}}} f_t(x)dx = \int_0^{2\sqrt{1-\frac{t}{3}}} \left(\frac{3}{4}x + \frac{tx}{x^2-4}\right)dx = \int_0^{2\sqrt{1-\frac{t}{3}}} \frac{3}{4}xdx + \int_0^{2\sqrt{1-\frac{t}{3}}} \frac{tx}{x^2-4}dx$$

Nebenrechnung: $$\int_0^{2\sqrt{1-\frac{t}{3}}} \frac{tx}{x^2-4}dx = t \cdot \int_0^{2\sqrt{1-\frac{t}{3}}} \frac{x}{x^2-4}dx$$

Substitution: $u = x^2 - 4$

$$\frac{du}{dx} = 2x \rightarrow dx = \frac{1}{2x}du$$

$$u(0) = -4$$

$$u\left(2\sqrt{1-\frac{t}{3}}\right) = -\frac{4}{3}t$$

$$= t \cdot \int_{-4}^{-\frac{4}{3}t} \frac{x \cdot du}{u \cdot 2x} = \frac{t}{2}\int_{-4}^{-\frac{4}{3}t} \frac{1}{u}du = \frac{t}{2} \cdot [\ln|u|]_{-4}^{-\frac{4}{3}t}$$

$$A(t) = \left[\frac{3}{8}x^2\right]_0^{2\sqrt{1-\frac{t}{3}}} + \frac{t}{2}[\ln|u|]_{-4}^{-\frac{4}{3}t}$$

$$= \frac{3}{8} \cdot 4\left(1 - \frac{t}{3}\right) + \frac{t}{2}\ln\frac{\frac{4}{3}t}{4}$$

$$\underline{\underline{A(t) = \frac{3}{2} - \frac{t}{2} + \frac{t}{2}\ln\frac{t}{3}}}$$

$$\underline{\underline{\lim_{t \to 0} A(t) = \frac{3}{2}}}$$

c) $g_t(x) = \frac{3}{4}x + \frac{tx}{x^2-4} - \frac{3}{4}x = \frac{tx}{x^2-4}$

$g_t'(x) = \frac{t(x^2-4) - tx \cdot 2x}{(x^2-4)^2}$

$= \frac{-tx^2-4t}{(x^2-4)^2}$

$g_t'(0) = -\frac{4t}{16} = -\frac{t}{4} = m_{g_t}$ ... Anstieg von g_t in O(0; 0)

Anstieg der Normalen n_t: $m_{n_t} = -\frac{1}{-\frac{t}{4}} = \frac{4}{t}$

Gleichung von n_t: $\underline{\underline{y = \frac{4}{t}x}}$

Schnittpunkte mit g_t:

$$\frac{tx_S}{x_S^2-4} = \frac{4}{t}x_S \qquad | \cdot t(x_S^2-4)$$

$$t^2x_S = 4x_S(x_S^2-4)$$

$x_S \cdot (t^2 - 4x_S^2 + 16) = 0$

$x_{S_1} = 0$ Weitere Schnittpunkte: $t^2 - 4x_S^2 + 16 = 0$

$y_{S_1} = 0$ $x_S^2 = \frac{t^2+16}{4}$

$S_1(0; 0)$ $x_{S_2} = \frac{1}{2}\sqrt{t^2+16}$ $x_{S_3} = -\frac{1}{2}\sqrt{t^2+16}$

$y_{S_2} = \frac{2}{t}\sqrt{t^2+16}$ $y_{S_3} = -\frac{2}{t}\sqrt{t^2+16}$

Also: $\underline{\underline{A_t\left(\frac{1}{2}\sqrt{t^2+16}\,;\ \frac{2}{t}\sqrt{t^2+16}\right)}}$

$\underline{\underline{B_t\left(-\frac{1}{2}\sqrt{t^2+16}\,;\ -\frac{2}{t}\sqrt{t^2+16}\right)}}$

Abstand der Punkte A_t und B_t: $d(t) = \overline{B_tA_t} = 2 \cdot \overline{OA_t}$

$d(t) = 2 \cdot \sqrt{\frac{1}{4}(t^2+16) + \frac{4}{t^2}(t^2+16)}$

$= 2 \cdot \sqrt{\frac{1}{4}t^2 + 4 + 4 + \frac{64}{t^2}}$

$= 2 \cdot \sqrt{\frac{t^2}{4} + 8 + \frac{64}{t^2}}$

$= 2 \cdot \sqrt{\left(\frac{t}{2} + \frac{8}{t}\right)^2}$

$$d(t) = 2 \cdot \left(\frac{t}{2} + \frac{8}{t} \right)$$

$$d(t) = t + \frac{16}{t}$$

$$d'(t) = 1 - \frac{16}{t^2}$$

$$0 = 1 - \frac{16}{t_E^2}$$

$$t_E^2 = 16$$

$$\underline{\underline{t_E = 4}} \qquad (t > 0)$$

$$d''(t) = \frac{32}{t^3}$$

$$d''(4) = \frac{32}{4^3} > 0 \quad \rightarrow \quad \text{lokales Minimum}$$

Für t = 4 ist der Abstand der Punkte A_t und B_t minimal.

Leistungskurs Mathematik (Sachsen)
Geometrie/Algebra – Übungsaufgabe 1

Bezüglich eines kartesischen Koordinatensystems sind die Ebene

$E: 2x + z - 3 = 0$

und für jedes $t \in R$ die Gerade

$$g_t: \vec{x} = \begin{pmatrix} 2+t \\ 1 \\ 1+t \end{pmatrix} + s\begin{pmatrix} 1+t \\ 1-t \\ t \end{pmatrix}$$

gegeben.

a) Für welchen Wert von t ist die Gerade g_t parallel zu E?
Ist g_t für dieses t in E enthalten?
Berechnen Sie für alle übrigen Werte von t den Schnittpunkt S_t von E und g_t.
Bestimmen Sie den Wert von t, für den g_t senkrecht zu E ist!

b) Bestimmen Sie den Schnittpunkt der Geraden g_t mit der Geraden

$$h_t: \vec{x} = \begin{pmatrix} 0 \\ t+1 \\ -1 \end{pmatrix} + u\begin{pmatrix} 1 \\ -1 \\ 2 \end{pmatrix}.$$

Zeigen Sie, daß der Vektor $\begin{pmatrix} t-2 \\ t+2 \\ 2 \end{pmatrix}$ orthogonal zu den Richtungsvektoren von g_t und h_t ist.

Bestimmen Sie eine Koordinatengleichung der Ebene E_t, die die Geraden g_t und h_t enthält.
Für welche Werte von t geht diese Ebene durch den Ursprung?

c) Für $t = -2$ ist E_{-2} durch die Koordinatengleichung $2x - z = 1$ gegeben. Berechnen Sie den Winkel zwischen E und E_{-2}.
Zeigen Sie, daß jeder Punkt der Ebene $x = 1$ von E den gleichen Abstand hat wie von E_{-2}.

Lösungen

a) Untersuchung der Lage g_t zu E:

$$g_t \ldots \begin{aligned} x &= (2+t)+s(1+t) \\ y &= 1+s(1-t) \\ z &= (1+t)+s\cdot t \end{aligned}$$

einsetzen in E:

$$2(2+t+s+st)+1+t+st-3=0$$

$$2+3t+2s+3st=0$$

$$s(2+3t)=-(2+3t)$$

(1) Gleichung ist für alle $s \in R$ lösbar, wenn $t=-\frac{2}{3}$, d. h. $\underline{\underline{g_{-\frac{2}{3}}}}$ ist in E enthalten (und natürlich damit auch zu E parallel).

(2) Gleichung besitzt für $s=-1$ genau eine Lösung, d. h. dann gibt es einen Schnittpunkt S_t von E und g_t:

$$\begin{aligned} x_S &= 2+t-1-t &&= 1 \\ y_S &= 1-1+t &&= t \\ z_S &= 1+t-t &&= 1 \end{aligned}$$

$\underline{\underline{S_t(1; t; 1)}}$

Gerade g_t zu E senkrecht, wenn Normalenvektor der Ebene parallel zum Richtungsvektor der Geraden g_t:

$$\begin{pmatrix} 1+t \\ 1-t \\ t \end{pmatrix} = k \cdot \begin{pmatrix} 2 \\ 0 \\ 1 \end{pmatrix} \qquad \begin{aligned} 1+t &= 2k \\ 1-t &= 0 \quad \rightarrow \underline{\underline{t=1}} \\ t &= k \end{aligned}$$

Für $t = 1$ ist g_t senkrecht zu E.

b) Bestimmung des Schnittpunktes von g_t und h_t:

$$\begin{aligned} &(1) \quad (2+t)+s(1+t) &&= 1u \\ &(2) \quad 1+s(1-t) &&= t+1-1u \\ &(3) \quad (1+t)+s\cdot t &&= -1+2u \end{aligned}$$

Addition von (1) und (2):

$$3+t+2s=t+1$$

$$\underline{s=-1}$$

Einsetzen in (2) und (3):

$$1-1+t = t+1-u \rightarrow u=1$$

$$1+t-t = -1+2u \rightarrow \underline{u=1}$$

t kann beliebig gewählt werden.

Schnittpunkt von g_t und h_t: $\underline{\underline{S(1; t; 1)}}$

Richtungsvektor von g_t: $\vec{a}_{g_t} = \begin{pmatrix} 1+t \\ 1-t \\ t \end{pmatrix}$

$$\begin{pmatrix} t-2 \\ t+2 \\ 2 \end{pmatrix} \circ \begin{pmatrix} 1+t \\ 1-t \\ t \end{pmatrix} = (t-2)(1+t)+(t+2)(1-t)+2t$$
$$= t+t^2-2-2t+t-t^2+2-2t+2t$$
$$= 0,$$

also $\vec{a}_{g_t}$ senkrecht zum gegebenen Vektor.

Richtungsvektor von h_t: $\vec{a}_{h_t} = \begin{pmatrix} 1 \\ -1 \\ 2 \end{pmatrix}$

$\begin{pmatrix} t-2 \\ t+2 \\ 2 \end{pmatrix} \circ \begin{pmatrix} 1 \\ -1 \\ 2 \end{pmatrix} = t-2-(t+2)+4 = 0$, also $\vec{a}_{h_t}$ senkrecht zum gegebenen Vektor.

E_t ... Ebene, die die Geraden g_t und h_t und damit auch den Punkt S enthält.

Normalengleichung der Ebene: $\vec{x} \circ \vec{n} = \vec{x}_0 \circ \vec{n}$

Hier gilt: $\vec{n} = \begin{pmatrix} t-2 \\ t+2 \\ 2 \end{pmatrix}$, da $\vec{n} \perp g_t, h_t$

$\vec{x}_0 = \begin{pmatrix} 1 \\ t \\ 1 \end{pmatrix}$

$E_t \ldots (t-2)x+(t+2)y+2z = (t-2)+t(t+2)+2$

$\underline{\underline{(t-2)x+(t+2)y+2z = t^2+3t}}$

Ursprung O(0; 0; 0) $\in E_t$, wenn

$0 = t^2+3t$

$0 = t(t+3)$

$\underline{\underline{t_1 = 0}} \qquad \underline{\underline{t_2 = -3}}$

c) $E_{-2} \ldots 2x - z = 1$; $E \ldots 2x + z - 3 = 0$

Normalenvektor von E_{-2}: $\vec{n}_{-2} = \begin{pmatrix} 2 \\ 0 \\ -1 \end{pmatrix}$; Normalenvektor von E: $\vec{n} = \begin{pmatrix} 2 \\ 0 \\ 1 \end{pmatrix}$

$$\cos\alpha = \frac{|\vec{n}_{-2} \circ \vec{n}|}{|\vec{n}_{-2}| \cdot |\vec{n}|}$$

$$\cos\alpha = \frac{4-1}{\sqrt{5} \cdot \sqrt{5}} = \frac{3}{5}$$

$\underline{\underline{\alpha \approx 53{,}1^\circ}}$

Die Ebenen E und E_{-2} schließen einen Winkel von $53{,}1^\circ$ ein.

Normaleneinheitsvektor von E: $\vec{e}_n = \frac{1}{\sqrt{5}} \cdot \begin{pmatrix} 2 \\ 0 \\ 1 \end{pmatrix}$

Hessesche Normalform: $\frac{1}{\sqrt{5}}(2x + z - 3) = 0$

Normaleneinheitsvektor von E_{-2}: $\vec{e}_{n_{-2}} = \frac{1}{\sqrt{5}} \cdot \begin{pmatrix} 2 \\ 0 \\ -1 \end{pmatrix}$

Hessesche Normalform: $\frac{1}{\sqrt{5}}(2x - z - 1) = 0$

Punkt der Ebene x = 1: $P(1; p_y; p_z)$

Abstand P von E: d(P; E)

$d(P; E) = |(\vec{x}_1 - \vec{x}_0) \circ \vec{e}_n|$, wobei $\vec{x}_0 = \overrightarrow{OP}$ und $\vec{x}_1 = \overrightarrow{OP_1}$ (P_1 ist beliebiger Punkt der Ebene.)

$$d(P; E) = \left| \left[\begin{pmatrix} 2 \\ 0 \\ -1 \end{pmatrix} - \begin{pmatrix} 1 \\ p_y \\ p_z \end{pmatrix} \right] \circ \frac{1}{\sqrt{5}} \begin{pmatrix} 2 \\ 0 \\ 1 \end{pmatrix} \right|$$

$$= \left| \frac{1}{\sqrt{5}} \cdot \begin{pmatrix} 1 \\ -p_y \\ -1 - p_z \end{pmatrix} \circ \begin{pmatrix} 2 \\ 0 \\ 1 \end{pmatrix} \right|$$

$$= \frac{1}{\sqrt{5}} | 2 - 1 - p_z |$$

$$\underline{\underline{d(P; E) = \frac{1}{\sqrt{5}} | 1 - p_z |}}$$

Abstand P von E_{-2}: $d(P; E_{-2})$

$$d(P; E_{-2}) = \left| \left[\begin{pmatrix} 2 \\ 0 \\ 3 \end{pmatrix} - \begin{pmatrix} 1 \\ p_y \\ p_z \end{pmatrix} \right] \circ \frac{1}{\sqrt{5}} \begin{pmatrix} 2 \\ 0 \\ -1 \end{pmatrix} \right|$$

$$= \left| \frac{1}{\sqrt{5}} \cdot \begin{pmatrix} 1 \\ -p_y \\ 3 - p_z \end{pmatrix} \circ \begin{pmatrix} 2 \\ 0 \\ -1 \end{pmatrix} \right|$$

$$= \frac{1}{\sqrt{5}} | 2 - 3 + p_z |$$

$$= \frac{1}{\sqrt{5}} | -1 + p_z |$$

$$\underline{\underline{d(P; E_{-2}) = \frac{1}{\sqrt{5}} | p_z - 1 |}}$$

Da $|1 - p_z| = |p_z - 1|$ hat jeder Punkt der Ebene x = 1 zu E den gleichen Abstand wie zu E_{-2}.

Leistungskurs Mathematik (Sachsen)
Geometrie/Algebra – Übungsaufgabe 2

In einem kartesischen Koordinatensystem sind die Punkte gegeben:

$B_1(6; -6; 6)$, $M_1(-6; 0; 6)$ und $M_2(-2; -2; 11)$.

a) Bestimmen Sie die Gleichung der Kugel K_1 und M_1 durch B_1 und die Koordinatengleichung der Tangentialebene T_1 an K_1 in B_1.
Die Kugel K_2 mit dem Mittelpunkt M_2 berührt T_1 in B_2. Ermitteln Sie die Gleichung von K_2 und die Koordinaten von B_2.

b) Begründen Sie geometrisch, daß die Geraden B_1B_2 und M_1M_2 einander schneiden.
Berechnen Sie die Koordinaten ihres Schnittpunktes S.
Zeigen Sie, daß K_1 und K_2 einander schneiden.
Bestimmen Sie die Koordinatengleichung von der Ebene, die den Schnittkreis beinhaltet.

c) Durch Spiegelung von B_1 an der Geraden M_1M_2 erhält man B_1'.
Ermitteln Sie die Gleichung der Tangentialebene T_1' an K_1 in B_1'.

Begründen Sie, daß T_1' auch K_2 berührt.

a) K_1... Kugel um M_1 durch B_1

$K_1 \ldots \underline{\underline{(x+6)^2 + y^2 + (z-6)^2 = 180}}$

$(r_1 = \sqrt{144+36+0} = \sqrt{180})$

T_1... Tangentialebene an K_1 durch B_1

$$
\begin{aligned}
T_1 \ldots (x+6)(6+6) + y \cdot (-6) + (z-6) \cdot (6-6) &= 180 \\
12(x+6) - 6y &= 180 \\
T_1 \ldots \quad \underline{\underline{2x - y}} &\underline{\underline{= 18}}
\end{aligned}
$$

K_2... Kugel um M_2 durch B_2 (Berührungspunkt von T_1)
Koordinaten von B_2 müssen berechnet werden.

Skizze:

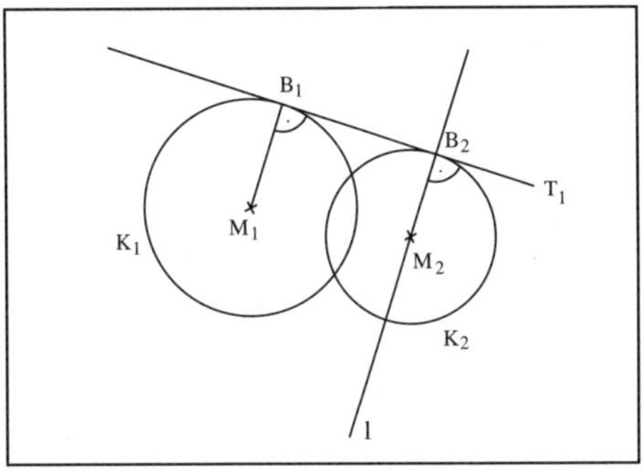

l... Gerade durch M_2 parallel zu M_1B_1

$$\overrightarrow{M_1B_1} = \begin{pmatrix} 12 \\ -6 \\ 0 \end{pmatrix}$$

$$l \ldots \vec{x} = \begin{pmatrix} -2 \\ -2 \\ 11 \end{pmatrix} + t \cdot \begin{pmatrix} 12 \\ -6 \\ 0 \end{pmatrix}$$

Schnittpunkt von l mit T_1 ist B_2:

$$
\begin{aligned}
T_1 \ldots \quad 2x - y &= 18 \\
l \ldots \quad x &= -2 + 12t \\
y &= -2 - 6t \\
z &= 11
\end{aligned}
$$

$$
\begin{aligned}
2 \cdot (-2+12t) - (-2-6t) &= 18 \\
-4 + 24t + 2 + 6t &= 18 \\
\underline{t} &\underline{= \frac{2}{3}}
\end{aligned}
$$

$\underline{B_2(6; -6; 11)}$

$$K_2 \ldots (x+2)^2+(y+2)^2+(z-11)^2=80$$

$$(r_2=\sqrt{64+16+0}=\sqrt{80})$$

b) Die Geraden B_1B_2 und M_1M_2 schneiden sich, da sie sich in der gleichen Ebene E befinden und nicht parallel sind.

Begründung:

(1) M_1M_2 und M_1B_1 bestimmen eine Ebene E. Weil $M_1B_1 \perp T_1$ und $M_1B_2 \perp T_1$ gilt: $M_2B_2 \parallel M_1B_1$. Da $M_2 \in E$ liegt auch M_2B_2 in E.

(2) Da $r_1=\overline{M_1B_1}=\sqrt{180}$ und $r_2=\overline{M_2B_2}=\sqrt{80}$ verlaufen M_1M_2 und B_1B_2 nicht parallel.

$$M_1M_2 \ldots \quad \vec{x}=\begin{pmatrix}-6\\0\\6\end{pmatrix}+t\begin{pmatrix}-4\\2\\-5\end{pmatrix}$$

$$B_1B_2 \ldots \quad \vec{x}=\begin{pmatrix}6\\-6\\6\end{pmatrix}+s\begin{pmatrix}0\\0\\-5\end{pmatrix}$$

Lage zwischen M_1M_2 und B_1B_2:

$$\begin{aligned} -6-4t &= 6 \\ 2t &= -6 \quad \rightarrow \underline{t=-3} \\ 6-5t &= 6-5s \\ \hline 6+15 &= 6-5s \\ \underline{s} &\underline{= -3} \qquad \underline{\underline{S(6;-6;21)}} \end{aligned}$$

$$\begin{array}{lll} K_1 \ldots & (x+6)^2+\ y^2\ +(z-6)^2 & =180 \\ K_2 \ldots & (x+2)^2+(y+2)^2+(z-11)^2 & =\ 80 \\ \hline K_1 \ldots & x^2+12x+36+y^2+z^2-12z+36 & =180 \\ K_2 \ldots & x^2+4x+4+y^2+4y+4+z^2-22z+121 & =\ 80 \quad |(-)\ (\text{Subtrahieren}) \\ \hline & 8x-4y+10z & =100\ +129-72 \\ & \underline{\underline{8x-4y+10z}} & \underline{\underline{=157}} \end{array}$$

Koordinatengleichung der Ebene, die den Schnittkreis enthält.

c) Senkrechte Ebene zu $\overrightarrow{M_1M_2}$ ermitteln:

Normalengleichung: $(\vec{x}-\vec{x}_0)\circ\vec{n}=0$

$$\vec{x}_0=\overrightarrow{OB}_1=\begin{pmatrix}6\\-6\\6\end{pmatrix} \quad \vec{n}=\begin{pmatrix}4\\-2\\5\end{pmatrix}=\overrightarrow{M_1M_2}$$

$$\begin{pmatrix}x-6\\y+6\\z-6\end{pmatrix}\circ\begin{pmatrix}4\\-2\\5\end{pmatrix}=0$$

$$4(x-6)-2(y+6)+5(z-6)=0$$
$$E\ldots \quad 4x - 2y + 5z = 66$$

Schnittpunkt von E und M_1M_2 ist H:

$$\begin{array}{ll} E\ldots & 4x-2y+5z=66 \\ M_1M_2 & x=-6-4t \\ & y=2t \\ & z=6-5t \end{array}$$

$$4(-6-4t)-2\cdot 2t+5\cdot(6-5t)=66$$
$$-45t=60$$
$$t=-\frac{4}{3}$$

$$H\left(-\frac{2}{3};\ -\frac{8}{3};\ \frac{38}{3}\right)$$

H ist der Mittelpunkt der Strecke $\overline{B_1B_1'}$.

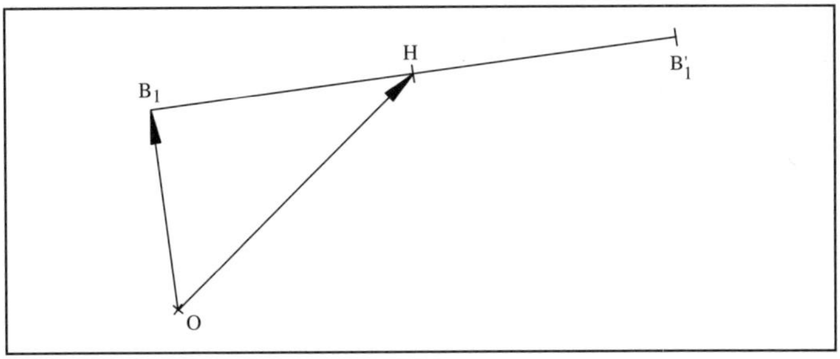

$$\overrightarrow{OB_1'}=\overrightarrow{OB_1}+2\cdot\overrightarrow{B_1H}$$
$$=\begin{pmatrix}6\\-6\\6\end{pmatrix}+2\cdot\begin{pmatrix}-\frac{2}{3}-6\\-\frac{8}{3}+6\\\frac{38}{3}-6\end{pmatrix}=\begin{pmatrix}6\\-6\\6\end{pmatrix}+2\cdot\begin{pmatrix}-\frac{20}{3}\\\frac{10}{3}\\\frac{20}{3}\end{pmatrix}$$

$$\overrightarrow{OB_1'}=\begin{pmatrix}-\frac{22}{3}\\\frac{2}{3}\\\frac{58}{3}\end{pmatrix},\quad \text{also ist } B_1'\left(-\frac{22}{3};\ \frac{2}{3};\ \frac{58}{3}\right)$$

T_1'... Tangentialebene an K_1 in B_1'

$$(\vec{x}-\vec{x}_M)\circ(\vec{x}_B-\vec{x}_M)=r^2$$

$$\vec{x}_{M_1}=\begin{pmatrix}-6\\0\\6\end{pmatrix}\quad \vec{x}_{B_1'}=\begin{pmatrix}-\frac{22}{3}\\\frac{2}{3}\\\frac{38}{3}\end{pmatrix}$$

$$T_1' \ldots \begin{pmatrix} x+6 \\ y \\ z-6 \end{pmatrix} \circ \begin{pmatrix} -\frac{4}{3} \\ \frac{2}{3} \\ \frac{40}{3} \end{pmatrix} = 180$$

$$\begin{array}{lrcrcrcr} & -\frac{4}{3}(x+6) & + & \frac{2}{3}y & + & \frac{40}{3}(z-6) & = & 180 \\ & -4(x+6) & + & 2y & + & 40(z-6) & = & 540 \\ & -4x & + & 2y & + & 40z & = & 804 \\ T_1' \ldots & -2x & + & y & + & 20z & = & 402 \end{array}$$

Die beiden Kugeln K_1 und K_2 bilden zusammen einen Körper, der drehsymmetrisch mit der Symmetrieachse M_1M_2 ist. Die Geradenspiegelung an M_1M_2 läßt sich als räumliche Drehung über 180° um M_1M_2 deuten.

Dabei geht T_1 in T_1' über, und da T_1 die Kugeln K_1 und K_2 berührt, muß daher auch T_1' die Kugeln K_1 und K_2 berühren.

Leistungskurs Mathematik (Sachsen)
Geometrie/Algebra – Übungsaufgabe 3

In einem kartesischen Koordinatensystem sind die Punkte

$A(-1; 1; -1)$, $B_t(-1; 2; 2t + 1)$ und $C_t(5; 3t + 1; -1)$ für $t \in R$ gegeben.

a) Weisen Sie nach, daß die Vektoren $\vec{a} = \overrightarrow{OA}$, $\vec{b}_t = \overrightarrow{OB_t}$ und $\vec{c}_t = \overrightarrow{OC_t}$ für jedes $t \in R$ linear unabhängig sind. Untersuchen Sie, ob es ein $t \in R$ gibt, für das $\vec{a}$, $\vec{b}_t$ und $\vec{c}_t$ paarweise orthogonal sind.

b) Eine Ebene E_t geht durch die Punkte A, B_t und C_t. Geben Sie eine Koordinatengleichung von E_t an.
Für welche t ist E_t parallel zu mindestens einer Koordinatenachse?
Für welches t ist E_t parallel zu einer Koordinatenebene?

c) Die Punkte O, A, B_t und C_t sind Eckpunkte einer dreiseitigen Pyramide. Berechnen Sie für $t = 1$ ihr Volumen.
S_t sei der Schwerpunkt des Dreiecks AB_tC_t.
Gibt es ein t, für das die Gerade OS_t senkrecht auf der Pyramidenfläche AB_tC_t steht?
Zeigen Sie, daß die Seitenmitten des räumlichen Vierecks OAB_tC_t ein Parallelogramm bilden.

d) Weisen Sie nach, daß in jedem beliebigen Parallelogramm die Summe der Inhalte der Quadrate über den vier Seiten ebenso groß ist wie die Summe der Inhalte der Quadrate über den beiden Diagonalen.

Lösungen

a) Die Vektoren $\vec{a}, \vec{b}_t$ und $\vec{c}_t$ sind linear unabhängig, wenn gilt:

$r_1\vec{a} + r_2\vec{b}_t + r_3\vec{c}_t = \vec{o}$ ist nur für $r_1 = r_2 = r_3 = 0$ lösbar.

$$\vec{a} = \begin{pmatrix} -1 \\ 1 \\ -1 \end{pmatrix} \qquad \vec{b}_t = \begin{pmatrix} -1 \\ 2 \\ 2t+1 \end{pmatrix} \qquad \vec{c}_t = \begin{pmatrix} 5 \\ 3t+1 \\ -1 \end{pmatrix}$$

$$\begin{array}{llcl}
(1) & -r_1 - r_2 + 5r_3 & = 0 & \\
(2) & r_1 + 2r_2 + (3t+1)r_3 & = 0 & \\
(3) & -r_1 + (2t+1)r_2 - r_3 & = 0 & \\
\hline
(1)+(2) & r_2 + (5+3t+1)r_3 & = 0 & \mid \cdot (-[2t+3]) \\
(2)+(3) & (2+2t+1)r_2 + (3t+1-1)r_3 & = 0 & \\
\hline
(1') & -(2t+3)r_2 + (3t+6)(-[2t+3])r_3 & = 0 & \\
(2') & (2t+3)r_2 + (3t)r_3 & = 0 & \\
\hline
(1')+(2') & (-12t-9t-6t^2-18+3t)r_3 & = 0 & \\
 & (-6t^2-18t-18)r_3 & = 0 & \mid : (-6) \\
 & (t^2+3t+3)\cdot r_3 & = 0 &
\end{array}$$

$t_{1,2} = -\frac{3}{2} \pm \sqrt{\frac{9}{4} - 3} \rightarrow$ keine Lösung für $t \in R$

also muß $r_3 = 0$ sein und damit auch r_2 und r_1

Da $r_1\vec{a} + r_2\vec{b}_t + r_3\vec{c}_t = \vec{o}$ nur für $r_1 = r_2 = r_3 = 0$ gilt, sind die Vektoren $\vec{a}, \vec{b}_t$ und $\vec{c}_t$ linear unabhängig.

Untersuchung auf Orthogonalität der Vektoren:

(1) $\vec{a} \perp \vec{b}_t$: $\begin{pmatrix} -1 \\ 1 \\ -1 \end{pmatrix} \circ \begin{pmatrix} -1 \\ 2 \\ 2t+1 \end{pmatrix} = 1 + 2 - 2t - 1 = 2 - 2t = 0$

$\underline{\underline{\text{für } t = 1}}$

(2) $\vec{a} \perp \vec{c}_t$: $\begin{pmatrix} -1 \\ 1 \\ -1 \end{pmatrix} \circ \begin{pmatrix} 5 \\ 3t+1 \\ -1 \end{pmatrix} = -5 + 3t + 1 + 1 = 3t - 3 = 0$

$\underline{\underline{\text{für } t = 1}}$

(3) $\vec{b}_t \perp \vec{c}_t$: $\begin{pmatrix} -1 \\ 2 \\ 2t+1 \end{pmatrix} \circ \begin{pmatrix} 5 \\ 3t+1 \\ -1 \end{pmatrix} = -5 + 6t + 2 - 2t - 1 = 4t - 4 = 0$

$\underline{\underline{\text{für } t = 1}}$

Für t = 1 sind die Vektoren $\vec{a}, \vec{b}_t$ und $\vec{c}_t$ paarweise orthogonal.

b) $E_t \ldots$ Ebene durch A, B_t, C_t

$$E_t \ldots \begin{pmatrix} x \\ y \\ z \end{pmatrix} = \begin{pmatrix} -1 \\ 1 \\ -1 \end{pmatrix} + u \begin{pmatrix} 0 \\ 1 \\ 2t+2 \end{pmatrix} + s \begin{pmatrix} 6 \\ 3t \\ 0 \end{pmatrix}$$

$$x = -1+6s \qquad \rightarrow s = \frac{x+1}{6}$$

$$y = 1+u+3ts \qquad \rightarrow y = 1+u+3t \cdot \frac{x+1}{6}$$

$$\underline{z = -1+(2t+2)u} \qquad u = y-1-3t \cdot \frac{x+1}{6}$$

$$z = -1+(2t+2) \cdot \left(y-1-3t \cdot \frac{x+1}{6} \right)$$

$$z = -1+2ty-2t-t^2x-t^2+2y-2-tx-t$$

$$E_t \ldots \underline{\underline{(t^2+t)x-(2t+2)y+z = -t^2-3t-3}}$$

Die Ebene E_t ist parallel zu einer Koordinatenachse, wenn der Normalenvektor der Ebene E_t senkrecht zum Richtungsvektor der Achse verläuft, also deren Skalarprodukt Null ist.

(1) x-Achse: $\vec{a}_x = \begin{pmatrix} 1 \\ 0 \\ 0 \end{pmatrix}$ $\qquad \vec{n}_{E_t} = \begin{pmatrix} t^2+t \\ -2t-2 \\ 1 \end{pmatrix}$

$$\begin{pmatrix} 1 \\ 0 \\ 0 \end{pmatrix} \circ \begin{pmatrix} t^2+t \\ -2t-2 \\ 1 \end{pmatrix} = t^2+t = 0 \text{ für } \underline{\underline{t=0 \text{ oder } t=-1}}$$

(2) y-Achse: $\begin{pmatrix} 0 \\ 1 \\ 0 \end{pmatrix} \circ \begin{pmatrix} t^2+t \\ -2t-2 \\ 1 \end{pmatrix} = -2t-2 = 0 \text{ für } \underline{\underline{t=-1}}$

(3) z-Achse: $\begin{pmatrix} 0 \\ 0 \\ 1 \end{pmatrix} \circ \begin{pmatrix} t^2+t \\ -2t-2 \\ 1 \end{pmatrix} = 1 \neq 0 \text{ für alle } t$

Für $t = -1$ ist E_t parallel zur x- und y-Achse, für $t = 0$ ist E_t parallel zur x-Achse.
Die Ebene E_t ist parallel zu einer Koordinatenebene, wenn die zwei Normalenvektoren parallel sind.

(1) x-y-Ebene: $\vec{n}_{xy} = \begin{pmatrix} 0 \\ 0 \\ 1 \end{pmatrix}$

$$\begin{pmatrix} t^2+t \\ -2t-2 \\ 1 \end{pmatrix} = r \begin{pmatrix} 0 \\ 0 \\ 1 \end{pmatrix} \quad \begin{matrix} t^2+t=0 & \rightarrow t=0 \text{ oder } t=-1 \\ \rightarrow -2t-2=0 & \rightarrow t=-1 \\ 1=1r & \end{matrix}$$

Für $t = -1$ ist E_t parallel zur x-y-Ebene.

(2) y-z-Ebene: $\begin{pmatrix} t^2+t \\ -2t-2 \\ 1 \end{pmatrix} = r \begin{pmatrix} 1 \\ 0 \\ 0 \end{pmatrix} \quad \rightarrow \quad \begin{matrix} t^2+t=1r \\ -2t-2=0 \\ 1=0 \end{matrix} \quad \rightarrow \text{ Widerspruch}$

(3) x-z-Ebene: $\begin{pmatrix} t^2+t \\ -2t-2 \\ 1 \end{pmatrix} = r\begin{pmatrix} 0 \\ 1 \\ 0 \end{pmatrix} \quad \rightarrow \quad \begin{aligned} t^2+t &= 0 \\ -2t-2 &= 1r \\ 1 &= 0 \end{aligned} \quad \rightarrow$ Widerspruch

Für kein t ist E_t parallel zur y-z- bzw. x-z-Ebene.

c) Skizze:

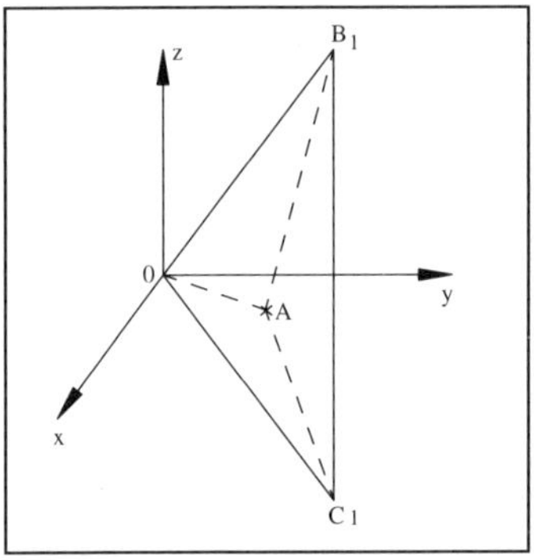

$t = 1$: $A(-1; 1; -1)$, $B_1(-1; 2; 3)$, $C_1(5; 4; -1)$

Nach b) sind die Vektoren $\vec{a}$, $\vec{b}_1$ und $\vec{c}_1$ paarweise orthogonal.

$$V = \frac{1}{3} \cdot A_G \cdot h$$

$$V = \frac{1}{3} \cdot \left(\frac{1}{2} |\overrightarrow{OA}||\overrightarrow{OB_1}| \right) \cdot |\overrightarrow{OC_1}|$$

$$V = \frac{1}{3} \cdot \frac{1}{2} \sqrt{3} \cdot \sqrt{14} \cdot \sqrt{42}$$

$$\underline{\underline{V = 7}}$$

Der Rauminhalt der Pyramide beträgt 7 Volumeneinheiten.

S_t ... Schwerpunkt des Dreiecks ΔAB_tC_t

$$\overrightarrow{OS_t} = \frac{1}{3}\left(\vec{a} + \vec{b}_t + \vec{c}_t\right)$$

$$= \frac{1}{3}\left[\begin{pmatrix} -1 \\ 1 \\ -1 \end{pmatrix} + \begin{pmatrix} -1 \\ 2 \\ 2t+1 \end{pmatrix} + \begin{pmatrix} 5 \\ 3t+1 \\ -1 \end{pmatrix}\right]$$

$$= \frac{1}{3} \cdot \begin{pmatrix} 3 \\ 3t+4 \\ 2t-1 \end{pmatrix}$$

$$\overrightarrow{OS_t} = \begin{pmatrix} 1 \\ \frac{3t+4}{3} \\ \frac{2t-1}{3} \end{pmatrix} \quad \rightarrow \quad \underline{\underline{S_t\left(1; \frac{3t+4}{3}; \frac{2t-1}{3}\right)}}$$

ΔAB_tC_t ist Teil von E_t. Die Gerade OS_t steht senkrecht zu E_t, wenn die Vektoren $\overrightarrow{OS_t}$ und $\vec{n}_{E_t}$ parallel sind.

$$\begin{pmatrix} 1 \\ \frac{3t+4}{3} \\ \frac{2t-1}{3} \end{pmatrix} = r \cdot \begin{pmatrix} t^2+t \\ -2t-2 \\ 1 \end{pmatrix}$$

$$\begin{array}{ll} (1) & 1 = r \cdot (t^2+t) \\ (2) & \frac{3t+4}{3} = r(-2t-2) \\ (3) & \frac{2t-1}{3} = r \end{array}$$

---

(3) in (2):

$$\frac{3t+4}{3} = \frac{2t-1}{3} \cdot (-2t-2)$$

$$3t+4 = (2t-1)(-2t-2)$$

$$t^2 + \frac{5}{4}t + \frac{1}{2} = 0$$

$$t_{1,2} = -\frac{5}{8} \pm \sqrt{\tfrac{25}{64} - \tfrac{32}{64}}$$ besitzt keine Lösung für $t \in R$

Es gibt kein t, für das OS_t senkrecht auf der Pyramidenfläche AB_tC_t steht.

Skizze:

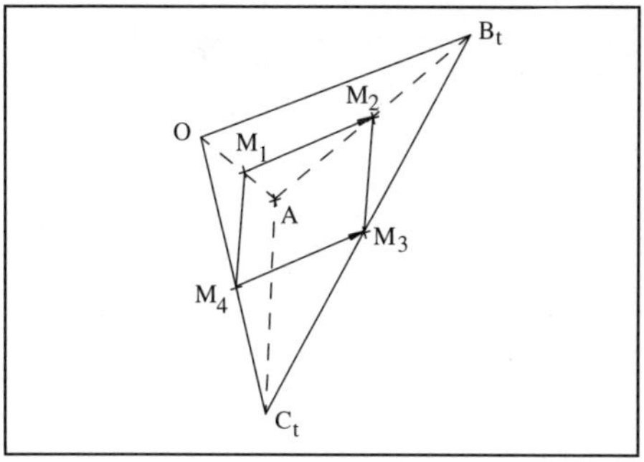

$$\overrightarrow{OM_1} = \frac{1}{2}\overrightarrow{OA} = \frac{1}{2}\begin{pmatrix} -1 \\ 1 \\ -1 \end{pmatrix} \quad \rightarrow M_1\left(-\frac{1}{2}; \frac{1}{2}; -\frac{1}{2}\right)$$

$$\overrightarrow{OM_2} = \frac{1}{2}\overrightarrow{OA} + \frac{1}{2}\overrightarrow{OB_t}$$

$$= \begin{pmatrix} -\frac{1}{2} \\ \frac{1}{2} \\ -\frac{1}{2} \end{pmatrix} + \frac{1}{2}\begin{pmatrix} -1 \\ 2 \\ 2t+1 \end{pmatrix} \quad \rightarrow M_2\left(-1; \frac{3}{2}; t\right)$$

$$\overrightarrow{OM_3} = \frac{1}{2}\overrightarrow{OB_t} + \frac{1}{2}\overrightarrow{OC_t}$$

$$= \frac{1}{2}\begin{pmatrix} -1 \\ 2 \\ 2t+1 \end{pmatrix} + \frac{1}{2}\begin{pmatrix} 5 \\ 3t+1 \\ -1 \end{pmatrix} \quad \rightarrow M_3\left(2; \frac{3t+3}{2}; t\right)$$

$$\overrightarrow{OM_4} = \frac{1}{2}\overrightarrow{OC_t}$$

$$= \frac{1}{2}\begin{pmatrix} 5 \\ 3t+1 \\ -1 \end{pmatrix} \qquad \rightarrow M_4\left(\frac{5}{2}; \frac{3t+1}{2}; -\frac{1}{2}\right)$$

$M_1M_2M_3M_4$ ist Parallelogramm, wenn gilt: $\overrightarrow{M_1M_2} = \overrightarrow{M_4M_3}$

$$\overrightarrow{M_1M_2} = \begin{pmatrix} -1 \\ \frac{3}{2} \\ t \end{pmatrix} - \begin{pmatrix} -\frac{1}{2} \\ \frac{1}{2} \\ -\frac{1}{2} \end{pmatrix} = \begin{pmatrix} -\frac{1}{2} \\ 1 \\ t+\frac{1}{2} \end{pmatrix}$$

$$\overrightarrow{M_4M_3} = \begin{pmatrix} 2 \\ \frac{3t+3}{2} \\ t \end{pmatrix} - \begin{pmatrix} \frac{5}{2} \\ \frac{3t+1}{2} \\ -\frac{1}{2} \end{pmatrix} = \begin{pmatrix} -\frac{1}{2} \\ 1 \\ t+\frac{1}{2} \end{pmatrix}$$

$\overrightarrow{M_1M_2} = \overrightarrow{M_4M_3}$, also handelt es sich um ein Parallelogramm

d) Skizze:

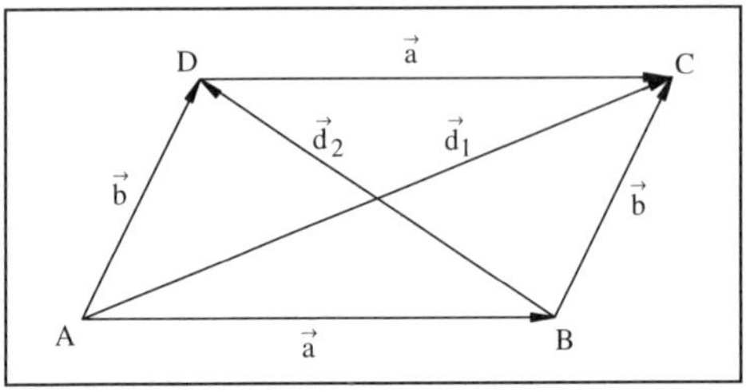

Voraussetzung: ABCD ist Parallelogramm

$\vec{d}_1 = \vec{a} + \vec{b}$

$\vec{d}_2 = \vec{b} - \vec{a}$

Es gilt: $\vec{a}^2 = |\vec{a}|^2 = \vec{a} \circ \vec{a}$

$\vec{b}^2 = |\vec{b}|^2 = \vec{b} \circ \vec{b}$

Behauptung: $2|\vec{a}|^2 + 2|\vec{b}|^2 = |\vec{d}_1|^2 + |\vec{d}_2|^2$

Beweis:

$$\begin{aligned}
|\vec{d}_1|^2 + |\vec{d}_2|^2 &= \vec{d}_1^{\,2} + \vec{d}_2^{\,2} \\
&= \vec{d}_1 \circ \vec{d}_1 + \vec{d}_2 \circ \vec{d}_2 \\
&= (\vec{a} + \vec{b}) \circ (\vec{a} + \vec{b}) + (\vec{b} - \vec{a}) \circ (\vec{b} - \vec{a}) \\
&= \vec{a}^2 + 2\vec{a} \circ \vec{b} + \vec{b}^2 + \vec{b}^2 - 2\vec{a} \circ \vec{b} + \vec{a}^2 \\
&= \vec{a}^2 + \vec{b}^2 + \vec{b}^2 + \vec{a}^2 \\
&= \vec{a}^2 + \vec{a}^2 + \vec{b}^2 + \vec{b}^2 \\
&= 2 \cdot |\vec{a}|^2 + 2 \cdot |\vec{b}|^2
\end{aligned}$$

w. z. b. w.

Leistungskurs Mathematik (Sachsen)
Geometrie/Algebra – Übungsaufgabe 4

In einem kartesischen Koordinatensystem ist für jedes $t \in R$ eine Ebene E_t gegeben durch

$3tx + 4ty + 5z = 15t$.

a) Berechnen Sie die Durchstoßpunkte der Koordinatenachsen durch die Ebene E_1.
Die Gerade g sei die Schnittgerade der Ebenen E_0 und E_1.
Bestimmen Sie eine Parametergleichung von g.
Zeigen Sie, daß sich alle Ebenen E_t in g schneiden.

b) Eine Ursprungsgerade h ist orthogonal zu g und schneidet g in Punkt F.
Berechnen Sie die Koordinaten von F und die Länge der Strecke $\overline{OF}$.

c) Die Ebenen E_t und $E_{t'}$ mit $t \neq 0$ und $t' \neq 0$ stehen aufeinander senkrecht. Welche Beziehung besteht in diesem Fall zwischen t und t'?
Die z-Achse schneidet zwei zueinander senkrechte Ebenen E_t und $E_{t'}$ in B_t und $B_{t'}$.
Geben Sie für $t > 0$ den Abstand d_t der Punkte B_t und $B_{t'}$ in Abhängigkeit von t an.
Für welches t wird d_t minimal?

d) Es gibt eine Kugel K, welche die Ebenen E_1 und E_{-1} in den Schnittpunkten B_1 und B_{-1} dieser Ebenen mit der z-Achse berührt.
Berechnen Sie die Koordinaten des Kugelmittelpunktes M und die Länge r des Kugelradius.

Lösungen

a) $E_1 \ldots 3x + 4y + 5z = 15$

x-Achse: $y = z = 0 \rightarrow$ $3x = 15$, $x = 5$, $\underline{\underline{S_x(5;0;0)}}$

y-Achse: $x = z = 0 \rightarrow$ $4y = 15$, $y = \frac{15}{4}$, $\underline{\underline{S_y(0;\frac{15}{4};0)}}$

z-Achse: $x = y = 0 \rightarrow$ $5z = 15$, $z = 3$, $\underline{\underline{S_z(0;0;3)}}$

$$
\begin{array}{ll}
(1) & E_0 \ldots 5z = 0 \\
(2) & E_1 \ldots 3x + 4y + 5z = 15 \\
\hline
(2)-(1): & 3x + 4y = 15
\end{array}
\quad \rightarrow \vec{a}_g = \begin{pmatrix} -4 \\ 3 \\ 0 \end{pmatrix} \ldots \text{ein Richtungsvektor von g}
$$

$P_0(5;0;0) \ldots P_0 \in g$

$$\underline{\underline{g \ldots \begin{pmatrix} x \\ y \\ z \end{pmatrix} = \begin{pmatrix} 5 \\ 0 \\ 0 \end{pmatrix} + s\begin{pmatrix} -4 \\ 3 \\ 0 \end{pmatrix}}}$$

$$
\begin{array}{ll}
E_t \ldots & 3tx + 4ty + 5z = 15t \\
g \ldots & x = 5 - 4s \\
& y = 3s \\
& z = 0 \\
\hline
\end{array}
$$

$$3t(5-4s) + 4t \cdot 3s = 15t$$
$$15t - 12st + 12st - 15t = 0$$
$$0 = 0 \quad \rightarrow$$

Alle s und $t \in R$ erfüllen das Gleichungssystem, d. h. g ist in allen Ebenen E_t enthalten.

b) h ... Gerade durch O(0; 0; 0) und senkrecht zu g, schneidet g in F

h ... $\vec{x} = n \cdot \overrightarrow{OF}$

F liegt auf g, also F(5 – 4s; 3s; 0)

$$\overrightarrow{OF} \perp \vec{a}_g: \quad \begin{pmatrix} 5-4s \\ 3s \\ 0 \end{pmatrix} \circ \begin{pmatrix} -4 \\ 3 \\ 0 \end{pmatrix} = 0$$

$$-20 + 16s + 9s = 0$$

$$s = \frac{4}{5}$$

$$\underline{\underline{F\left(\frac{9}{5};\ \frac{12}{5};\ 0\right)}}$$

$$\overline{OF} = \sqrt{\frac{81}{25} + \frac{144}{25}} = \sqrt{\frac{225}{25}} = \underline{\underline{3}}$$

c) E_t senkrecht zu $E_t^{'}$, wenn Normalenvektoren auch senkrecht zueinander stehen, also deren Skalarprodukt Null ist.

$$\overrightarrow{n_{E_t}} = \begin{pmatrix} 3t \\ 4t \\ 5 \end{pmatrix} \qquad \overrightarrow{n_{E_t^{'}}} = \begin{pmatrix} 3t' \\ 4t' \\ 5 \end{pmatrix}$$

$$\begin{pmatrix} 3t \\ 4t \\ 5 \end{pmatrix} \circ \begin{pmatrix} 3t' \\ 4t' \\ 5 \end{pmatrix} = 9tt' + 16tt' + 25$$

$$= 25tt' + 25 = 0 \text{ für } tt' = -1$$

$$\text{bzw. } \underline{\underline{t = -\frac{1}{t'}}}$$

Durchstoßpunkt z-Achse und E_t:

$$3t \cdot 0 + 4t \cdot 0 + 5z = 15t$$

$$z = 3t$$

$$\underline{\underline{B_t(0; 0; 3t)}}$$

Durchstoßpunkt z-Achse und $E_t^{'}$:

$$3t' \cdot 0 + 4t' \cdot 0 + 5z = 15t'$$

$$z = 3t'$$

$$B_t^{'}(0; 0; 3t') \text{ bzw. } B_t^{'}\left(0; 0; -\frac{3}{t}\right)$$

$d_t = \overline{B_t B_t'} = \sqrt{\left(\frac{3}{t} + 3t\right)^2} = \underline{\frac{3}{t} + 3t} \quad (t > 0)$

$d_t = \frac{3}{t} + 3t$

$d_t' = -\frac{3}{t^2} + 3$

$0 = -\frac{3}{t_E^2} + 3$

$t_E^2 = 1$, da $t > 0$

$\underline{\underline{t_E = 1}}$

$d_t'' = \frac{6}{t^3}$

für $t_E = 1$: $d_t'' = 6 > 0$

Für t = 1 ist der Abstand der Punkte B_t' und B_t am kleinsten.

d) K... Kugel, die E_1 und E_{-1} in B_1 und B_{-1} berührt.

E_1... $3x + 4y + 5z = 15$; $B_1(0; 0; 3)$
E_1... $-3x - 4y + 5z = -15$; $B_{-1}(0; 0; -3)$

s_1... Senkrechte zu E_1 durch B_1

$s_1 ... \begin{pmatrix} x \\ y \\ z \end{pmatrix} = \begin{pmatrix} 0 \\ 0 \\ 3 \end{pmatrix} + v \begin{pmatrix} 3 \\ 4 \\ 5 \end{pmatrix}$

s_{-1}... Senkrechte zu E_{-1} durch B_{-1}

$s_{-1} ... \begin{pmatrix} x \\ y \\ z \end{pmatrix} = \begin{pmatrix} 0 \\ 0 \\ -3 \end{pmatrix} + w \begin{pmatrix} -3 \\ -4 \\ 5 \end{pmatrix}$

Der Mittelpunkt des Kreises K ist der Schnittpunkt von s_1 und s_{-1}.

$$\begin{aligned} 3v &= -3w & &\rightarrow & w &= -v \\ 4v &= -4w & &\rightarrow & w &= -v \\ 3 + 5v &= -3 + 5w & &\rightarrow & 3 - 5w &= -3 + 5w \\ & & & & w &= \frac{3}{5} \\ & & & & v &= -\frac{3}{5} \end{aligned}$$

$\underline{\underline{M\left(-\frac{9}{5}; -\frac{12}{5}; 0\right)}}$

$r = \overline{MB_1}$

$r = \sqrt{\frac{81}{25} + \frac{144}{25} + \frac{225}{25}} = \sqrt{\frac{450}{25}} = \sqrt{18}$

$\underline{\underline{r = 3\sqrt{2}}}$

Leistungskurs Mathematik (Sachsen)
Stochastik – Übungsaufgabe 1

Eine Firma stellt Sicherungen mit einer Ausschußquote von 10 % her.

a) Der laufenden Produktion werden zufällig 20 Sicherungen entnommen.
Bestimmen Sie die Wahrscheinlichkeit der Ereignisse:
A: Alle entnommenen Sicherungen sind in Ordnung.
B: Nur die erste, die fünfte und die zehnte der entnommenen Sicherungen sind unbrauchbar.
C: Genau zwei der entnommenen Sicherungen sind unbrauchbar.

Wie viele Sicherungen müssen der Produktion mindestens entnommen werden, um mit einer Wahrscheinlichkeit von mehr als 90 % mindestens 5 einwandfreie Sicherungen zu erhalten?

b) Für den Versand werden jeweils 50 Sicherungen in eine Schachtel gepackt.
Wie groß ist der Erwartungswert der Anzahl unbrauchbarer Sicherungen in einer Schachtel?
Mit welcher Wahrscheinlichkeit befinden sich mehr als 7 unbrauchbare Sicherungen in der Schachtel?
Wie groß ist die Wahrscheinlichkeit, daß die Anzahl der fehlerhaften Sicherungen um höchstens 3 vom Erwartungswert abweicht?

c) Die unbrauchbaren Sicherungen haben mindestens einen der beiden Fehler F_1, F_2. Andere Fehler kommen nicht vor. F_1 und F_2 treten unabhängig voneinander auf. Die Wahrscheinlichkeit für den Fehler F_1 ist 0,04.
Mit welcher Wahrscheinlichkeit tritt der Fehler F_2 auf?

d) Ein Händler erhält von der Firma 10 Sendungen mit Sicherungen. Jeder Sendung entnimmt er zufällig 3 Sicherungen und überprüft sie. Er nimmt eine Sendung nur dann an, wenn er bei der Kontrolle lauter einwandfreie Sicherungen findet.
Wie groß ist die Wahrscheinlichkeit, daß die erste Sendung angenommen wird?
Mit welcher Wahrscheinlichkeit werden mindestens 9 Sendungen angenommen?

Lösungen

a) S_i: die i-te Sicherung ist in Ordnung

$$P(A) = P(S_1 \cap S_2 \cap \ldots \cap S_{20}) = P(S_1) \cdot \ldots \cdot P(S_{20}) \qquad \text{(unabhängige Ereignisse)}$$
$$= 0{,}9 \cdot 0{,}9 \cdot \ldots \cdot 0{,}9 = 0{,}9^{20} \approx 0{,}1216 \qquad \underline{\underline{P(A) \approx 0{,}1216}}$$

$$P(B) = P(\overline{S}_1 \cap S_2 \cap \ldots \cap \overline{S}_5 \cap \ldots \cap \overline{S}_{10} \cap \ldots \cap S_{20})$$
$$= P(\overline{S}_1) \cdot P(S_2) \cdot \ldots \cdot P(\overline{S}_5) \cdot \ldots \cdot P(\overline{S}_{10}) \cdot \ldots \cdot P(S_{20})$$
$$= 0{,}1^3 \cdot 0{,}9^{17} \approx 0{,}00017 \qquad \underline{\underline{P(B) \approx 0{,}00017}}$$

Sei X die Anzahl der intakten Sicherungen in der Stichprobe vom Umfang 20, so gilt:
X ist $B_{20;\,0,9}$-verteilt. Also:

$$P(C) = P(X = 18) = \binom{20}{18} \cdot 0{,}9^{18} \cdot 0{,}1^2 \approx 0{,}2852 \qquad \underline{\underline{P(C) \approx 0{,}2852}}$$

X sei die Anzahl der intakten Sicherungen in einer Stichprobe vom Umfang n;
X ist $B_{n;\,0,9}$-verteilt. n muß folgenden Bedingungen genügen.

(1) n ist minimal, (2) $P(X > 5) > 0{,}9$.

$$P(X \geq 5) = \sum_{k=5}^{n} B_{n;\,0,9}(k) > 0{,}9$$

Der Wert von n ist der Tabelle zu entnehmen. Dabei kann man sich auf Werte knapp über 5 konzentrieren, da $n \geq 5$ gelten muß (mindestens 5 intakte Sicherungen) und n wegen $p = 0{,}9$ (geringer Ausschußanteil) nicht wesentlich größer als 5 sein dürfte.

Aus der Tabelle entnimmt man:

$$n = 6{:} \quad \sum_{k=5}^{6} B_{6;\,0,9}(k) = 0{,}8857 < 0{,}9$$

$$n = 7{:} \quad \sum_{k=5}^{7} B_{7;\,0,9}(k) = 0{,}9743 > 0{,}9$$

Unter den gegebenen Bedingungen sind der Produktion $\underline{\underline{\text{mindestens 7}}}$ Sicherungen zu entnehmen.

b) Y: Anzahl der unbrauchbaren Sicherungen; Y ist $B_{50;\,0,1}$-verteilt.
Erwartungswert: $E(Y) = \mu = n \cdot p = 50 \cdot 0{,}1 = 5$ $\qquad \underline{\underline{\mu = 5}}$

$$P(Y > 7) = 1 - P(Y \leq 7) = 1 - \sum_{k=0}^{7} B_{50;\,0,1}(k)$$
$$\approx 1 - 0{,}8779 = 0{,}1221$$

Mit einer Wahrscheinlichkeit von etwa 0,1221 befinden sich mehr als 7 unbrauchbare Sicherungen in einer Schachtel.

$P(5 - 3 \leq Y \leq 5 + 3) = P(2 \leq Y \leq 8) = \sum_{k=2}^{8} B_{50;\,0,1}(k) \approx \underline{\underline{0{,}9082}}$, d. h. die Anzahl der defekten Sicherungen weicht mit einer Wahrscheinlichkeit von etwa 90,8 % um höchstens 3 vom Erwartungswert 5 ab.

c) F_i: der Fehler $F_i (i = 1, 2)$ tritt auf

$P(F_1 \cup F_2) = 0,1$ (= Wahrscheinlichkeit für Defekt)

$$P(F_1 \cup F_2) = P(F_1 + P(F_2) - P(F_1 \cap F_2) \quad \text{(Additionssatz)}$$
$$= P(F_1) + P(F_2) - P(F_1) \cdot P(F_2) \quad \text{(Fehler treten unabhängig voneinander auf)}$$

$$0,1 = 0,04 + P(F_2) - 0,04 \cdot P(F_2)$$

$$0,06 = 0,96 \cdot P(F_2)\,; \quad P(F_2) = \frac{0,06}{0,96} = 0,0625$$

Der Fehler F_2 tritt mit der Wahrscheinlichkeit $\underline{\underline{P(F_2) = 0,0625}}$ auf.

oder:

$$\underbrace{P(\overline{F_1 \cup F_2})}_{=0,9 \text{ (fehlerfrei)}} = P(\overline{F}_1 \cap \overline{F}_2) = P(\overline{F}_1) \cdot P(\overline{F}_2) = 0,96 \cdot P(\overline{F}_2)$$

$$P(\overline{F}_2) = \frac{0,9}{0,96} = 0,9375; \qquad P(F_2) = 1 - P(\overline{F}_2) = 0,0625$$

d) D: Die erste Sendung wird angenommen.

$$P(D) = P(S_1 \cap S_2 \cap S_3) = P(S_1) \cdot P(S_2) \cdot P(S_3) \quad \text{(Bezeichnungen vgl. a)}$$
$$= 0,9^3 = 0,729$$

Die erste Sendung wird mit der Wahrscheinlichkeit $\underline{\underline{P(D) = 0,729}}$ angenommen.

E: mindestens 9 der 10 Sendungen werden angenommen.

Ereignis E tritt ein, wenn 9 bzw. 10 Sendungen einwandfreie Sicherungen enthalten.

Z: Anzahl der einwandfreien Sendungen; Z ist $B_{10;\,0,729}$-verteilt (vgl. P(D)).

$$P(E) = P(Z \geq 9) = B_{10;\,0,729}(9) + B_{10;\,0,729}(10)$$
$$= \binom{10}{9} \cdot 0,729^9 \cdot (1 - 0,729)^1 + \binom{10}{10} \cdot 0,729^{10} \cdot (1 - 0,729)^0$$
$$\approx 0,1576 + 0,0424 = 0,2000$$

Mit der Wahrscheinlichkeit $\underline{\underline{0,2000}}$ werden mindestens 9 der 10 Sendungen angenommen.

Leistungskurs Mathematik (Sachsen)
Stochastik – Übungsaufgabe 2

Bei einem Roulettespiel trifft eine Kugel auf eine der 37 Zahlen 0, 1, 2, ..., 35, 36.
Alle diese Zahlen treten mit der gleichen Wahrscheinlichkeit auf.

a) Berechnen Sie die Wahrscheinlichkeit für:
   A: Bei einem Kugellauf wird eine Zahl größer als 33 getroffen.
   B: Bei zwei Kugelläufen wird eine Zahl größer als 33 mindestens einmal getroffen.
   C: Bei zwei Kugelläufen wird keine der Zahlen 34, 35, 36 doppelt getroffen.

b) Wie groß ist die Wahrscheinlichkeit, daß bei 5 Kugelläufen genau dreimal ungerade Zahlen getroffen werden?
   Mit welcher Wahrscheinlichkeit werden bei 5 Kugelläufen höchstens dreimal ungerade Zahlen getroffen?

c) Ein Spieler setzt auf eine Zahl. Falls die Kugel auf die gesetzte Zahl trifft, erhält er seinen Einsatz zurück und das 35fache seines Einsatzes dazu. Wird die Zahl nicht getroffen, ist sein Einsatz verloren.
   Ein Spieler spielt dreimal. Er setzt jedesmal 10 DM auf dieselbe Zahl. Berechnen Sie den Erwartungswert seines Verlustes.

d) Ein anderer Spieler verfolgt folgende Strategie:
   Er spielt höchstens dreimal. Dabei setzt er jedesmal 10 DM auf dieselbe Zahl, bricht jedoch im Falle eines Gewinnes das Spiel ab.
   Berechnen Sie den Erwartungswert seines Verlustes.

Lösungen

a) K: Die Zahl K wird getroffen; $P(K) = \frac{1}{37}$ (Gleichwahrscheinlichkeit) für K = 0, 1, ..., 36.

$$P(A) = P(34 \cup 35 \cup 36) = P(34) + P(35) + P(36) \qquad \text{(unvereinbare Ereignisse)}$$

$$= 3 \cdot \frac{1}{37} \approx 0{,}0811 \qquad \underline{\underline{P(A) = 0{,}0811}}$$

B ist gleichbedeutend mit dem Gegenereignis von D: Bei zwei Kugelläufen wird beidesmal eine Zahl unter 34 getroffen. Dabei wird bei einem Lauf mit der Wahrscheinlichkeit $1 - P(A) = \frac{34}{37}$ eine Zahl unter 34 (nicht größer als 33) getroffen. Also:

$$P(B) = 1 - P(D) = 1 - \left(\frac{34}{37}\right)^2 \approx 0{,}1556 \qquad \underline{\underline{P(B) = 0{,}1556}}$$

Die Zahl 34 wird bei zwei Kugelläufen mit der Wahrscheinlichkeit $\left(\frac{1}{37}\right)^2$ doppelt getroffen. Analoges gilt für die Zahlen 35 und 36. Daher:

$$P(C) = 1 - 3 \cdot \left(\frac{1}{37}\right)^2 \approx 0{,}9978 \qquad \underline{\underline{P(C) = 0{,}9978}}$$

b) Da unter den Zahlen 0, 1, ..., 36 genau 18 ungerade Zahlen sind, beträgt die Wahrscheinlichkeit, bei einem Kugellauf eine ungerade Zahl zu treffen, $\frac{18}{37}$.

X: Anzahl der Treffer "ungerade Zahl"; X ist $B_{5;\frac{18}{37}}$-verteilt.

$$P(X = 3) = B_{5;\frac{18}{37}}(3) = \binom{5}{3} \cdot \left(\frac{18}{37}\right)^3 \cdot \left(1 - \frac{18}{37}\right)^2 \approx 0{,}3036$$

Bei 5 Kugelläufen werden mit der Wahrscheinlichkeit $\underline{\underline{0{,}3036}}$ genau 3 ungerade Zahlen getroffen.

$$P(X \le 3) = \sum_{i=0}^{3} \binom{5}{i} \cdot \left(\frac{18}{37}\right)^i \cdot \left(\frac{19}{37}\right)^{5-i} = 1 - \sum_{i=4}^{5} \binom{5}{i} \cdot \left(\frac{18}{37}\right)^i \cdot \left(\frac{19}{37}\right)^{5-i}$$

$$\approx 1 - (0{,}1438 + 0{,}0272) = 0{,}829$$

Höchstens dreimal wird eine ungerade Zahl bei 5 Läufen mit der Wahrscheinlichkeit $\underline{\underline{0{,}829}}$ getroffen.

c) Die verschiedenen Spielverläufe macht man sich am besten an einem Baumdiagramm klar.

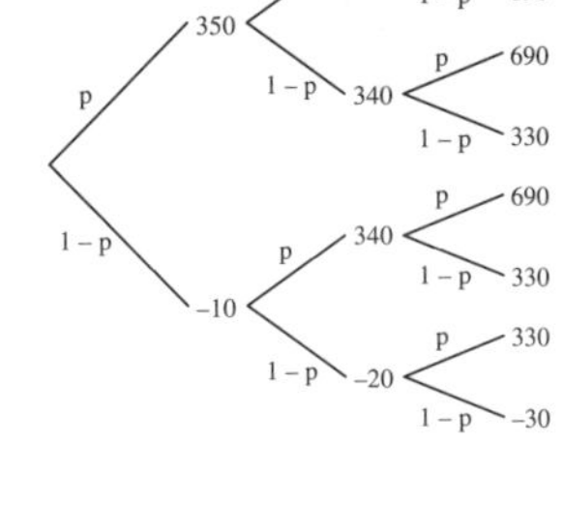

Aus dem Diagramm ergibt sich: X sei die Zufallsvariable "Gewinn".

X	1050	690	330	–30
P(X)	p^3	$3 \cdot p^2 \cdot (1-p)$	$3 \cdot p \cdot (1-p)^2$	$(1-p)^3$

Für den Erwartungswert von X gilt:

$$E(X) = \mu = 1050 \cdot p^3 + 690 \cdot 3 \cdot p^2 \cdot (1-p) + 330 \cdot 3 \cdot p(1-p)^2 - 30 \cdot (1-p)^3 \approx -0{,}81$$

Der Erwartungswert seines Verlustes ist 0,81 DM.

oder:

Für ein Spiel gilt:

X	350	–10
P(X)	p	1 – p

$$E_1(X) = \mu_1 = 350 \cdot p - 10 \cdot (1-p) = -\frac{10}{37} \approx -0{,}27$$

Hieraus ergibt sich für den Erwartungswert der Spielserie (3 Spiele):

$$\mu = 3 \cdot \mu_1 = -0{,}81.$$

d) Verlaufsdiagramm: $p = \frac{1}{37}$

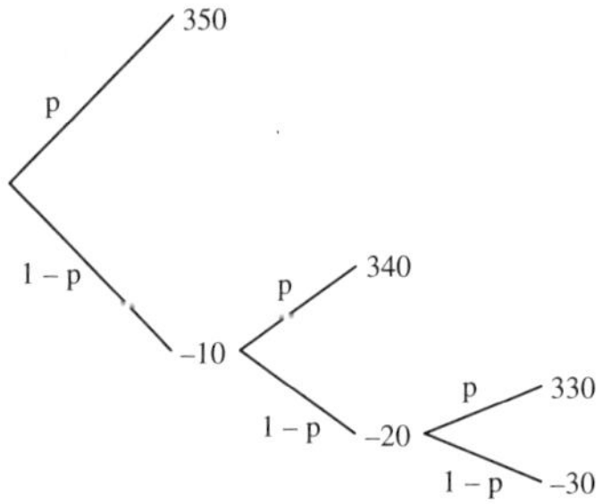

Analog zu Teil c ergibt sich hieraus sofort:

$$\mu^* = 350 \cdot p + 340 \cdot p \cdot (1-p) + 330 \cdot p \cdot (1-p)^2 - 30 \cdot (1-p)^3 \approx -0{,}79$$

Für diesen Spieler beträgt der Erwartungswert seines Verlustes 0,79 DM.

Leistungskurs Mathematik (Sachsen)
Stochastik – Übungsaufgabe 3

In einer Urne U befinden sich 4 weiße und 6 schwarze Kugeln.

a) Es werden 3 Kugeln ohne Zurücklegen gezogen.
Berechnen Sie die Wahrscheinlichkeiten der Ereignisse:
A: Alle Kugeln sind schwarz.
B: Genau 2 der Kugeln sind weiß.

In einem neuen Experiment werden alle 10 Kugeln nacheinander ohne Zurücklegen gezogen.
Mit welcher Wahrscheinlichkeit erhält man zuerst alle Kugeln der einen Farbe und dann die Kugeln der anderen Farbe?

b) Nun werden 10 Kugeln mit Zurücklegen gezogen.
Berechnen Sie die Wahrscheinlichkeiten der Ereignisse:
C: Man zieht genau 5 weiße Kugeln.
D: Man zieht mindestens 7 schwarze Kugeln.

Mit welcher Wahrscheinlichkeit tritt das Ereignis D bei viermaliger Durchführung der 10 Ziehungen genau 2mal ein?

c) Nun sollen mit einem Griff 3 Kugeln gezogen werden.
X sei Zufallsvariable für die Anzahl der gezogenen schwarzen Kugeln.
Ermitteln Sie die Wahrscheinlichkeitsverteilung von X.
Berechnen Sie E(X) und V(X).

d) Bei dem folgenden Glücksspiel verlangt der Veranstalter einen Einsatz von 2 DM. Aus der Urne U wird eine Kugel gezogen. Ist diese Kugel weiß, erhält der Spieler 4 DM ausbezahlt. Welchen Gewinn pro Spiel erzielt der Veranstalter auf lange Sicht?
Das Glücksspiel soll wie folgt abgeändert werden: Vor der Ziehung werden der Urne U mit den 10 Kugeln n weiße Kugeln hinzugefügt. Der Spieler muß aber für jede hinzugefügte Kugel zusätzlich 1 DM pro Spiel einsetzen. Zieht der Spieler eine weiße Kugel, so werden 10 DM an ihn ausgezahlt.
Für welche n ist für den Veranstalter die Gewinnerwartung positiv?

a) $P(A)=\frac{6}{10}\cdot\frac{5}{9}\cdot\frac{4}{8}=\frac{1}{6}$ $\qquad$ $\underline{\underline{P(A)=\frac{1}{6}}}$

$$P(B)=\underbrace{\frac{4}{10}\cdot\frac{3}{9}\cdot\frac{6}{8}}_{wws}+\underbrace{\frac{4}{10}\cdot\frac{6}{9}\cdot\frac{3}{8}}_{wsw}+\underbrace{\frac{6}{10}\cdot\frac{4}{9}\cdot\frac{3}{8}}_{sww}=3\cdot\frac{1}{10}=\frac{3}{10} \qquad \underline{\underline{P(B)=\frac{3}{10}}}$$

E: alle 10 Kugeln werden nacheinander ohne Zurücklegen gezogen; dabei sind zuerst 6 schwarze, dann 4 weiße Kugeln oder zuerst 4 weiße, dann 6 schwarze Kugeln möglich.

$$P(E)=\underbrace{\frac{6}{10}\cdot\frac{5}{9}\cdot\frac{4}{8}\cdot\frac{3}{7}\cdot\frac{2}{6}\cdot\frac{1}{5}\cdot\underbrace{\frac{4}{4}\cdot\frac{3}{3}\cdot\frac{2}{2}\cdot\frac{1}{1}}_{=1\text{ (nachdem alle schwarzen Kugeln weg sind, \textbf{müssen} noch 4 weiße kommen)}}}_{sssssswwww}+\frac{4}{10}\cdot\frac{3}{9}\cdot\frac{2}{8}\cdot\frac{1}{7}\cdot\frac{6}{6}\cdot\frac{5}{5}\cdot\frac{4}{4}\cdot\frac{3}{3}\cdot\frac{2}{2}\cdot\frac{1}{1}$$

$$=\frac{1}{210}+\frac{1}{210}=\frac{1}{105} \qquad \underline{\underline{P(E)=\frac{1}{105}}}$$

b) Da die Kugeln jeweils zurückgelegt werden und damit die Wahrscheinlichkeiten der beiden Elementarereignisse gleichbleiben, liegt eine Bernoulli-Kette vor.

X sei die Anzahl der weißen Kugeln; X ist $B_{10;\,0{,}4}$-verteilt ($n = 10$; $p=\frac{4}{10}=0{,}4$)

$$P(C)=P(X=5)=f_B(5;10;0{,}4)=\binom{10}{5}\cdot 0{,}4^5\cdot 0{,}6^5=\underline{\underline{0{,}2007=P(C)}}$$

$$P(D)=\underbrace{P(X\le 3)}_{\substack{\text{mind. 7}\\ \text{schwarze} \,\hat{=}\, \text{höchstens 3 weiße}}}=F_B(3;10;0{,}4)=\sum_{i=0}^{3}\binom{10}{i}\cdot 0{,}4^i\cdot 0{,}6^{10-i}=0{,}3823$$

$$\underline{\underline{P(D)=0{,}3823}}$$

Y gebe an, wie oft das Ereignis D bei viermaliger Durchführung der 10 Ziehungen eintrete. Y ist dann $B_{4;\,0{,}3823}$-verteilt.

$$P(Y=2)=f_B(2;4;0{,}3823)=\binom{4}{2}\cdot 0{,}3823^2\cdot(1-0{,}3823)^2=0{,}3346$$

Das Ereignis D tritt bei viermaliger Durchführung mit einer Wahrscheinlichkeit $\underline{\underline{0{,}3346}}$ genau zweimal ein.

<u>oder:</u>

D tritt bei viermaliger Durchführung genau zweimal ein, z. B. D, D, $\overline{D}$, $\overline{D}$.

$P(D, D, \overline{D}, \overline{D}) = 0{,}3823^2 \cdot (1 - 0{,}3823)^2 = 0{,}0558$

Das Beispiel gibt einen von $6=\binom{4}{2}$ möglichen Fällen an, also:

$P = 6 \cdot 0{,}0558$

$P = 0{,}3348$

(Abweichung durch Runden)

c) X kann die Werte $x_i \in \{0, 1, 2, 3\}$ annehmen. Dabei gilt:

$$P(X=0)=P(www)=\frac{4}{10}\cdot\frac{3}{9}\cdot\frac{2}{8}=\frac{1}{30}$$

(gleichzeitig drei weiße Kugeln $\hat{=}$ nacheinander drei weiße Kugeln ohne Zurücklegen)

$$P(X=1)=P(sww \cup wsw \cup wws)=P(B)=\frac{3}{10} \text{ (vgl. Teil a)}$$

$$P(X=2)=P(ssw \cup sws \cup wss)=\frac{6}{10}\cdot\frac{5}{9}\cdot\frac{4}{8}+\frac{6}{10}\cdot\frac{4}{9}\cdot\frac{5}{8}+\frac{4}{10}\cdot\frac{6}{9}\cdot\frac{5}{8}=\frac{1}{2}$$

$$P(X=3)=P(sss)=P(A)=\frac{1}{6} \text{ (vgl. Teil a)}$$

Wahrscheinlichkeitsverteilung:

x_i	0	1	2	3
$P(X = x_i)$	$\frac{1}{30}$	$\frac{3}{10}$	$\frac{1}{2}$	$\frac{1}{6}$

(Summe = 1)

Erwartungswert: $E(X)=0\cdot\frac{1}{30}+1\cdot\frac{3}{10}+2\cdot\frac{1}{2}+3\cdot\frac{1}{6}=1,8$ $\underline{\underline{E(X)=1,8}}$

Varianz: $V(X)=(0-1,8)^2\cdot\frac{1}{30}+(1-1,8)^2\cdot\frac{3}{10}+(2-1,8)^2\cdot\frac{1}{2}+(3-1,8)^2\cdot\frac{1}{6}=0,56$

$\underline{\underline{V(X)=0,56}}$

d) G: Gewinn des Veranstalters pro Spiel (in DM); G kann die Werte +2 (Einsatz des Spielers) und –2 (ausgezahlter Betrag minus Einsatz) annehmen.

Wahrscheinlichkeitsverteilung:

g_i	+2	–2
$P(G = g_i)$	$\frac{6}{10}$	$\frac{4}{10}$

Gewinnerwartung: $E(G)=+2\cdot\frac{6}{10}+(-2)\cdot\frac{4}{10}=0,4$

Auf lange Sicht erzielt der Veranstalter pro Spiel einen Gewinn von $\underline{\underline{0,40 \text{ DM}}}$.

G': Gewinn des Veranstalters pro Spiel (in DM) bei geänderter Spielregel; G' kann die Werte 2 + n bzw. 2 + n – 10 annehmen.

Wahrscheinlichkeitsverteilung:

g_i'	$2 + n$	$2 + n - 10$
$P(G' = g_i')$	$\frac{6}{10+n}$	$\frac{4+n}{10+n}$

Gewinnerwartung: $E(G')=(2+n)\cdot\frac{6}{10+n}+(2+n-10)\cdot\frac{4+n}{10+n}=\frac{n^2+2n-20}{n+10}$

Die Gewinnerwartung ist positiv, wenn $n^2 + 2n - 20 > 0$ erfüllt ist.

Aus $n^2 + 2n - 20 = 0$ folgt: $n_1 = \underbrace{-1+\sqrt{21}}_{=3,58}$; $n_2 = -1-\sqrt{21} < 0$

Durch Punktprobe (mit 0 bzw. 1) ermittelt man, daß die obige Ungleichung wegen $n \in N$ für $n > n_1$, d. h. $n \geq 4$ erfüllt ist.

Damit ist die Gewinnerwartung des Veranstalters positiv, wenn $\underline{\underline{n \geq 4}}$ gilt.

Leistungskurs Mathematik (Sachsen)
Stochastik – Übungsaufgabe 4

Rainer und Sigrid werfen auf ein Ziel. Sie treffen erfahrungsgemäß mit den Wahrscheinlichkeiten $\frac{3}{8}$ bzw. $\frac{9}{10}$.

a) Rainer wirft 5mal. X sei Zufallsvariable für die Anzahl der dabei erzielten Treffer.
Geben Sie die Wahrscheinlichkeitsverteilung von X an.
Berechnen Sie die Wahrscheinlichkeiten der Ereignisse:
A: Rainer trifft höchstens 2mal.
B: Rainer trifft mindestens 1mal.
C: Rainer trifft erstmals beim letzten Wurf.
D: Bei Rainer wechseln Treffer und Fehlwürfe ab.

b) Rainer und Sigrid werfen je 2mal.
Berechnen Sie die Wahrscheinlichkeit für das Ereignis:
E: Beide erzielen zusammen mindestens 3 Treffer.

c) Rainer und Sigrid tragen einen Wettbewerb in mehreren Runden aus. In jeder Runde beginnt Rainer. Sie werfen abwechselnd so lange, bis ein Treffer erzielt wird, jeder wirft jedoch höchstens 2mal. Wer trifft, hat die Runde gewonnen; wird das Ziel nicht getroffen, endet die Runde unentschieden.
Y sei Zufallsvariable für die Anzahl der Würfe in einer Runde.
Ermitteln Sie die Wahrscheinlichkeitsverteilung von Y.
Berechnen Sie die mittlere Zahl der Würfe je Runde, wenn viele Runden gespielt werden.
Mit welcher Wahrscheinlichkeit gewinnt Rainer eine Runde?

Lösungen

a) X: Anzahl der Treffer bei 5 Würfen von Rainer; X ist $B_{5;\frac{3}{8}}$-verteilt.

Wahrscheinlichkeitsverteilung:

x_i	0	1	2	3	4	5
$P(X = x_i)$	0,0954	0,2861	0,3433	0,2060	0,0618	0,0074

$$= \binom{5}{x_i} \cdot \left(\frac{3}{8}\right)^{x_i} \cdot \left(\frac{5}{8}\right)^{5-x_i}$$

$P(A) = P(X \le 2) = 0,0954 + 0,2861 + 0,3422 = 0,7248$ $\qquad \underline{\underline{P(A) = 0,7248}}$

$P(B) = P(X \ge 1) = 1 - P(X = 0) = 1 - 0,0954 = 0,9046$ $\qquad \underline{\underline{P(B) = 0,9046}}$

$P(C) = \underbrace{\left(\frac{5}{8}\right)^4}_{\text{zunächst 4mal kein Treffer}} \cdot \frac{3}{8} = 0,0572$ $\qquad \underline{\underline{P(C) = 0,0572}}$

$P(D) = \left(\frac{3}{8}\right)^3 \cdot \left(\frac{5}{8}\right)^2 + \left(\frac{5}{8}\right)^3 \cdot \left(\frac{3}{8}\right)^2 = 0,0549$ $\qquad \underline{\underline{P(D) = 0,0549}}$

$(T\overline{T}T\overline{T}T;\ T = \text{Treffer})$

b) R: Rainer trifft; S: Sigrid trifft

$P(E) = P(RRS\overline{S}) + P(RR\overline{S}S) + P(R\overline{R}SS) + P(\overline{R}RSS) + P(RRSS)$

$= \left(\frac{3}{8}\right)^2 \cdot \frac{9}{10} \cdot \frac{1}{10} + \left(\frac{3}{8}\right)^2 \cdot \frac{1}{10} \cdot \frac{9}{10} + \frac{3}{8} \cdot \frac{5}{8} \cdot \left(\frac{9}{10}\right)^2 + \frac{5}{8} \cdot \frac{3}{8} \cdot \left(\frac{9}{10}\right)^2 + \left(\frac{3}{8}\right)^2 \cdot \left(\frac{9}{10}\right)^2$

$= 0,5189$ $\qquad \underline{\underline{P(E) = 0,5189}}$

c) Anhand eines Baumdiagramms verdeutlicht man sich den Spielverlauf:

T: Rainer oder Sigrid trifft; $\overline{T}$ Fehlwurf (kein Trefffer)

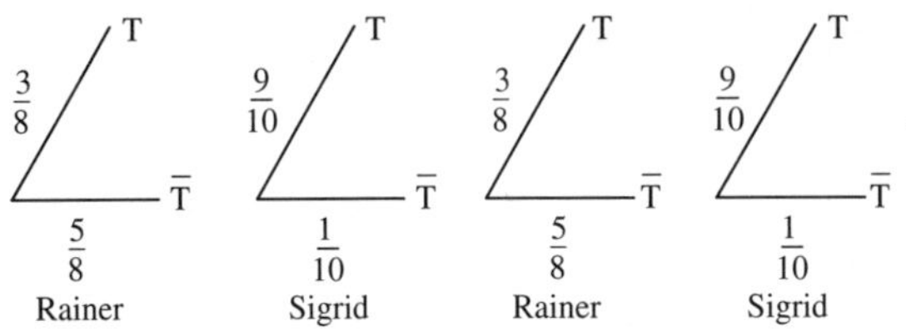

Y: Anzahl der Würfe je Runde

Wahrscheinlichkeitsverteilung

y_i	1	2	3	4
$P(Y = y_i)$	$\frac{3}{8}$	$\frac{5}{8} \cdot \frac{9}{10}$	$\frac{5}{8} \cdot \frac{1}{10} \cdot \frac{3}{8}$	$\frac{5}{8} \cdot \frac{1}{10} \cdot \frac{5}{8}$

Erwartungswert: $E(X) = 1 \cdot \frac{3}{8} + 2 \cdot \frac{5}{8} \cdot \frac{9}{10} + 3 \cdot \frac{5}{8} \cdot \frac{1}{10} \cdot \frac{3}{8} + 4 \cdot \frac{5}{8} \cdot \frac{1}{10} \cdot \frac{5}{8} = 1{,}7266$

Die mittlere Anzahl der Würfe je Runde ist etwa $\underline{\underline{1{,}73}}$.

Rainer gewinnt, wenn er gleich beim ersten Wurf trifft oder beim dritten, falls jeder zunächst einen Fehlwurf hat.

$P = \frac{3}{8} + \frac{5}{8} \cdot \frac{1}{10} \cdot \frac{3}{8} = \frac{51}{128} = 0{,}3984$

Rainer gewinnt eine Runde mit einer Wahrscheinlichkeit von ca. $\underline{\underline{0{,}40}}$.

Leistungskurs Mathematik (Sachsen)
Stochastik – Übungsaufgabe 5

Bei den Glücksrädern I und II erscheint jedes Feld mit der gleichen Wahrscheinlichkeit 0,1.

a) X sei die Zufallsvariable für die angezeigte Zahl beim Glücksrad I.
Berechnen Sie Erwartungswert und Varianz von X. Das Glücksrad I wird wiederholt 6mal gedreht. Wie groß ist die durchschnittlich zu erwartende Summe der sechs abgelesenen Zahlen?
Bestimmen Sie die Wahrscheinlichkeit, daß beim 6maligen Drehen 4mal die "1" und je 1mal die "7" und die "9" auftreten.

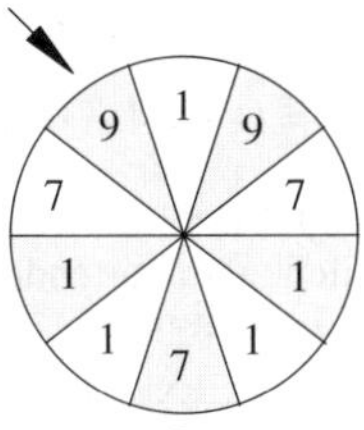

I

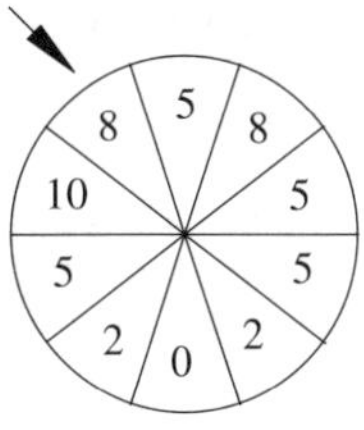

II

b) Das Glücksrad I soll so oft gedreht werden, bis die Summe der auftretenden Zahlen mindestens 7 ist. Z beschreibe die Anzahl der benötigten Drehungen.
Geben Sie mit Hilfe eines Baumdiagramms die Wahrscheinlichkeitsverteilung von Z an.
Wie viele Drehungen sind im Durchschnitt notwendig, um mindestens die Summe 7 zu erreichen?

c) Y sei die Zufallsvariable für die angezeigte Zahl beim Glücksrad II. Die beiden Glücksräder werden unabhängig voneinander gedreht.
Geben Sie die gemeinsame Wahrscheinlichkeitsverteilung von X und Y an.
Ein Spieler A dreht das Glücksrad I, ein Spieler B das Glücksrad II. Gewonnen hat der Spieler mit der höheren Zahl; als Gewinn erhält er vom anderen Spieler die von diesem erzielte Zahl in DM ausgezahlt.
Berechnen Sie die Gewinnerwartung des Spielers A.
Welcher Spieler hat die größere Gewinnerwartung?

Lösungen

a) X sei die Zufallsvariable für die angezeigte Zahl beim Glücksrad I.

Wahrscheinlichkeitsverteilung von X:

x_i	1	7	9
$P(X = x_i)$	0,5	0,3	0,2

Erwartungswert von X: $E(X) = 1 \cdot 0{,}5 + 7 \cdot 0{,}3 + 9 \cdot 0{,}2 = \underline{\underline{4{,}4}}$.

Varianz von X: $V(X) = (1-4{,}4)^2 \cdot 0{,}5 + (7-4{,}4)^2 \cdot 0{,}3 + (9-4{,}4)^2 \cdot 0{,}2 = \underline{\underline{12{,}04}}$.

Ist X_i Zufallsvariable für die i-te Drehung, so sind die X_i unabhängige Kopien von X, und für die durchschnittlich zu erwartende Summe der abgelesenen Zahlen bei 6maligem Drehen des Glücksrades I erhält man:

$E(X_1 + X_2 + \ldots + X_6) = E(X_1) + E(X_2) + \ldots E(X_6) = 6 \cdot E(X) = \underline{\underline{26{,}4}}$.

Ein Ausgang bei 6maligem Drehen mit 4mal "1" und je 1mal "7" und "9" in bestimmter Reihenfolge hat die Wahrscheinlichkeit: $0{,}5^4 \cdot 0{,}3 \cdot 0{,}2$.

Insgesamt sind $\frac{6!}{4!1!1!} = 30$ verschiedene derartige Ausgänge möglich.

Die gesuchte Wahrscheinlichkeit beträgt daher:

$p = 30 \cdot 0{,}5^4 \cdot 0{,}3 \cdot 0{,}2 = \underline{\underline{0{,}1125 \approx 11\,\%}}$

b) Das Glücksrad I muß im ungünstigsten Fall 7mal gedreht werden, damit die Summe der Zahlen mindestens 7 ist.

Bei jeder Drehung ist die Bedingung beim Ausgang "7" oder "9" erfüllt, bei der 7ten Drehung bei jedem Ausgang.

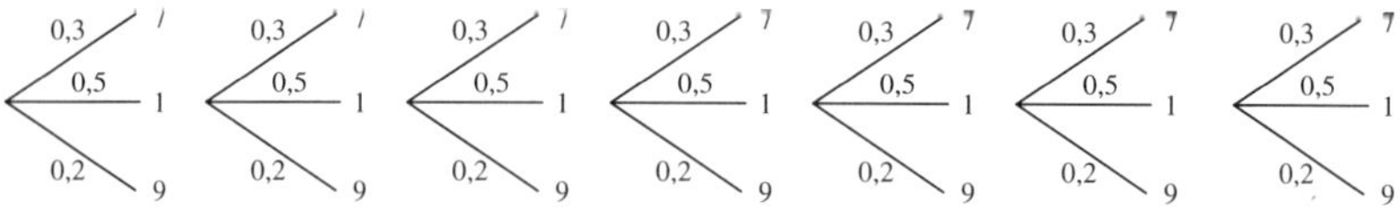

Z beschreibe die Anzahl der benötigten Drehungen.

Wahrscheinlichkeitsverteilung von Z:

z_i	1	2	3	4	5	6	7
$P(Z = z_i)$	0,5	$0{,}5^2$	$0{,}5^3$	$0{,}5^4$	$0{,}5^5$	$0{,}5^6$	$0{,}5^7$

Durchschnittliche Anzahl der Drehungen, um mindestens die Summe 7 zu erreichen:

$E(Z) = 1 \cdot 0{,}5 + 2 \cdot 0{,}5^2 + 3 \cdot 0{,}5^3 + 4 \cdot 0{,}5^4 + 5 \cdot 0{,}5^5 + 6 \cdot 0{,}5^6 + 7 \cdot 0{,}5^6 \underline{\underline{\approx 1{,}98}}$.

c) Y sei die Zufallsvariable für die angezeigte Zahl beim Glücksrad II.

Gemeinsame Wahrscheinlichkeitsverteilung der beiden unabhängigen Zufallsvariablen X und $Y(P(X = x_i; Y = y_j) = P(X = x_i) \cdot P(Y = y_j))$:

y_j \ x_i	1	7	9	$P(Y = y_j)$
0	0,05	0,03	0,02	0,1
2	0,1	0,06	0,04	0,2
5	0,2	0,12	0,08	0,4
8	0,1	0,06	0,04	0,2
10	0,05	0,03	0,02	0,1
$P(X=x_i)$	0,5	0,3	0,2	1

Gewinntabelle für den Spieler A (Glücksrad I):

y_j \ x_i	1	7	9
0	0	0	0
2	–1	+2	+2
5	–1	+5	+5
8	–1	–7	+8
10	–1	–7	–9

(Gewinntabelle für den Spieler B erhält man durch Multiplikation der Werte in der Tabelle mit –1).

Die Zufallsvariable G gebe den Gewinn des Spielers A an.

Mit den obigen Tabellen erhält man die Wahrscheinlichkeitsverteilung von G:

g_i	–9	–7	–1	0	+2	+5	+8
$P(G = g_i)$	0,02	0,09	0,45	0,1	0,1	0,2	0,04

Gewinnerwartung des Spielers A:

$$E(G) = -9 \cdot 0{,}02 - 7 \cdot 0{,}09 - 1 \cdot 0{,}45 + 0 + 2 \cdot 0{,}1 + 5 \cdot 0{,}2 + 8 \cdot 0{,}04 = \underline{\underline{+0{,}26}}.$$

Da für B die Gewinnerwartung –0,26 ist, hat A die größere Gewinnerwartung.

Leistungskurs Mathematik (Sachsen)
Stochastik – Übungsaufgabe 6

In einer Bevölkerung sind 2 % sogenannte "K-Personen"; das sind Personen, die den Erreger einer noch nicht ausgebrochenen Krankheit K im Blut haben.

a) Mit welcher Wahrscheinlichkeit ist unter 50 Personen höchstens eine K-Person?
Mit welcher Wahrscheinlichkeit befinden sich unter 1000 Personen mindestens 25K-Personen?
Wieviel Personen muß man untersuchen, um mit einer Wahrscheinlichkeit von mindestens 99 % wenigstens eine K-Person zu entdecken?

b) Bei einem Schnelltest werden 94 % der K-Personen als solche erkannt. Andererseits stuft der Test 8 % der Nicht-K-Personen irrtümlicherweise als K-Personen ein.
Eine Person wird vom Test als Nicht-K-Person erklärt. Wie groß ist die Wahrscheinlichkeit, daß sie dennoch eine K-Person ist?

c) Der Anteil von K-Personen in der Bevölkerung sei nun p.
Ein Bluttest läßt das Vorhandensein von Erregern für K sicher erkennen. Bei einer Reihenuntersuchung wird – um die Zahl dieser Tests zu verringern – das Blut von je 8 Personen vermischt und untersucht. Nur wenn im Gemisch Erreger von K gefunden werden, wird jede der 8 Personen zusätzlich einem Einzeltest unterzogen.
Geben Sie die mittlere Anzahl von Tests (in Abhängigkeit von p) für Gruppen von 8 Personen an.
Für welche Werte von p sind dabei durchschnittlich weniger Tests nötig als bei der Einzelprüfung?

Lösungen

a) Die Anzahl Z der K-Personen unter n Personen ist $B_{n;\,0,02}$-verteilt.
Wahrscheinlichkeit, daß unter n = 50 Personen höchstens eine K-Person ist:

$$P(Z \le 1) = \binom{50}{0} \cdot 0{,}02^0 \cdot 0{,}98^{50} + \binom{50}{1} \cdot 0{,}02^1 \cdot 0{,}98^{49} \approx \underline{\underline{0{,}7358}}.$$

Für die Wahrscheinlichkeit, daß unter n = 1000 Personen mindestens 25 K-Personen sind, erhält man mit

$\mu_Z = np = 20;$

$\sigma_Z^2 = npq = 1000 \cdot 0{,}02 \cdot 0{,}98 = 19{,}6 > 9;$

nach der De Moivre-Laplace Näherungsformel:

$$P(Z \ge 25) = 1 - P(Z \le 24) \approx 1 - \Phi\left(\frac{24 + 0{,}5 - 20}{\sqrt{19{,}6}}\right) \approx 1 - 0{,}845 = \underline{\underline{0{,}155}}.$$

Berechnung der Personenanzahl n, bei der mit einer Wahrscheinlichkeit von mindestens 99 % wenigstens eine K-Person auftritt:

$$P(Z \ge 1) = 1 - P(Z = 0) = 1 - \binom{n}{0} \cdot 0{,}02^0 \cdot 0{,}98^n = 1 - 0{,}98^n;$$

$$P(Z \ge 1) \ge 0{,}99;\ 1 - 0{,}98^n \ge 0{,}99;\ 0{,}98^n \le 0{,}01;\ n \ge \frac{\ln 0{,}01}{\ln 0{,}98} \approx 227{,}9;$$

Man muß mindestens $\underline{\underline{\text{228 Personen}}}$ untersuchen.

b) Es bedeuten die Ereignisse:
K: "Person ist K-Person"
G: "Test stuft Person als Nicht-K-Person (gesund) ein".

Es ist bekannt:

$P(K) = 0{,}02;\ P(\overline{K}) = 0{,}98;$

$P_K(\overline{G}) = 0{,}94;$ (Wahrsch., daß K-Person als solche erkannt wird)

$P_{\overline{K}}(\overline{G}) = 0{,}08;$ (Wahrsch., daß Nicht-K-Person als K-Person eingestuft wird)

Daraus ergibt sich:

$P_K(G) = 1 - P_K(\overline{G}) = 0{,}06;$

$P_{\overline{K}}(G) = 1 - P_{\overline{K}}(\overline{G}) = 0{,}92;$

Gesucht: Bedingte Wahrscheinlichkeit, daß eine Person eine K-Person ist unter der Bedingung, daß sie der Test als Nicht-K-Person einstuft.

Baumdiagramm:

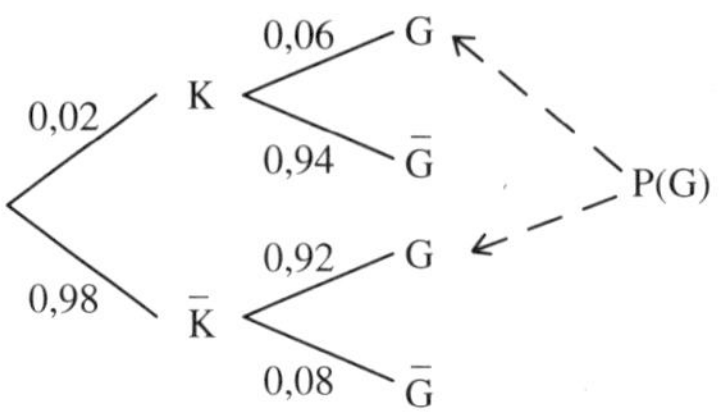

$$P_G(K) = \frac{P(K \cap G)}{P(G)} = \frac{P(K) \cdot P_K(G)}{P(K) \cdot P_K(G) + P(\overline{K}) \cdot P_{\overline{K}(G)}} = \frac{0,02 \cdot 0,06}{0,02 \cdot 0,06 + 0,98 \cdot 0,92} \approx \underline{\underline{0,0013}}$$

c) Werden im Blutgemisch K-Erreger gefunden, so ist mindestens einer der 8 Personen K-Person und zusätzlich zum Gruppentest sind 8 Einzeltests erforderlich. Die Zahl Z der K-Personen unter 8 Personen ist $B_{8;\,p}$-verteilt.

$$P(Z = 0) = \binom{8}{0} p^0 (1-p)^8 = (1-p)^8$$

$$P(Z \geq 1) = 1 - P(Z = 0) \quad = 1 - (1-p)^8$$

Die Zufallsvariable X für die Anzahl der Tests bei einer Gruppe von 8 Personen hat dann die Wahrscheinlichkeitsverteilung:

x_i	1	9
$P(X = x_i)$	$(1-p)^8$	$1-(1-p)^8$

Mittlere Anzahl von Tests:

$$E(X) = 1 \cdot (1-p)^8 + 9 \cdot (1-(1-p)^8) = \underline{\underline{9 - 8(1-p)^8}}\,.$$

p-Werte, für die durchschnittlich weniger Tests nötig sind als bei Einzelprüfung:

$$E(X) < 8;\ 9 - 8(1-p)^8 < 8;\ (1-p)^8 > \frac{1}{8};\ p < 1 - \frac{1}{\sqrt[8]{8}} = \underline{\underline{0,22...}}\,.$$

Leistungskurs Mathematik (Sachsen)
Abiturähnliche Musterklausur: Analysis – Aufgabe A 1

Gegeben sind die Funktionen f_a durch

$$y = f_a(x) = \sqrt{2x + a} - x \qquad (x \in D_f;\ a > 0).$$

a) Bestimmen Sie für f_a den größtmöglichen Definitionsbereich und die Nullstellen. (4 BE)

b) Weisen Sie nach, daß jede dieser Funktionen genau ein lokales Maximum besitzt und alle Extrempunkte von f_a auf einer Geraden liegen. (6 BE)

c) Berechnen Sie für f_1; f_3 und $f_{5,4}$ die Nullstellen und die Koordinaten der lokalen Extrempunkte. (2 BE)

d) Zeichnen Sie die Graphen von f_1; f_3 und $f_{5,4}$ für $x \leq 4$ in ein Koordinatensystem. (2 BE)

e) Berechnen Sie für $f_{5,4}$ den Inhalt der Fläche, die von den Achsen und dem Graph der Funktion eingeschlossen wird. (2 BE)

f) In die vom Graphen der Funktion $f_{5,4}$ und den Achsen eingeschlossene Fläche sei ein Rechteck so einbeschrieben, daß ein Eckpunkt im Koordinatenursprung und ein weiterer Eckpunkt auf dem Graphen der Funktion $f_{5,4}$ liegt.
Weisen Sie nach, daß für x = 1,8 der Flächeninhalt dieses Rechtecks maximal wird. Berechnen Sie den Flächeninhalt. (10 BE)

g) Ermitteln Sie den Inhalt der Fläche, die der Graph von f_3 und die Gerade g, die durch $g(x) = -\frac{1}{3}x + 1$ gegeben ist, vollständig begrenzen. (4 BE)

(30 BE)

a) $2x + a \geq 0$

$x \geq -\frac{a}{2} \quad \rightarrow D_f = \{x: x \geq -\frac{a}{2}; a > 0; x \in R\}$

Nullstellen:

$$0 = \sqrt{2x_N + a} - x_N$$
$$x_N = \sqrt{2x_N + a}$$
$$x_N^2 = 2x_N + a$$
$$0 = x_N^2 - 2x_N - a$$
$$x_{N_{1,2}} = 1 \pm \sqrt{1+a}$$
$$\underline{\underline{x_{N_1} = 1 + \sqrt{1+a}}} \qquad x_{N_2} = 1 - \sqrt{1+a} \rightarrow \text{entfällt bei Probe}$$

Probe: (1) für x_{N_1}:

$$\sqrt{2(1+\sqrt{1+a})+a} \quad - \quad (1+\sqrt{1+a}) \quad \Big| \; 0$$
$$\sqrt{2+2\sqrt{1+a}+a} \quad - \quad 1-\sqrt{1+a} \quad \Big| \; 0$$
$$\sqrt{1+2\sqrt{1+a}+(1+a)} \quad - \quad 1-\sqrt{1+a} \quad \Big| \; 0$$
$$\sqrt{(1+\sqrt{1+a})^2} \quad - \quad 1-\sqrt{1+a} \quad \Big| \; 0$$
$$1+\sqrt{1+a} \quad - \quad 1-\sqrt{1+a} \quad \Big| \; 0$$
$$\underline{0 = 0}$$

(2) für x_{N_2}:

$$\sqrt{2(1-\sqrt{1+a})+a} \quad - \quad (1-\sqrt{1+a}) \quad \Big| \; 0$$
$$\underbrace{\sqrt{2-2\sqrt{1+a}+a}}_{\geq 0} \quad - \quad 1+\underbrace{\sqrt{1+a}}_{>1} \quad \Big| \; 0$$

(wegen D_f)

$$\sqrt{2-2\sqrt{1+a}+a} \quad - \quad 1+\sqrt{1+a} \quad > 0$$

b) $f_a'(x) = \frac{2}{2\cdot\sqrt{2x+a}} - 1$

$= \frac{1}{\sqrt{2x+a}} - 1$

$0 = \frac{1}{\sqrt{2x_E+a}} - 1$

$0 = 1 - \sqrt{2x_E+a}$

$1 = \sqrt{2x_E+a}$

$1 = 2x_E + a$

$x_E = \frac{1-a}{2}$ $\qquad y_E = \sqrt{2\cdot\frac{1-a}{2} + a} - \frac{1-a}{2}$

$y_E = 1 - \frac{1}{2} + \frac{a}{2} = \frac{1+a}{2}$

$\underline{\underline{E\left(\frac{1-a}{2}; \frac{1+a}{2}\right)}}$

$f_a''(x) = -\frac{1}{2}(2x+a)^{-\frac{3}{2}}\cdot 2$

$= -\frac{1}{\sqrt{(2x+a)^3}}$

$f_a''\left(\frac{1-a}{2}\right) = -\frac{1}{\sqrt{[(1-a)+a]^3}} = -1 < 0 \rightarrow$ lokales $\underline{\underline{\text{Maximum}}}$

$x_E = \frac{1-a}{2} \rightarrow a = 1 - 2x_E$

$y_E = \frac{1+a}{2} = \frac{1+(1-2x_E)}{2} = -x_E + 1$

$\underline{\underline{y_E = -x_E + 1}} \rightarrow$ Geradengleichung, d. h. alle Extrempunkte liegen auf dieser Geraden

c) $f_1(x) = \sqrt{2x+1} - x \quad ; \quad x_{N_1} = 1 + \sqrt{2} \approx 2,4 \quad ; \quad E_1(0;1)$

$f_3(x) = \sqrt{2x+3} - x \quad ; \quad x_{N_3} = 1 + \sqrt{4} = 3 \quad ; \quad E_3(-1;2)$

$f_{5,4}(x) = \sqrt{2x+5,4} - x \quad ; \quad x_{N_{5,4}} = 1 + \sqrt{6,4} \approx 3,5 \quad ; \quad E_{5,4}(-2,2;3,2)$

d)

x	D_f		0	1	2	3	4
f_1	$x \geq -\frac{1}{2}$	$f_1\left(-\frac{1}{2}\right) = \frac{1}{2}$	1	0,7	0,2	−0,4	−1
f_3	$x \geq -\frac{3}{2}$	$f_3\left(-\frac{3}{2}\right) = \frac{3}{2}$	1,7	1,2	0,6	0	−0,7
$f_{5.4}$	$x \geq -2,7$	$f_{5,4}(-2,7) = 2,7$	2,3	1,7	1,1	0,4	−0,3

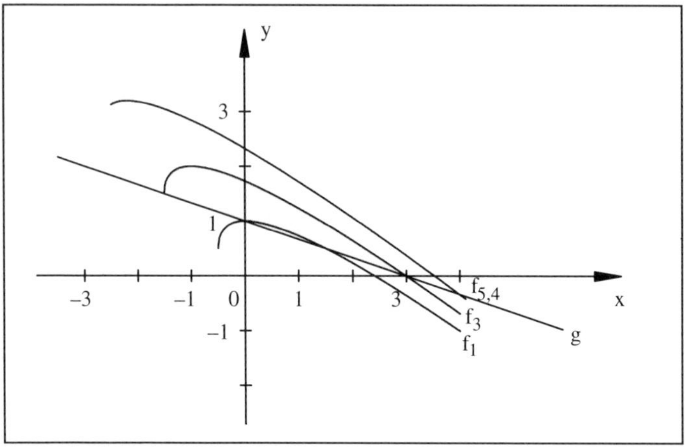

e) $A = \int\limits_{0}^{1+\sqrt{6,4}} \left(\sqrt{2x+5,4} - x\right)dx$

$$A = \left[\frac{2}{3}\left(\sqrt{2x+5,4}\right)^3 \cdot \frac{1}{2} - \frac{1}{2}x^2\right]_0^{1+\sqrt{6,4}}$$

$$A = \left[\frac{1}{3}\sqrt{(2x+5,4)^3} - \frac{1}{2}x^2\right]_0^{1+\sqrt{6,4}}$$

$$A = \left(\frac{1}{2}\sqrt{(2\cdot\left[1+\sqrt{6,4}\right]+5,4)^3} - \frac{1}{2}\left(1+\sqrt{6,4}\right)^2\right) - \frac{1}{3}\sqrt{5,4^3}$$

$$\underline{\underline{A \approx 4,3}}$$

Der Graph $f_{5,4}$ schließt mit den Achsen eine Fläche von 4,3 FE ein.

f) $A = a \cdot b$

$$A = x \cdot f_{5,4}(x)$$

$$A = x \cdot \left(\sqrt{2x+5,4} - x\right)$$

$$A = x \cdot \sqrt{2x+5,4} - x^2 \quad ; \quad 0 < x < 1+\sqrt{6,4}$$

$$\frac{dA}{dx} = 1 \cdot \sqrt{2x+5,4} + x \cdot \frac{2}{2 \cdot \sqrt{2x+5,4}} - 2x$$

$$0 = \sqrt{2x_E+5,4} + \frac{x_E}{\sqrt{2x_E+5,4}} - 2x_E$$

$$0 = (2x_E+5,4) + x_E - 2x_E \cdot \sqrt{2x_E+5,4}$$

$$0 = 3x_E + 5,4 - 2x_E \cdot \sqrt{2x_E+5,4}$$

$$3x_E + 5{,}4 = 2x_E \cdot \sqrt{2x_E + 5{,}4}$$

$$(3x_E + 5{,}4)^2 = 4x_E^2 \cdot (2x_E + 5{,}4)$$

$$0 = 8x_E^3 + 21{,}6x_E^2 - 9x_E^2 - 32{,}4x_E - 29{,}16$$

$$0 = 8x_E^3 + 12{,}6x_E^2 - 32{,}4x_E - 29{,}16$$

$\underline{\underline{x_{E_1} = 1{,}8}}$ NR: $(8x_E^3 + 12{,}6x_E^2 - 32{,}4x_E - 29{,}16) : (x_E - 1{,}8) = 8x_E^2 + 27x_E + 16{,}2$

$$\begin{array}{l} -(8x_E^3 - 14{,}4x_E^2) \\ \hline \quad 27x_E^2 - 32{,}4x_E \\ \quad -(27x_E^2 - 48{,}6x_E) \\ \hline \qquad 16{,}2x_E - 29{,}16 \\ \qquad -(16{,}2x_E - 29{,}16) \\ \hline \qquad\qquad 0 \end{array}$$

$$8x_E^2 + 27x_E + 16{,}2 = 0$$

$$x_E^2 + 3{,}375x_E + 2{,}025 = 0$$

$$x_{E_{2,3}} = -1{,}6875 \pm \sqrt{1{,}6875^2 - 2{,}035}$$

$$x_{E_{2,3}} = -1{,}6875 \pm 0{,}9070$$

$x_{E_{2,3}} < 0$ entfallen wegen $D_f = \left\{x: 0 < x < 1 + \sqrt{6{,}4}\right\}$

$$\frac{d^2A}{dx^2} = \frac{1}{\sqrt{2x + 5{,}4}} + \frac{1 \cdot \sqrt{2x + 5{,}4} - x \cdot \frac{1}{\sqrt{2x+5{,}4}}}{2x + 5{,}4} - 2$$

$$\frac{d^2A}{dx^2} = \frac{1}{\sqrt{2x + 5{,}4}} + \frac{x + 5{,}4}{\sqrt{(2x + 5{,}4)^3}} - 2$$

$$\left.\frac{d^2A}{dx^2}\right|_{x=1{,}8} = \frac{1}{3} + \frac{7{,}2}{27} - 2 < 0 \rightarrow \text{lokales } \underline{\underline{\text{Maximum}}}$$

$$A_{max} = x_{E_1} \cdot \sqrt{2x_{E_1} + 5{,}4} - x_{E_1}{}^2 = 1{,}8 \cdot 3 - 1{,}8^2 = \underline{\underline{2{,}16}}$$

Das Rechteck wird für x = 1,8 maximal und hat dann einen Inhalt von 2,16 FE.

g) Schnittstellen von f_3 und g:

$$\sqrt{2x_S+3}-x_S=-\frac{1}{3}x_S+1$$

$$\sqrt{2x_S+3}=\frac{2}{3}x_S+1$$

$$2x_S+3=\frac{4}{9}x_S^2+\frac{4}{3}x_S+1$$

$$0=\frac{4}{9}x_S^2-\frac{2}{3}x_S-2$$

$$0=x_S^2-\frac{3}{2}x_S-\frac{9}{2}$$

$$x_{S_{1/2}}=\frac{3}{4}\pm\sqrt{\frac{9}{16}+\frac{72}{16}}$$

$$\underline{\underline{x_{S_1}=3}} \qquad \underline{\underline{x_{S_2}=-\frac{3}{2}}}$$ (Probe i. O.)

$$A=\int_{-1,5}^{3}\left[f_3(x)-g(x)\right]dx$$

$$A=\int_{-1,5}^{3}\left[\left(\sqrt{2x+3}-x\right)-\left(-\frac{1}{3}x+1\right)\right]dx$$

$$A=\int_{-1,5}^{3}\left(\sqrt{2x+3}-\frac{2}{3}x-1\right)dx$$

$$A=\left[\frac{2}{3}\sqrt{(2x+3)^3}\cdot\frac{1}{2}-\frac{1}{3}x^2-x\right]_{-1,5}^{3}$$

$$A=\left(\frac{1}{3}\cdot 27-3-3\right)-(0-0,75+1,5)$$

$$\underline{\underline{A=2,25}}$$

Die Graphen von f_3 und g begrenzen eine Fläche von 2,25 FE vollständig (siehe Skizze).

Leistungskurs Mathematik (Sachsen)
Abiturähnliche Musterklausur: Analysis – Aufgabe A 2

Gegeben sind Funktionen f_k durch

$$y = f_k(x) = x^k \cdot e^{-x} \qquad (x \in D_{f_k};\, k \in N).$$

Man betrachte zunächst nur den Fall $k > 0$.

a) Bestimmen Sie für f_k den größtmöglichen Definitionsbereich D_{f_k} und die Nullstellen. Untersuchen Sie das Verhalten der Funktionen f_k für $x \to -\infty$. (4 BE)

b) Bestimmen Sie die Koordinaten der lokalen Extrempunkte und die Art der Extrema der Funktionen f_1, f_2 und f_3.
Bestimmen Sie für f_1 und f_2 jeweils die Wendepunkte. Bei der Untersuchung der Funktionen auf Wendepunkte kann auf die Überprüfung einer hinreichenden Bedingung verzichtet werden. (6 BE)

c) Skizzieren Sie die Graphen der Funktionen f_1 und f_2 für $-0{,}5 \leq x \leq 5$ in ein Koordinatensystem (1 Längeneinheit $\hat{=}$ 2 cm). (2 BE)

d) Es sei t die Tangente an den Graph der Funktion f_1 im Punkt P(0; 0). Der Graph der Funktion f_1, die Tangente t, der Graph der Funktion g mit $y = g(x) = (-0{,}5)x^2 + 4$ $(x \in R;\, x \geq 0)$ und die Gerade $x = 2{,}5$ begrenzen eine Fläche vollständig. Berechnen Sie den Inhalt dieser Fläche. (5 BE)

e) Bestimmen Sie rechnerisch die gemeinsamen Punkte der Funktionen f_k. (3 BE)

f) Jede Gerade $x = a$ mit $a \in R$ und $0 < a < 1$ schneidet die Graphen der Funktionen f_1 und f_2. Für welchen Wert von a ist der Abstand der Schnittpunkte am größten? (3 BE)

Für die folgende Teilaufgabe gilt $k = 0$.

g) Gegeben ist die Funktion h durch $y = h(x) = e^{-x} \cdot \sin 2x$ $(x \in R;\, x \geq 0)$.
Ermitteln Sie die gemeinsamen Punkte der Graphen der Funktionen h und f_0, und zeigen Sie, daß diese Punkte Berührungspunkte beider Graphen sind.
Die Ordinaten der Berührungspunkte bilden eine monoton fallende Zahlenfolge (a_n).
Geben Sie für die Folge (a_n) eine explizite Bildungsvorschrift an.
Berechnen Sie die Summe der Ordinaten für $n \to \infty$. (7 BE)

(30 BE)

Lösungen

a) $D_f = \mathbb{R}$

Nullstellen: $0 = x_N^k \cdot e^{-x_N}$ ($e^{-x} \neq 0$ für alle x)

$x_N^k = 0$

$\underline{\underline{x_N = 0}}$

Verhalten im Unendlichen: $\lim\limits_{x \to -\infty} (x^k \cdot e^{-x}) = \underline{\underline{+\infty}}$ für gerade k

$\lim\limits_{x \to -\infty} (x^k \cdot e^{-x}) = \underline{\underline{-\infty}}$ für ungerade k

b) $f_k'(x) = k \cdot x^{k-1} \cdot e^{-x} + x^k \cdot (-1) \cdot e^{-x}$

$= e^{-x} \cdot (kx^{k-1} - x^k)$

$0 = kx_E^{k-1} - x_E^k$

$0 = x_E^{k-1} \cdot (k - x_E)$

$\underline{x_{E_1} = 0 \text{ für } k > 1}$ $\underline{x_{E_2} = k}$

$f_k''(x) = -e^{-x} \cdot (kx^{k-1} - x^k) + e^{-x} \cdot (k[k-1]x^{k-2} - kx^{k-1})$

$= e^{-x}(-kx^{k-1} + x^k + k[k-1]x^{k-2} - kx^{k-1})$

$= e^{-x}(x^k - 2kx^{k-1} + k[k-1]x^{k-2})$

f_1: $x_{E_1} = 1$; $y_{E_1} = \frac{1}{e}$

$f_1''(x) = e^{-x}(x-2)$

$f_1''(1) = -\frac{1}{e} < 0 \rightarrow$ lokales $\underline{\underline{\text{Maximum}}}$: $\underline{\underline{E_1\left(1; \frac{1}{e}\right)}}$

f_2: $x_{E_{21}} = 0$; $y_{E_{21}} = 0$

$f_2''(x) = e^{-x}(x^2 - 4x + 2)$

$f_2''(0) = 2 > 0 \rightarrow$ lokales $\underline{\underline{\text{Minimum}}}$: $\underline{\underline{E_{21}(0; 0)}}$

$x_{E_{22}} = 2$; $y_{E_{22}} = \frac{4}{e^2}$

$f''(2) = \frac{1}{e^2}(4 - 8 + 2) = -\frac{2}{e^2} < 0 \rightarrow$ lokales $\underline{\underline{\text{Maximum}}}$: $\underline{\underline{E_{22}\left(2; \frac{4}{e^2}\right)}}$

f_3: $x_{E_{31}} = 0$; $y_{E_{31}} = 0$

$f_3''(x) = e^{-x}(x^3 - 6x^2 + 6x)$

$f_3''(0) = 0$

$f_3'''(x) = -e^{-x}(x^3 - 6x^2 + 6x) + e^{-x}(3x^2 - 12x + 6)$

$f_3'''(0) = 0 + 6 = 6 \neq 0 \rightarrow$ f_3 hat im Ursprung einen Wendepunkt, also kein lokales Extremum.

$$x_{E_{32}} = 3; \quad y_{E_{32}} = \frac{27}{e^3}$$

$$f_3''(3) = \frac{1}{e^3}(27 - 54 + 18) = -\frac{9}{e^3} < 0 \rightarrow \text{lokales } \underline{\underline{\text{Maximum}}}: \; \underline{\underline{E_3\left(2; \frac{27}{e^3}\right)}}$$

Wendepunkte:

f_1: $\quad f_1''(x) = e^{-x}(x - 2)$

$$0 = x_{W_1} - 2$$

$$x_{W_1} = 2; \; y_{W_1} = \frac{2}{e^2} \rightarrow \underline{\underline{W_1\left(2; \frac{2}{e^2}\right)}}$$

f_2: $\quad f_2''(x) = e^{-x}(x^2 - 4x + 2)$

$$0 = x_{W_2}^2 - 4x_{W_2} + 2$$

$$x_{W_{21,22}} = 2 \pm \sqrt{2}$$

$x_{W_{21}} = 2 + \sqrt{2} \approx 3,41$; $x_{W_{22}} = 2 - \sqrt{2} \approx 0,59$

$y_{W_{21}} \approx 0,38$; $y_{W_{22}} \approx 0,19$

$\underline{\underline{W_{21}(3,41; 0,38)}}$; $\underline{\underline{W_{22}(0,59; 0,19)}}$

c)

x	−0,5	1	3	5
$f_1(x) = x \cdot e^{-x}$	−0,82	$\frac{1}{e} \approx 0,37$	0,15	0,03
$f_2(x) = x^2 \cdot e^{-x}$	0,41	$\frac{1}{e} \approx 0,37$	0,45	0,17

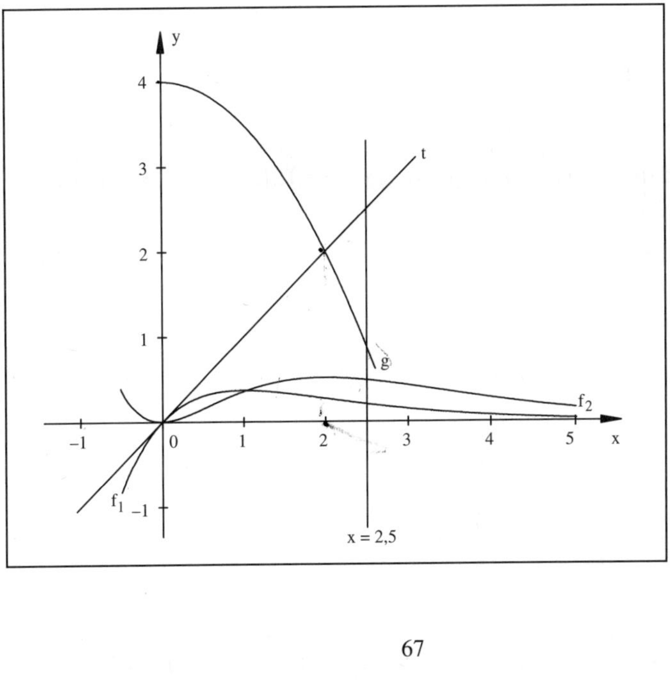

d) $g(x) = -0{,}5x^2 + 4 \qquad (x \in R;\ x \geq 0)$

t... Tangente an f_1 in P(0; 0)

<u>NR:</u> $f_1'(x) = e^{-x}(1-x)$

$f_1'(0) = 1 = m_t$

t... $\underline{y = x}$

Schnittstellen von g und t:

$$x_S = -0{,}5x_S^2 + 4$$
$$0 = -0{,}5x_S^2 - x_S + 4$$
$$0 = x_S^2 + 2x_S - 8$$
$$x_{S_{1,2}} = -1 \pm \sqrt{1+8}$$
$$\underline{\underline{x_{S_1} = 2}} \quad ; \qquad x_{S_2} = -4 < 0 \text{ entfällt wegen } D_f$$

$$A = \int_0^2 (x - x \cdot e^{-x})\,dx + \int_2^{2,5} (-0{,}5x^2 + 4 - x \cdot e^{-x})\,dx$$

<u>NR:</u> Partielle Integration: $\int xe^{-x}dx$

$u = x$	$dv = e^{-x}dx$
$\frac{du}{dx} = 1$	$\frac{dv}{dx} = e^{-x}$
$du = 1 \cdot dx$	$v = -e^{-x}$

$$\int u\,dv = uv - \int v\,du$$
$$\int xe^{-x}dx = x \cdot (-e^{-x}) - \int -e^{-x}dx$$
$$= -xe^{-x} - e^{-x} + c$$
$$= e^{-x}(-x-1) + c$$

$$A = \left[\frac{1}{2}x^2 - e^{-x}(-x-1)\right]_0^2 + \left[-\frac{1}{6}x^3 + 4x - e^{-x}(-x-1)\right]_2^{2,5}$$
$$A = \big(2 - 0{,}14 \cdot [-3]\big) - (0+1) + \big(-2{,}6 + 10 - 0{,}082 \cdot [-3{,}5]\big) - \big(-1{,}33 + 8 - 0{,}14 \cdot [-3]\big)$$
$$\underline{\underline{A \approx 2{,}02}}$$

Die gesuchte Fläche beträgt 2,02 FE.

e) $f_{k_1}(x) = f_{k_2}(x)$

$$x_S^{k_1} \cdot e^{-x_S} = x_S^{k_2} \cdot e^{-x_S}$$
$$x_S^{k_1} = x_S^{k_2}$$

Für x = 0: $0^{k_1} = 0^{k_2} \quad \rightarrow \quad \underline{\underline{S_1(0;0)}}$

Für x ≠ 0: $x_S^{k_1 - k_2} = 1 \quad \rightarrow \quad$ wegen $k_1 \neq k_2$: $x_S = 1$

$\rightarrow \quad \underline{\underline{S_2\left(1; \frac{1}{e}\right)}}$

f) $d(x) = f_1(x) - f_2(x)$

$d(x) = x \cdot e^{-x} - x^2 \cdot e^{-x}$

$d(x) = e^{-x}(x - x^2) \quad ; \qquad 0 < x < 1$

$$d'(x) = -e^{-x}(x - x^2) + e^{-x}(1 - 2x)$$
$$= e^{-x}(x^2 - 3x + 1)$$

$$0 = x_E^2 - 3x_E + 1$$

$$x_{E_{1,2}} = \frac{3}{2} \pm \sqrt{\frac{9}{4} - 1}$$

$$x_{E_1} = \frac{3+\sqrt{5}}{2} > 1 \text{ entfällt wegen} D_f \; ; \quad \underline{x_{E_2} \frac{2-\sqrt{5}}{2} \approx 0,38}$$

$$d''(x) = -e^{-x}(x^2 - 3x + 1) + e^{-x}(2x - 3)$$
$$= e^{-x}(-x^2 + 5x - 4)$$

$d''(0,38) \approx -1,5 < 0 \rightarrow$ lokales Maximum: $\underline{\underline{a = x_{E_2} \approx 0,38}}$

g) $k = 0 \rightarrow f_0(x) = e^{-x}$

$y = h(x) = e^{-x} \cdot \sin 2x \qquad (x \in R;\ x \geq 0)$

Schnittpunkte von f_0 und h:

$$e^{-x_S} = e^{-x_S} \cdot \sin 2x_S$$
$$0 = e^{-x_S} \cdot \sin 2x_S - e^{-x_S}$$
$$0 = e^{-x_S} \cdot (\sin 2x_S - 1)$$
$$0 = \sin 2x_S - 1$$
$$\sin 2x_S = 1$$
$$2x_S = 90° + n \cdot 360°$$
$$x_S = 45° + n \cdot 180° \qquad (n \in N)$$

bzw.

$$x_S = \frac{\pi}{4} + n \cdot \pi \; ; \qquad y_S = e^{-\frac{\pi}{4} - n \cdot \pi}$$

$$\underline{\underline{S_n\left(\frac{\pi}{4} + n \cdot \pi;\ e^{-\frac{\pi}{4} - n \cdot \pi}\right)}}$$

Wenn die Differenzfunktion von h und f_0 an x_S lokale Extrema besitzt, so sind S_n Berührungspunkte.

$$d(x) = f_0(x) - h(x)$$
$$= e^{-x} - e^{-x} \cdot \sin 2x$$
$$= e^{-x}(1 - \sin 2x)$$

$$d'(x) = -e^{-x}(1 - \sin 2x) + e^{-x} \cdot (-\cos 2x) \cdot 2$$
$$= e^{-x}(-1 + \sin 2x - 2\cos 2x)$$

$$d'\left(\frac{\pi}{4} + n \cdot \pi\right) = e^{-\frac{\pi}{4} - n \cdot \pi} \cdot (-1 + 1 - 0) = 0$$

$$d''(x) = -e^{-x}(-1+\sin 2x - 2\cos 2x) + e^{-x}(2\cos 2x + 4\sin 2x)$$
$$= e^{-x}(1+3\sin 2x + 4\cos 2x)$$

$$d''\left(\frac{\pi}{4} + n\cdot\pi\right) = e^{-\frac{\pi}{4} - n\cdot\pi}(1+3+0) = 4e^{-\frac{\pi}{4} - n\cdot\pi} > 0 \text{ für alle n}$$

→ lokale Minima

→ $\underline{\underline{S_n \text{ sind Berührungspunkte}}}$

Ordinaten der Berührungspunkte: $e^{-\frac{\pi}{4} - n\cdot\pi}$

Explizite Bildungsvorschrift: $(a_n) = \left(e^{-\frac{\pi}{4} - n\cdot\pi}\right)$; $(n \in N)$

(a_n) ist geometrische Zahlenfolge mit: $a_0 = e^{-\frac{\pi}{4}}$

$q = e^{-\pi}$

$$\sum_{k=0}^{n} a_k = a_0 \cdot \frac{q^{n-1}-1}{q-1}$$
$$= e^{-\frac{\pi}{4}} \cdot \frac{(e^{-\pi})^{n-1}-1}{e^{-\pi}-1}$$

$$\lim_{n\to\infty}\left(e^{-\frac{\pi}{4}} \cdot \frac{(e^{-\pi})^{n-1}-1}{e^{-\pi}-1}\right) = e^{-\frac{\pi}{4}} \cdot \frac{0-1}{e^{-\pi}-1} = \frac{e^{-\frac{\pi}{4}}}{1-e^{-\pi}} \approx \underline{\underline{0,48}}$$

Leistungskurs Mathematik (Sachsen)
Abiturähnliche Musterklausur: Geometrie/Algebra – Aufgabe B 1

In einem kartesischen Koordinatensystem sind die Punkte

$A_t\left(t; \frac{1}{2}t; 1\right)$, $B_t(4; t+1; -2)$ und $C_t\left(\frac{1}{4}t; 5; t-3\right)$ mit $t \in R$ gegeben.

a) Bestimmen Sie alle Parameter t, für die das Dreieck ΔABC gleichseitig ist. (5 BE)

b) Für $t = 4$ bildet das Dreieck $\Delta A_4B_4C_4$ jeweils die Grundfläche von regelmäßigen, dreiseitigen, geraden Pyramiden $A_4B_4C_4D_s$ $(s \in R)$.
Die Punkte D_s liegen auf einer Geraden d.
Ermitteln Sie eine Gleichung der Geraden d. (4 BE)

c) Bestimmen Sie die Koordinaten aller Punkte D_s, für die der Körper $A_4B_4C_4D_s$ ein regelmäßiges Tetraeder ist. (3 BE)

d) Gegeben sind der Punkt P(4; 5; 1) sowie die Ebene E mit E: $x + y + z - 5 = 0$.
A' sei der Durchstoßpunkt der Geraden $g(P\,A_4)$ mit der Ebene E.
B' sei der Durchstoßpunkt der Geraden $h(P\,B_4)$ mit der Ebene E.
C' sei der Durchstoßpunkt der Geraden $l(P\,C_4)$ mit der Ebene E.
Zeichnen Sie in ein geeignetes Koordinatensystem einen Würfel, der die Punkte A', B', C' und P als Eckpunkte enthält.
Weisen Sie nach, daß die Ebene E den Würfel so in zwei Teilkörper zerlegt, daß sich deren Volumina wie 5 : 1 verhalten. (5 BE)

e) Es existieren genau zwei Ebenen, die die Winkel zwischen der Ebene E und der x-y-Koordinatenebene halbieren.
Ermitteln Sie die Gleichung dieser winkelhalbierenden Ebenen in parameterfreier Form. (3 BE)

(20 BE)

a) $A_t\left(t;\dfrac{t}{2};1\right);\ B_t(4;t+1;-2);\ C_t\left(\dfrac{t}{4};5;t-3\right);\ t\in R$

$$\overline{A_tB_t}=\sqrt{(4-t)^2+\left(\tfrac{t}{2}+1\right)^2+9}=\sqrt{\tfrac{5}{4}t^2-7t+26}$$

$$\overline{A_tC_t}=\sqrt{\tfrac{9}{16}t^2+\left(5-\tfrac{t}{2}\right)^2+(t-4)^2}=\sqrt{\tfrac{29}{16}t^2-13t+41}$$

$$\overline{B_tC_t}=\sqrt{\left(\tfrac{t}{4}-4\right)^2+(4-t^2)+(t-1)^2}=\sqrt{\tfrac{33}{16}t^2-12t+33}$$

$$\overline{A_tB_t}=\overline{B_tC_t}$$

$$\frac{5}{4}t^2-7t+26=\frac{33}{16}t^2-12t+33$$

$$0=\frac{13}{16}t^2-5t+7$$

$$0=t^2-\frac{80}{13}t+\frac{112}{13}$$

$$t_{1,2}=\frac{40}{13}\pm\sqrt{\frac{1600-1456}{169}}$$

$$\underline{t_1=4}\quad;\quad\underline{t_2=\frac{28}{13}}$$

$$\overline{A_tB_t}=\overline{A_tC_t}$$

$$\frac{5}{4}t^2-7t+26=\frac{29}{16}t^2-13t+41$$

$$0=t^2-\frac{96}{9}t+\frac{240}{9}$$

$$\underline{t_1=\frac{60}{9}}\quad;\quad\underline{t_2=4}$$

Für $\underline{\underline{t=4}}$ ist das Dreieck ΔABC gleichseitig.

b) $t=4\rightarrow A_4(4;\ 2;\ 1);\ B_4(4;\ 5;\ -2);\ C_4(1;\ 5;\ 1)$

D_S liegt über dem Schwerpunkt S des Dreiecks $\Delta A_4B_4C_4$.

$$\overrightarrow{OS}=\frac{1}{3}\left(\overrightarrow{OA}_4+\overrightarrow{OB}_4+\overrightarrow{OC}_4\right)=\frac{1}{3}\left[\begin{pmatrix}4\\2\\1\end{pmatrix}+\begin{pmatrix}4\\5\\-2\end{pmatrix}+\begin{pmatrix}1\\5\\1\end{pmatrix}\right]$$

$$=\frac{1}{3}\cdot\begin{pmatrix}9\\12\\0\end{pmatrix}=\begin{pmatrix}3\\4\\0\end{pmatrix}$$

$\rightarrow \underline{S(3;\ 4;\ 0)}$

S ist ein Punkt der Gerade d. Ein Richtungsvektor von d ist der Normalenvektor $\vec{n}$ der Ebene $A_4B_4C_4$. Dieser muß senkrecht auf $\overrightarrow{A_4B_4}$ und $\overrightarrow{A_4C_4}$ stehen:

$$\overrightarrow{A_4B_4} \circ \vec{n} = \begin{pmatrix} 0 \\ 3 \\ -3 \end{pmatrix} \circ \begin{pmatrix} n_x \\ n_y \\ n_z \end{pmatrix} = 3n_y - 3n_z$$

$$\overrightarrow{A_4C_4} \circ \vec{n} = \begin{pmatrix} -3 \\ 3 \\ 0 \end{pmatrix} \circ \begin{pmatrix} n_x \\ n_y \\ n_z \end{pmatrix} = -3n_x + 3n_y$$

(1) $\quad 3n_y - 3n_z = 0$

(2) $\quad -3n_x + 3n_y = 0$

aus (1): $\quad n_y = n_z$

aus (2): $\quad n_x = n_y$

$$\rightarrow n_x = n_y = n_z \rightarrow \text{z.B.: } \underline{\vec{n} = \begin{pmatrix} 1 \\ 1 \\ 1 \end{pmatrix}}$$

$$\text{d...} \quad \underline{\underline{\vec{x} = \begin{pmatrix} 3 \\ 4 \\ 0 \end{pmatrix} + t \begin{pmatrix} 1 \\ 1 \\ 1 \end{pmatrix}}}$$

c) Für ein regelmäßiges Tetraeder muß noch gelten:
$\overline{A_4B_4} = \overline{A_4D_S}$ (oder: $\overline{A_4B_4} = \overline{B_4D_S} = \overline{C_4D_S}$)
(Die anderen Eigenschaften wurden bereits in Teilaufgabe a und b nachgewiesen.)

$$\overline{A_4B_4} = \overline{A_4D_S}$$

$$\sqrt{9+9} = \sqrt{(3+t-4)^2 + (4+t-2)^2 + (t-1)^2}$$

$$18 = (t-1)^2 + (t+2)^2 + (t-1)^2$$

$$0 = t^2 - 4$$

$t_1 = 2 \quad ; \quad t_2 = -2$

$\underline{\underline{D_{S_1}(5; 7; 2)}} \quad ; \quad \underline{\underline{D_{S_2}(1; 2; -2)}}$

d) P(4; 5; 1)
E... $x + y + z - 5 = 0$

$$g(PA_4)\text{...} \quad \vec{x} = \begin{pmatrix} 4 \\ 5 \\ 1 \end{pmatrix} + t \begin{pmatrix} 0 \\ 3 \\ 0 \end{pmatrix}$$

$g \cap E$: $\quad 4 + (5 + 3t) + 1 - 5 = 0$

$$t = -\frac{5}{3} \quad \rightarrow \quad \underline{A'(4; 0; 1)}$$

$$h(PB_4)\text{...} \quad \vec{x} = \begin{pmatrix} 4 \\ 5 \\ 1 \end{pmatrix} + s \begin{pmatrix} 0 \\ 0 \\ 3 \end{pmatrix}$$

$h \cap E$: $\quad 4 + 5 + (1 + 3s) - 5 = 0$

$$s = -\frac{5}{3} \quad \rightarrow \quad \underline{B'(4; 5; -4)}$$

$$l(PC_4)\ldots \quad \vec{x} = \begin{pmatrix} 4 \\ 5 \\ 1 \end{pmatrix} + u \begin{pmatrix} 3 \\ 0 \\ 0 \end{pmatrix}$$

$$l \cap E: \quad (4 + 3u + 5 + 1 - 5 = 0$$

$$u = -\frac{5}{3} \rightarrow \underline{C'(-1; 5; 1)}$$

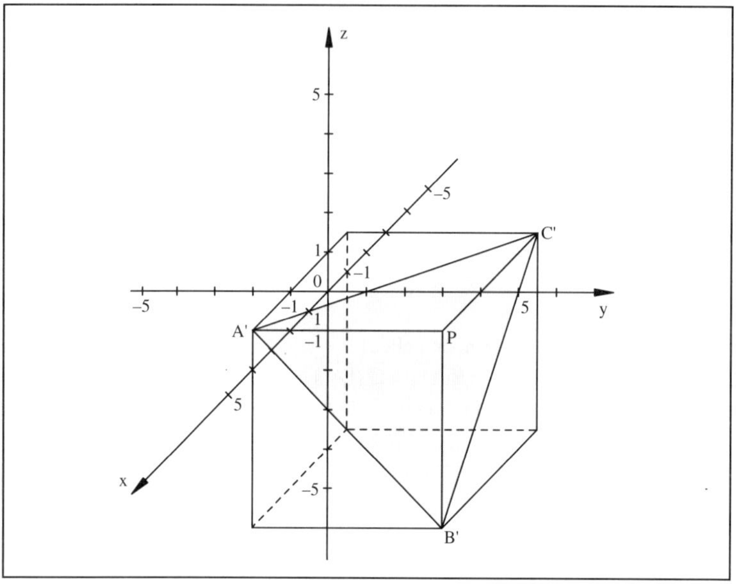

Kleinerer Teilkörper: Pyramide A'B'PC' mit der Grundfläche A'B'P (rechtwinkliges Dreieck) und der Höche $\overline{PC'}$.

$$V_P = \frac{1}{3} A_G h = \frac{1}{3} \cdot \left(\frac{1}{2} \overline{A'P} \cdot \overline{B'P} \right) \cdot \overline{PC'}$$

$$= \frac{1}{3} \cdot \left(\frac{1}{2} \cdot 5 \cdot 5 \right) \cdot 5 = \underline{\frac{125}{6}}$$

Gesamtkörper: Würfel mit der Kantenlänge 5

$$V_W = a^3 = 5^3 = \underline{125}$$

$$\rightarrow V_P = \frac{1}{6} V_W, \text{ d. h. der Restkörper } V_R = \frac{5}{6} V_W$$

$$\rightarrow V_R : V_P = \frac{5}{6} : \frac{1}{6} = \underline{\underline{5:1}}$$

e) E... $x + y + z - 5 = 0$
x-y-Ebene... $z = 0$

Normalenvektor von E: $\vec{n}_E = \begin{pmatrix} 1 \\ 1 \\ 1 \end{pmatrix} \rightarrow \vec{n}_{E_0} = \frac{1}{\sqrt{3}} \cdot \begin{pmatrix} 1 \\ 1 \\ 1 \end{pmatrix}$

Normalenvektor von x-y-Ebene: $\vec{n}_{xy} = \begin{pmatrix} 0 \\ 0 \\ 1 \end{pmatrix} = \vec{n}_{xy_0}$

Normalenvektor der winkelhalbierenden Ebenen:

$$\vec{n}_{W_{1,2}} = \vec{n}_{E_0} \pm \vec{n}_{xy} = \frac{1}{\sqrt{3}} \cdot \begin{pmatrix} 1 \\ 1 \\ 1 \end{pmatrix} \pm \begin{pmatrix} 0 \\ 0 \\ 1 \end{pmatrix} = \begin{pmatrix} \frac{1}{\sqrt{3}} \\ \frac{1}{\sqrt{3}} \\ \frac{1}{\sqrt{3}} \pm 1 \end{pmatrix} = \underline{\frac{1}{\sqrt{3}} \cdot \begin{pmatrix} 1 \\ 1 \\ 1 \pm \sqrt{3} \end{pmatrix}}$$

Gemeinsamer Punkt von E und x-y-Ebene:

$$\begin{array}{ll} E\ldots & x + y + z - 5 = 0 \\ \underline{x - y - \text{Ebene}\ldots} & \underline{z = 0} \\ & x + y - 5 = 0 \;\rightarrow\; x + y = 5 \end{array}$$

Für $x = 2 \rightarrow y = 3 \rightarrow \underline{Q(2; 3; 0)}$

$W_{1,2}$... winkelhalbierende Ebenen mit $Q \in W_1$ und $Q \in W_2$ sowie

$$\vec{n}_{W_1} = \frac{1}{\sqrt{3}} \cdot \begin{pmatrix} 1 \\ 1 \\ 1 + \sqrt{3} \end{pmatrix} \text{ und } \vec{n}_{W_2} = \frac{1}{\sqrt{3}} \cdot \begin{pmatrix} 1 \\ 1 \\ 1 - \sqrt{3} \end{pmatrix}$$

W_1... $1x + 1y + (1 + \sqrt{3})z + d = 0$ — NR: $2 + 3 + d = 0$, $d = -5$

$$\underline{\underline{x + y + (1 + \sqrt{3})z - 5 = 0}}$$

W_2... $1x + 1y + (1 - \sqrt{3})z + d = 0$ — NR: $2 + 3 + d = 0$, $d = -5$

$$\underline{\underline{x + y + (1 - \sqrt{3})z - 5 = 0}}$$

Leistungskurs Mathematik (Sachsen)
Abiturähnliche Musterklausur: Geometrie/Algebra – Aufgabe B 2

Zwei Flugzeugkurse k_1 und k_2 werden von einer Bodenstation O aus kontrolliert, welche im Koordinatenursprung eines gedachten kartesischen Koordinatensystems liegt. Die Kurse liegen auf folgenden Geraden:

$$k_1\colon\ \vec{x}_a = \begin{pmatrix}3\\9\\2\end{pmatrix} + a\begin{pmatrix}1\\3\\0\end{pmatrix}\ ;\quad k_2\colon\ \vec{x}_b = \begin{pmatrix}0{,}5\\4\\4\end{pmatrix} + b\begin{pmatrix}2\\1\\-1\end{pmatrix} \qquad (a, b \in \mathbb{R};\ 1\ \text{LE} \mathrel{\hat{=}} 1\ \text{km}).$$

a) Weisen Sie nach, daß beide Flugzeugkurse windschief zueinander liegen, und bestimmen Sie den Abstand dieser Geraden. (6 BE)

b) In der Nähe des Flugraumes soll eine geradlinige Autostraße gebaut werden. Die Sicherheitsbestimmungen schreiben vor, daß die Straße nicht innerhalb eines Kreises verlaufen darf, der durch die folgenden Punkte bestimmt ist: Bodenstation O(0; 0; 0), Fußpunkt eines Beobachtungsturmes T'(3; 0; 0) sowie Schnittpunkt S der in die x-y-Ebene senkrecht projizierten Flugkurse k_1 und k_2.
Die Baukommission beschließt, daß die Straße zumindest diesen Kreis tangieren soll, wobei die Havariestation $H\left(-\frac{8}{3}; 2; 0\right)$ am Rand der geplanten Straße liegen muß.
Zeigen Sie, daß der Punkt S die Koordinaten (1,5; 4,5; 0) hat, und bestimmen Sie die Geradengleichungen, welche die möglichen Straßen beschreiben. (7 BE)

c) In einem Beobachtungsturm T(3; 0; 0,1) soll ein neues Ortungsgerät eingerichtet werden. Dabei soll das Gerät so geeicht sein, daß es in seiner Ausgangslage einen Strahl aussendet, der auf einer Geraden g liegt, welche die Kurse k_1 und k_2 schneidet.
Ermitteln Sie einen Richtungsvektor der Geraden g. (7 BE)

(20 BE)

Lösungen

a) k_1 und k_2 verlaufen nicht parallel, denn es gibt kein $r \in R$, das folgende Gleichung erfüllt:

$$\begin{pmatrix}1\\3\\0\end{pmatrix} = r \cdot \begin{pmatrix}2\\1\\-1\end{pmatrix}$$

Berechnung eines möglichen Schnittpunktes:

$$\begin{array}{lrcll}
(1) & 3+a & = & 0,5+2b & \\
(2) & 9+3a & = & 4+b & \\
(3) & 2 & = & 4-b & \rightarrow b=2 \\
\hline
(1)' & 3+a & = & 0,5+4 & \\
 & a & = & 1,5 & \\
(2)' & 9+3a & = & 4+2 & \text{Widerspruch} \\
 & a & = & -1 &
\end{array}$$

→ Es gibt keinen gemeinsamen Punkt.
→ k_1 und k_2 verlaufen windschief zueinander.

$\vec{n}$ ... Normalenvektor einer Parallelebene durch k_1 und k_2

$$\begin{array}{lrcl}
(1) & n_x + 3n_y & = & 0 \\
(2) & 2n_x + n_y - n_z & = & 0 \\
\hline
 & n_x & = & -3n_y \\
\text{in (2):} & -6n_y + n_y - n_z & = & 0 \\
 & n_z & = & -5n_y
\end{array}$$

Für $n_y = -1$: $n_x = 3; n_z = 5 \rightarrow \vec{n} = \begin{pmatrix}3\\-1\\5\end{pmatrix}$

d... Abstand der Geraden k_1 und k_2

$$d = \left| \frac{\vec{n}}{|\vec{n}|} \circ (\overrightarrow{OP}_b - \overrightarrow{OP}_a) \right| = \left| \frac{1}{\sqrt{35}} \cdot \begin{pmatrix}3\\-1\\5\end{pmatrix} \circ \left[\begin{pmatrix}0,5\\4\\4\end{pmatrix} - \begin{pmatrix}3\\9\\2\end{pmatrix} \right] \right|$$

$$= \left| \frac{1}{\sqrt{35}} \cdot \begin{pmatrix}3\\-1\\5\end{pmatrix} \circ \begin{pmatrix}-2,5\\-5\\2\end{pmatrix} \right| = \frac{1}{\sqrt{35}} \cdot |-7,5+5+10|$$

$$= \frac{1}{\sqrt{35}} \cdot 7,5 = \frac{15}{2 \cdot \sqrt{35}} = \frac{3}{14}\sqrt{35} \approx 1,27$$

Die beiden Geraden haben einen Abstand von ca. $\underline{\underline{1,27 \text{ km}}}$.

b) Kurse k_1 und k_2 in die x-y-Ebene projiziert:

$$\begin{array}{lrcll}
(1) & 3+a & = & 0,5+2b & \\
(2) & 9+3a & = & 4+b & \\
\hline
(1)' & a & = & -2,5+2b & \\
\text{in (2):} & 9+3\cdot(-2,5+2b) & = & 4+b & \\
 & b & = & 0,5 & \\
\text{in(1)':} & a & = & -1,5 & \rightarrow \underline{\underline{S(1,5; 4,5; 0)}}
\end{array}$$

k... Kreis durch O; T'(3; 0; 0) und S(1,5; 4,5; 0)
T' und O liegen auf der x-Achse, d. h. die x-Koordinate des Kreismittelpunktes M liegt genau in der Mitte zwischen O und T': $\underline{x_M = 1{,}5}$

k liegt in der x-y-Ebene, da sämtliche z-Koordinaten Null sind.

$$\begin{array}{lrl}
k\ldots & (x-1{,}5)^2+(y-y_M)^2=r^2 & \\
S\in k: & (1{,}5-1{,}5)^2+(4{,}5-y_M)^2=r^2 & (1)\\
O\in K: & (0-1{,}5)^2+(0-y_M)^2=r^2 & (2)\\
\hline
(1) & (4{,}5-y_M)^2=r^2 & \\
(2) & 2{,}25+y_M^2=r^2 & \\
\hline
(1)-(2): & 20{,}25-9y_M+y_M^2-2{,}25-y_M^2=0 & \\
 & 9y_M=18 & \\
 & \underline{y_M=2} & \rightarrow \underline{M(1{,}5;2)}\\
\text{in } (2): & 2{,}25+4=r^2 & \\
 & \underline{r=2{,}5} &
\end{array}$$

k... $(x-1{,}5)^2+(y-2)^2=6{,}25$

t... Tangente an k durch $H\left(-\frac{8}{3};2;0\right)\notin k$

Berechnung der Berührungspunkte B_1 und B_2 von t und k:

$$\begin{array}{lrl}
B_{1,2}\in k: & (x_B-1{,}5)^2+(y_B-2)^2=6{,}25 & (1)\\
H\in t: & (x_H-1{,}5)(x_B-1{,}5)+(y_H-2)(y_B-2)=6{,}25 & (2)\\
\hline
(1) & x_B^2-3x_B+2{,}25+y_B^2-4y_B+4=6{,}25 & \\
(2) & -\frac{25}{6}x_B+\frac{25}{4}=6{,}25\rightarrow x_B=0 & \\
\hline
\text{in } (1): & 2{,}25+y_B^2-4y_B+4=6{,}25 & \\
 & y_B^2-4y_B=0 & \\
 & y_B\cdot(y_B-4)=0 & \\
 & y_{B_1}=0 \quad ; \quad y_{B_2}=4 & \\
 & \underline{B_1(0;0)} \quad ; \quad \underline{B_2(0;4)} &
\end{array}$$

$$\begin{array}{lr}
t_1\ldots & (x-1{,}5)\cdot(-1{,}5)+(y-2)\cdot(-2)=6{,}25\\
 & -1{,}5x+2{,}25-2y+4=6{,}25\\
t_1\ldots & \underline{\underline{y=-\frac{3}{4}x}}\\
t_2\ldots & (x-1{,}5)\cdot(-1{,}5)+(y-2)\cdot(2)=6{,}25\\
 & -1{,}5x+2{,}25+2y-4=6{,}25\\
t_2\ldots & \underline{\underline{y=\frac{3}{4}x+4}}
\end{array}$$

Die Geradengleichungen t_1 und t_2 beschreiben die möglichen Straßen.

c) g muß die Schnittgerade der Ebene E_1 (gebildet durch T und k_1) und E_2 (gebildet durch T und k_2) sein.

E_1... Ebene, die k_1 und T enthält

k_1... $\vec{x}_a = \begin{pmatrix} 3 \\ 9 \\ 2 \end{pmatrix} + a \begin{pmatrix} 1 \\ 3 \\ 0 \end{pmatrix}$; T(3; 0; 0,1)

Weiterer Richtungsvektor von E_1: $\begin{pmatrix} 3 \\ 9 \\ 2 \end{pmatrix} - \begin{pmatrix} 3 \\ 0 \\ 0{,}1 \end{pmatrix} = \begin{pmatrix} 0 \\ 9 \\ 1{,}9 \end{pmatrix}$

(1) $1 \cdot a_1 + 3 \cdot b_1 + 0 \cdot c_1 = 0$
(2) $0 \cdot a_1 + 9 \cdot b_1 + 1{,}9 \cdot c_1 = 0$

---

(2)' $9b_1 = -1{,}9c_1$

$b_1 = -\frac{1{,}9}{9}c_1 = -\frac{19}{90}c_1$

(1)' $a_1 = -3b_1$

Für $c_1 = 90$: $b_1 = -19$; $a_1 = 57$

E_1... $57x - 19y + 90z + d = 0$ NR: $57 \cdot 3 + 90 \cdot 0{,}1 + d = 0$

E_1... $57x - 19y + 90z - 180 = 0$ $d = -180$

E_2... Ebene, die k_2 und T enthält

k_2... $\vec{x}_b = \begin{pmatrix} 0{,}5 \\ 4 \\ 4 \end{pmatrix} + b \cdot \begin{pmatrix} 2 \\ 1 \\ -1 \end{pmatrix}$; T(3; 0; 0,1)

Weiterer Richtungsvektor von E_2: $\begin{pmatrix} 0{,}5 \\ 4 \\ 4 \end{pmatrix} - \begin{pmatrix} 3 \\ 0 \\ 0{,}1 \end{pmatrix} = \begin{pmatrix} -2{,}5 \\ 4 \\ 3{,}9 \end{pmatrix}$

(1) $2 \cdot a_2 + 1 \cdot b_2 - 1 \cdot c_2 = 0$
(2) $-2{,}5 \cdot a_2 + 4 \cdot b_2 + 3{,}9 \cdot c_2 = 0$

---

(1)' $b_2 = c_2 - 2 \cdot a_2$

(2)' $b_2 = \frac{5}{8} \cdot a_2 - \frac{39}{40} \cdot c_2$

---

(1)' − (2)': $0 = c_2 + \frac{39}{40} \cdot c_2 - 2 \cdot a_2 - \frac{5}{8} \cdot a_2$

$\frac{79}{40} \cdot c_2 = \frac{21}{8} \cdot a_2$

$a_2 = \frac{79}{105} \cdot c_2$

in (1)': $b_2 = c_2 - \frac{158}{105}c_2 = -\frac{53}{105}c_2$

Für $c_2 = 105$: $a_2 = 79$; $b_2 = -53$

E_2... $79x - 53y + 105z + d = 0$ NR: $79 \cdot 3 + 105 \cdot 0{,}1 + d = 0$

E_2... $79x - 53y + 105z - 247{,}5 = 0$ $d = -247{,}5$

$E_1 \cap E_2$:

$$\begin{array}{llr}
(1) & 57x-19y+90z-180=0 & |\cdot(-7) \\
(2) & 79x-53y+105z-247{,}5=0 & |\cdot 6 \\
\hline
(1)' & -399x+133y-630z+1260=0 & \\
(2)' & 474x-318y+630z-1485=0 & \\
\hline
\end{array}$$

(1)' +(2)':

$$75x-185y-225=0$$

$$x=\frac{185}{75}y+\frac{225}{75}$$

$$\underline{x=\frac{37}{15}y+3}$$

$$\begin{array}{llr}
(1) & 57x-19y+90z-180=0 & |\cdot 79 \\
(2) & 79x-53y+105z-247{,}5=0 & |\cdot(-57) \\
\hline
(1)'' & 4503x-1501y+7110z-14220=0 & \\
(2)'' & -4503x+3021y-5985z+14107{,}5=0 & \\
\hline
\end{array}$$

(1)''+(2)'':

$$1520y+1125z-112{,}5=0$$

$$z=-\frac{1520}{1125}y+\frac{112{,}5}{1125}$$

$$\underline{z=-\frac{304}{225}y+\frac{1}{10}}$$

Für $y_1=225$: $x_1=558$; $z_1=-303{,}9$

Für $y_2=450$: $x_2=1113$; $z_2=-607{,}9$

$\rightarrow$ $P_1(558;225;-303{,}9) \in g$

$P_2(1113;450;-607{,}9) \in g$

Möglicher Richtungsvektor von g: $\overrightarrow{P_1P_2}=\begin{pmatrix}555\\225\\-304\end{pmatrix}$

Leistungskurs Mathematik (Sachsen): Abiturprüfung 1994
Analysis – Aufgabe A 1

Gegeben sei die Funktion f durch

$$y = f(x) = \frac{x^3 - 2x^2 + 4x}{x - 1} \quad (x \in D_f).$$

a) Geben Sie den größtmöglichen Definitionsbereich der Funktion f an und führen Sie für die Funktion f eine Kurvendiskussion (Nullstellen, Polstellen, Koordinaten der lokalen Extrempunkte, Art der Extrema, Verhalten im Unendlichen und an den Polstellen) durch. (11 BE)

b) Vervollständigen Sie die folgende Wertetabelle:

x	–3	–2	–1	0	0,5	1,5	2	3	4	5
y										

Zeichnen Sie den Graphen der Funktion f im Intervall $-3 \leq x \leq 5$. (2 BE)

c) Berechnen Sie die Koordinaten der Schnittpunkte des Graphen der Funktion f mit der Geraden g, die durch $y = g(x) = 4x$ gegeben ist.
Die Graphen von f und g begrenzen eine Fläche vollständig.
Berechnen Sie den Inhalt dieser Fläche. (6 BE)

d) Gegeben sind die Funktion f_k und g_k durch

$$y = f_k(x) = \frac{x^3 - 2x^2 + kx}{x - 1}$$

$(x \neq 1;\ x, k \in R)$ und $y = g_k(x) = kx \ (x, k \in R)$.
Weisen Sie nach, daß für jedes k $(k \neq 0;\ k \neq 2)$ die Graphen von f_k und g_k genau drei Schnittpunkte besitzen.
Geben Sie die Koordinaten dieser Schnittpunkte in Abhängigkeit von k an. (5 BE)

e) Zeigen Sie, daß für $0 < k < 1$ jede der Funktionen f_k genau drei reelle Nullstellen besitzt.
Der Graph jeder Funktion f_k mit $0 < k < 1$ und die x-Achse schließen eine Fläche vollständig ein.
Ermitteln Sie den Inhalt dieser Fläche in Abhängigkeit von k. (6 BE)

(30 BE)

Lösungen

a) D_f: $\{x: x \neq 1; x \in R\}$

Nullstellen: $x_N^3 - 2x_N^2 + 4x_N = 0$

$x_N \cdot (x_N - 2x_N + 4) = 0$

$x_{N_1} = 0 \qquad x_{N_{2,3}} = 1 \pm \sqrt{1-4} \rightarrow$ keine Lösung

$\underline{\underline{x_N = 0}} \qquad$ (Probe im Nenner!)

Polstellen: $x_p - 1 = 0$

$\underline{\underline{x_p = 1}}$ (Probe im Zähler!)

Extrempunkte: $$f'(x) = \frac{(3x^2 - 4x + 4)(x-1) - (x^3 - 2x^2 + 4x) \cdot 1}{(x-1)^2}$$

$$f'(x) = \frac{2x^3 - 5x^2 + 4x - 4}{(x-1)^2}$$

$$0 = 2x_E^3 - 5x_E^2 + 4x_E - 4$$

$x_{E_1} = 2 \qquad (2x_E^3 - 5x_E^2 + 4x_E - 4) : (x_E - 2) = 2x_E^2 - x_E + 2$

$\underline{-(2x_E^3 - 4x_E^2)}$

$-x_E^2 + 4x_E$

$\underline{-(-x_E^2 + 2x_E)}$

$2x_E - 4$

$\underline{-(2x_E - 4)}$

0

$2x_E^2 - x_E + 2 = 0$

$x_E^2 - \frac{1}{2}x_E + 1 = 0$

$x_{E_{2,3}} = \frac{1}{4} \pm \sqrt{\frac{1}{16} - 1} \rightarrow$ keine Lösung

$x_E = 2 \qquad y_E = 8$

$\underline{\underline{E(2;8)}}$

$$f''(x) = \frac{(6x^2 - 10x + 4) \cdot (x-1)^{\cancel{2}\,1} - (2x^3 - 5x^2 + 4x - 4)\, 2 \cdot \cancel{(x-1)}\,1 \cdot 1}{(x-1)^{\cancel{4}\,3}}$$

$f''(2) = \frac{8 \cdot 1}{1} = 8 > 0 \rightarrow$ <u>lokales Minimum</u>

Verhalten im Unendlichen: $f(x)=\dfrac{x\cdot(x^2-2x+4)}{x\cdot\left(1-\frac{1}{x}\right)}$

$\lim\limits_{x\to+\infty} f(x)=\underline{\underline{+\infty}}$ $\qquad$ $\lim\limits_{x\to-\infty} f(x)=\underline{\underline{+\infty}}$

Verhalten an den Polstellen: $\lim\limits_{\substack{x\to1\\x<1}} f(x)=\underline{\underline{-\infty}}$ $\qquad$ $\lim\limits_{\substack{x\to1\\x>1}} f(x)=\underline{\underline{+\infty}}$

b)

x	–3	–2	–1	0	0,5	1,5	2	3	4	5
y	14,25	8	3,5	0	–3,25	9,75	8	10,5	16	23,75

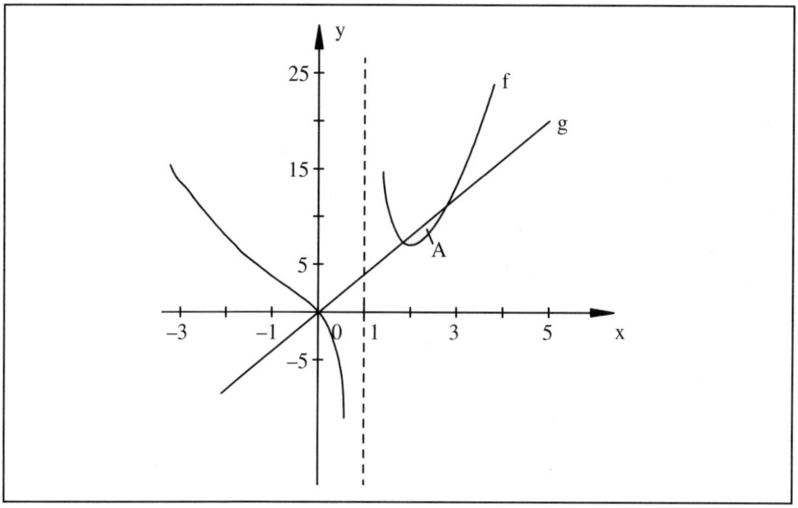

c) $y=g(x)=4x$

$$\frac{x_S^3-2x_S^2+4x_S}{x_S-1}=4x_S$$

$$x_S^3-2x_S^2+4x_S=4x_S^2-4x_S$$

$$x_S^3-6x_S^2+8x_S=0$$

$$x_S\cdot(x_S^2-6x_S+8)=0$$

$x_{S_1}=0 \qquad x_{S_{2,3}}=3\pm\sqrt{9-8}$

$y_{S_1}=0 \qquad x_{S_2}=4 \qquad x_{S_3}=2$

$y_{S_2}=16 \qquad y_{S_3}=8$

$\underline{\underline{S_1(0;0)}} \qquad \underline{\underline{S_2(4;16)}} \qquad \underline{\underline{S_3(2;8)}}$

Begrenzte Fläche siehe Skizze!

$$A = \int_2^4 [g(x) - f(x)]\,dx$$

$$A = \int_2^4 \left[4x - \frac{x^3 - 2x^2 + 4x}{x - 1} \right] dx$$

<u>NR</u>: $(x^3 - 2x^2 + 4x) : (x - 1) = \underline{x^2 - x + 3 + \frac{3}{x-1}}$

$$\begin{array}{l} \underline{-(x^3 - x^2)} \\ \quad -x^2 + 4x \\ \quad \underline{-(-x^2 + x)} \\ \qquad\quad 3x \\ \qquad \underline{-(3x - 3)} \\ \qquad\qquad 3 \end{array}$$

$$A = \int_2^4 \left(4x - x^2 + x - 3 - \tfrac{3}{x-1}\right) dx$$

$$A = \int_2^4 \left(-x^2 + 5x - 3 - \tfrac{3}{x-1}\right) dx$$

$$A = \left[-\frac{1}{3}x^3 + \frac{5}{2}x^2 - 3x - 3\ln|x-1| \right]_2^4$$

$$A = \left(-\frac{64}{3} + 40 - 12 - 3\ln 3 \right) - \left(-\frac{8}{3} + 10 - 6 - 3\ln 1 \right)$$

$$A = -\frac{56}{3} + 24 - 3\ln 3$$

$$\underline{\underline{A \approx 2{,}04}}$$

Der Inhalt der Fläche, die von g und f vollständig begrenzt wird, beträgt 2,04 FE.

d) $y = f_k(x) = \dfrac{x^3 - 2x^2 + kx}{x - 1}$ $\qquad (x \neq 1;\ x, k \in R)$

$y = g_k(x) = kx$ $\qquad (x, k \in R)$

$$\frac{x_S^3 - 2x_S^2 + kx_S}{x_S - 1} = kx_S$$

$$x_S^3 - 2x_S^2 + kx_S = kx_S^2 - kx_S$$

$$x_S^3 - (2 + k)x_S^2 + 2kx_S = 0$$

$$x_S \cdot \left[x_S^2 - (2 + k)x_S + 2k\right] = 0$$

$$x_{S_1} = 0 \qquad x_{S_{2,3}} = \frac{2+k}{2} \pm \sqrt{\frac{(2+k)^2}{4} - 2k}$$

$$y_{S_1} = 0 \qquad = \frac{2+k}{2} \pm \sqrt{\frac{4+4k+k^2-8k}{4}}$$

$$= \frac{2+k}{2} \pm \sqrt{\frac{(k-2)^2}{4}}$$

$$x_{S_2} = \frac{2+k}{2} + \frac{k-2}{2} \qquad x_{S_3} = \frac{2+k}{2} - \frac{k-2}{2}$$

$$x_{S_2} = k \qquad x_{S_3} = 2$$

$$y_{S_2} = k^2 \qquad x_{S_3} = 2k$$

$$\underline{\underline{S_1(0;\,0)}} \qquad \underline{\underline{S_2(k;\,k^2)}} \qquad \underline{\underline{S_3(2;\,2k)}}$$

e) $0 < k < 1$

Nullstellen: $x_N^3 - 2x_N^2 + kx_N = 0$

$$x_N \cdot (x_N^2 - 2x_N + k) = 0$$

$$\underline{\underline{x_{N_1} = 0}} \qquad x_{N_{2,3}} = 1 \pm \sqrt{1-k}$$

$$\underline{\underline{x_{N_2} = 1 + \sqrt{1-k}}} \qquad \underline{\underline{x_{N_3} = 1 - \sqrt{1-k}}}$$

Da $0 < k < 1$ ist $\sqrt{1-k}$ stets definiert.

Die Fläche muß zwischen den Nullstellen x_{N_1} und x_{N_3} liegen, da mit $x_P = 1$ zwischen x_{N_2} und x_{N_3} eine Polstelle existiert. Die Fläche liegt unter der x-Achse.

$$A = \left| \int_0^{1-\sqrt{1-k}} \frac{x^3 - 2x^2 + kx}{x-1}\, dx \right|$$

NR: $(x^3 - 2x^2 + kx) : (x-1) = \underline{x^2 - x + (k-1) + \frac{k-1}{x-1}}$

$$\begin{array}{l} \underline{-(x^3 - x^2)} \\ \quad -x^2 + kx \\ \quad \underline{-(-x^2 + x)} \\ \qquad (k-1)x \\ \qquad \underline{-((k-1)x - (k-1))} \\ \qquad\qquad k-1 \end{array}$$

$$A = \left| \int_0^{1-\sqrt{1-k}} \left(x^2 - x + (k-1) + \frac{k-1}{x-1} \right) dx \right|$$

$$A = \left| \left[\frac{1}{3}x^3 - \frac{1}{2}x^2 + (k-1)x + (k-1)\ln|x-1| \right]_0^{1-\sqrt{1-k}} \right|$$

$$\underline{\underline{A = \left| \left[\frac{1}{3}\left(1-\sqrt{1-k}\right)^3 - \frac{1}{2}\left(1-\sqrt{1-k}\right)^2 + (k-1)(1-\sqrt{1-k}) + (k-1)\ln|-\sqrt{1-k}| \right] \right|}}$$

Leistungskurs Mathematik (Sachsen): Abiturprüfung 1994
Analysis – Aufgabe A 2

Gegeben sind die Funktionen f_k durch
$y = f_k(x) = (\ln x)^2 - k \cdot \ln x + 0{,}75 \quad (x \in R;\ x > 0;\ k \in R)$.

a) Berechnen Sie für die Funktion f_2 die Nullstellen und die Koordinaten der lokalen Extrempunkte und geben Sie die Art der Extrema an.
Berechnen Sie die Koordinaten der Wendepunkte. (7 BE)

b) Vervollständigen Sie die folgende Wertetabelle:

x	0,2	0,5	1	$\sqrt{e}$	2	e	$\sqrt{e^3}$	6	e^2	8
y										

Zeichnen Sie den Graphen der Funktion f_2 im Intervall $0{,}2 \le x \le 8$. (2 BE)

c) Berechnen Sie mit Hilfe partieller Integration den Inhalt der Fläche, die von dem Graphen der Funktion f_2 und der Abszissenachse eingeschlossen wird.
(Es gilt: $\int \ln x \, dx = x \cdot \ln x - x + c$) (5 BE)

d) Die Anzahl der Nullstellen von f_k hängt von k ab.
Geben Sie alle möglichen Fälle an. (3 BE)

e) Weisen Sie nach, daß jede der Funktionen f_k ein lokales Minimum besitzt.
Geben Sie die Koordinaten des Minimumpunktes in Abhängigkeit von k an. (5 BE)

f) Berechnen Sie für $k > 0$ die Gleichungen der Tangenten an die Graphen der Funktionen f_k im jeweiligen Punkt $R_k(1;\ f_k(1))$.
Diese Tangenten schneiden die Koordinatenachsen in den Punkten P_k und Q_k.
Ermitteln Sie dasjenige $k > 0$, für welches der Flächeninhalt des Dreiecks ΔP_kOQ_k am kleinsten wird. Geben Sie diesen Flächeninhalt an. (8 BE)

(30 BE)

Lösungen

a) $y = f_2(x) = (\ln x)^2 - 2 \cdot \ln x + 0{,}75 \qquad (x \in R;\ x > 0)$

Nullstellen: $0 = (\ln x_N)^2 - 2 \cdot \ln x_N + 0{,}75$

$\ln x_N = z$

$0 = z^2 - 2z + 0{,}75$

$z_{1,2} = 1 \pm \sqrt{1 - 0{,}75} = 1 \pm 0{,}5$

$z_1 = 1{,}5 \qquad z_2 = 0{,}5$

$\ln x_{N_1} = 1{,}5 \qquad \ln x_{N_2} = 0{,}5$

$x_{N_1} = e^{1{,}5} \qquad x_{N_2} = e^{0{,}5}$

$\underline{\underline{x_{N_1} = \sqrt{e^3}}} \qquad \underline{\underline{x_{N_2} = \sqrt{e}}}$

Extrempunkte: $f_2'(x) = 2 \cdot (\ln x) \cdot \frac{1}{x} - 2 \cdot \frac{1}{x}$

$$f_2'(x) = \frac{2}{x} \cdot (\ln x - 1)$$

$$0 = \ln x_E - 1$$

$$\ln x_E = 1$$

$$x_E = e \qquad y_E = 1^2 - 2 \cdot 1 + 0,75$$

$$y_E = -0,25$$

$$\underline{\underline{E(e; -0,25)}}$$

$$f_2''(x) = -\frac{2}{x^2}(\ln x - 1) + \frac{2}{x} \cdot \frac{1}{x}$$

$$= \frac{2}{x^2}(-\ln x + 1 + 1)$$

$$= \frac{2}{x^2}(2 - \ln x)$$

$f_2''(e) = \frac{2}{e^2}(2 - 1) = \frac{2}{e^2} > 0 \rightarrow$ E ist $\underline{\underline{\text{lokales Minimum}}}$

Wendepunkte: $0 = \frac{2}{x_W^2}(2 - \ln x_W)$

$$0 = 2 - \ln x_W$$

$$\ln x_W = 2$$

$$x_W = e^2 \qquad y_W = 2^2 - 2 \cdot 2 + 0,75$$

$$y_W = 0,75$$

$$\underline{\underline{W(e^2; 0,75)}}$$

$$f_2'''(x) = -\frac{4}{x^3}(2 - \ln x) + \frac{2}{x^2} \cdot \left(-\frac{1}{x}\right)$$

$$= -\frac{2}{x^3}(4 - 2\ln x + 1)$$

$$= \frac{2}{x^3}(2\ln x - 5)$$

$$f_2'''(e^2) = \frac{2}{e^6}(2 \cdot 2 - 5)$$

$= -\frac{2}{e^6} \neq 0$, also ist W Wendepunkt.

b)

x	0,2	0,5	1	$\sqrt{e}$	2	e	$\sqrt{e^3}$	6	e^2	8
y	6,6	2,6	0,75	0	−0,2	−0,25	0	0,4	0,75	0,9

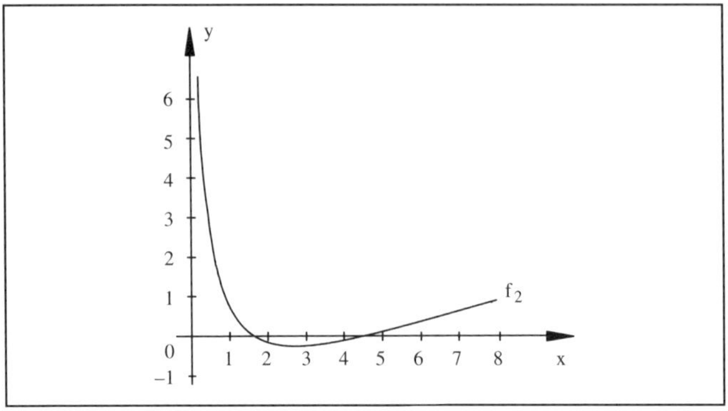

c) $A = \left| \int_{\sqrt{e}}^{\sqrt{e^3}} f_2(x)\,dx \right| = \left| \int_{\sqrt{e}}^{\sqrt{e^3}} \left[(\ln x)^2 - 2 \cdot \ln x + 0{,}75\right] dx \right|$

<u>NR:</u> $\int \ln x\,dx = x \cdot \ln x - x + c$

$\int (\ln x)^2\,dx = \int (\ln x \cdot \ln x)\,dx$

$u = \ln x \qquad v = x \cdot \ln x - x$

$u' = \frac{1}{x} \qquad v' = \ln x + x \cdot \frac{1}{x} - 1$

$v' = \ln x$

$$\begin{aligned}
\int (\ln x)^2\,dx &= \ln x \cdot (x \cdot \ln x - x) \quad \int \frac{1}{x} \cdot (x \cdot \ln x - x)\,dx \\
&= \ln x \cdot (x \cdot \ln x - x) - \int (\ln x - 1)\,dx \\
&= \ln x \cdot (x \cdot \ln x - x) - \left[x \cdot \ln x - x - x\right] + c \\
&= x \cdot \left[(\ln x)^2 - 2 \cdot \ln x + 2\right] + c
\end{aligned}$$

$$\begin{aligned}
A &= \left| \left[\left(x \cdot [\ln x]^2 - 2 \cdot \ln x + 2\right) - 2 \cdot (x \cdot \ln x - x) + 0{,}75x \right]_{\sqrt{e}}^{\sqrt{e^3}} \right| \\
&= \left| \left[x \cdot (\ln x)^2 - 4x \cdot \ln x + 4{,}75x\right]_{\sqrt{e}}^{\sqrt{e^3}} \right| \\
&= \left| \left(\sqrt{e^3} \cdot \frac{9}{4} - 4 \cdot \sqrt{e^3} \cdot \frac{3}{2} + 4{,}75 \cdot \sqrt{e^3}\right) - \left(\sqrt{e} \cdot \frac{1}{4} - 4 \cdot \sqrt{e} \cdot \frac{1}{2} + 4{,}75 \cdot \sqrt{e}\right) \right| \\
&= |\,4{,}48 - 4{,}95\,|
\end{aligned}$$

$\underline{\underline{A = 0{,}47}}$

Der Graph f_2 schließt mit der x-Achse eine Fläche von 0,47 FE ein.

d) $f_k(x) = (\ln x)^2 - k \cdot \ln x + 0,75$

$$0 = (\ln x_N)^2 - k \cdot \ln x_N + 0,75$$

$$\ln x_N = v$$

$$0 = v^2 - k \cdot v + 0,75$$

$$v_{1,2} = \frac{k}{2} \pm \sqrt{\frac{k^2}{4} - \frac{3}{4}}$$

$$v_{1,2} = \frac{k}{2} \pm \frac{\sqrt{k^2-3}}{2}$$

1. Fall: $k^2 - 3 < 0$, also $k^2 < 3$ oder $\underline{\underline{|k| < \sqrt{3}}}$,
   dann existieren keine Nullstellen.

2. Fall: $k^2 - 3 = 0$, also $k^2 = 3$ oder $\underline{\underline{k_1 = \sqrt{3}; k_2 = -\sqrt{3}}}$,
   dann existiert genau eine Nullstellen $[x_N = e^{0,5k}]$.

3. Fall: $k^2 - 3 > 0$, also $k^2 > 3$ oder $\underline{\underline{|k| > \sqrt{3}}}$,
   dann existieren genau zwei Nullstellen $\begin{bmatrix} x_{N_1} = e^{0,5(k+\sqrt{k^2-3}} \\ x_{N_2} = e^{0,5(k-\sqrt{k^2-3}} \end{bmatrix}$.

e) $f_k(x) = (\ln x)^2 - k \cdot \ln x + 0,75$

$$f_k'(x) = 2 \cdot (\ln x) \cdot \frac{1}{x} - k \cdot \frac{1}{x}$$

$$f_k'(x) = \frac{1}{x} \cdot (2 \cdot \ln x - k)$$

$$0 = \frac{1}{x_E} \cdot (2 \ln x_E - k)$$

$$0 = 2 \ln x_E - k$$

$$\ln x_E = \frac{k}{2}$$

$$\underline{\underline{x_E = e^{0,5k}}} \qquad y_E = \frac{1}{4}k^2 - \frac{1}{2}k^2 + \frac{3}{4}$$

$$\underline{\underline{y_E = \frac{3}{4} - \frac{1}{4}k^2}}$$

$$\underline{\underline{E_k\left(e^{\frac{1}{2}k}; \frac{3}{4} - \frac{1}{4}k^2\right)}}$$

$$f_k''(x) = -\frac{1}{x^2} \cdot (2 \ln x - k) + \frac{1}{x} \cdot 2 \cdot \frac{1}{x}$$

$$= \frac{1}{x^2} \cdot (-2 \cdot \ln x + k + 2)$$

$$f_k''\left(e^{\frac{1}{2}k}\right) = \frac{1}{e^k} \cdot \left(-2 \cdot \frac{1}{2}k + k + 2\right)$$

$$= \frac{1}{e^k} \cdot 2 > 0 \quad \rightarrow \quad E_k \text{ ist für alle } k \in R \text{ ein lokales Minimum.}$$

f) $k > 0 \qquad R_k(1; f_k(1))$

$$f_k'(x) = \frac{1}{x} \cdot (2 \cdot \ln x - k)$$

$$f_k'(1) = \frac{1}{1} \cdot (2 \cdot 0 - k)$$

$f_k'(1) = -k = m_t$ ... Anstieg der Tangenten t_k

$R_k(1; 0,75)$

t_k ... $\qquad y - 0,75 = -k \cdot (x - 1)$

t_k ... $\qquad \underline{\underline{y = -k \cdot x + (k + 0,75)}}$

Schnittpunkte von t_k mit den Koordinatenachsen:

x – Achse: $\quad 0 = -k \cdot x_p + (k + 0,75)$

$$x_P = \frac{-k - 0,75}{-k}$$

$$x_P = 1 + \frac{0,75}{k} \rightarrow \underline{\underline{P_k\left(1 + \frac{0,75}{k};\ 0\right)}}$$

y – Achse: $\quad y_Q = k + 0,75 \rightarrow \underline{\underline{Q_k(0; k + 0,75)}}$

$A_\Delta = \frac{1}{2} \cdot x_p \cdot y_Q$ (rechtwinkliges Dreieck)

$$A_\Delta = \frac{1}{2} \cdot \left(1 + \frac{0,75}{k}\right) \cdot (k + 0,75)$$

$$= \frac{1}{2}k + \frac{0,75}{2} + \frac{0,75}{2} + \frac{0,5625}{2k}$$

$A_\Delta = a(k) = \frac{1}{2}\left(k + 1,5 + \frac{0,5625}{k}\right)$ $\qquad (k > 0)$

$$a'(k) = \frac{1}{2}\left(1 - \frac{0,5625}{k^2}\right)$$

$$0 = 1 - \frac{0,5625}{k_E^2}$$

$k_E^2 = 0,5625 \rightarrow \underline{\underline{k_E = 0,75}}$, da $k > 0$

$$a''(k) = \frac{1}{2} \cdot \left(-\frac{0,5625}{k^3}\right) \cdot (-2) = \frac{0,5625}{k^3}$$

$a''(0,75) = \frac{0,5625}{(0,75)^3} > 0 \rightarrow$ lokales Minimum und wegen $k > 0$ auch globales Minimum

$$A_{Min} = a(0,75) = \frac{1}{2} \cdot \left(0,75 + 1,5 + \frac{0,5625}{0,75}\right)$$

$\underline{\underline{A_{Min} = 1,5}}$

Für $k = 0,75$ wird der Flächeninhalt des Dreiecks $\Delta\, P_k O Q_k$ am kleinsten. Er beträgt dann 1,5 FE.

Leistungskurs Mathematik (Sachsen): Abiturprüfung 1994
Geometrie/Algebra – Aufgabe B 1

In einem kartesischen Koordinatensystem ist eine schiefe Pyramide ABCP mit dreiseitiger Grundfläche ΔABC gegeben. Die Grundfläche liegt in der x-y-Ebene. Die Pyramide wird außerdem durch die Ebenen E_1, E_2 und E_3 begrenzt. Die Ebenen E_1 und E_2 sind gegeben durch die nachstehenden Gleichungen:

E_1: $7x - 7y - 5z = 7$; E_2: $7x + 7y + 6z = 35$

Die Ebene E_3 enthält die Punkte B und C und steht senkrecht zur x-y-Ebene.
Der Punkt B hat die Koordinaten (–3; –4; 0).

a) Weisen Sie nach, daß der Eckpunkt A die Koordinaten (3; 2; 0) besitzt. (2 BE)

b) Berechnen Sie die Koordinaten aller Punkte C_i der x-y-Ebene, für die die Dreiecke ΔABC_i rechtwinklig sind ($AB \perp AC_i$) und einen Flächeninhalt von 30 FE haben. (4 BE)

c) Der Punkt C (8; –3; 0) ist ein Punkt der Ebene E_3.
Ermitteln Sie eine parameterfreie Gleichung der Ebene E_3. (3 BE)

d) Ermitteln Sie die Koordinaten des Punktes P.
Berechnen Sie das Volumen der Pyramide ABCP. (4 BE)

e) Zeigen Sie, daß die Höhe der Pyramide durch den Mittelpunkt des Umkreises der Grundfläche ΔABC geht. (3 BE)

f) Eine Ebene E_4 geht durch den Punkt P und liegt parallel zur Geraden durch B und C. Sie teilt die Pyramide ABCP in zwei Teilkörper K_1 und K_2, wobei A ein Eckpunkt des Teilkörpers K_1 ist.
Das Verhältnis der Volumina von K_1 und K_2 ist 1 : 3.
Ermitteln Sie eine Gleichung der Ebene E_4. (4 BE)

(20 BE)

Lösungen

a) E_1... $7x - 7y - 5z = 7$
E_2... $7x + 7y + 6z = 35$
E_3... B(–3; – 4; 0); C(8; –3; 0);
$E_3 \perp$ x-y-Ebene

A muß sowohl zu E_1 als auch zu E_2 gehören und in der x-y-Ebene liegen. A(3; 2; 0).
Wegen $\underline{z_A = 0}$ liegt A in der x-y-Ebene.

E_1: $7 \cdot 3 - 7 \cdot 2 - 5 \cdot 0 = 7$
$7 = 7 \rightarrow \underline{\underline{A \in E_1}}$

E_2: $7 \cdot 3 + 7 \cdot 2 + 6 \cdot 0 = 35$
$35 = 35 \rightarrow \underline{\underline{A \in E_2}}$

b) $AB \perp AC_i$ oder $\overrightarrow{AB} \circ \overrightarrow{AC_i} = 0$

$$\overrightarrow{AC_i} = \begin{pmatrix} x_C - 3 \\ y_C - 2 \\ 0 \end{pmatrix} \qquad \overrightarrow{AB} = \begin{pmatrix} -6 \\ -6 \\ 0 \end{pmatrix}$$

$$-6(x_C - 3) - 6(y_C - 2) = 0$$
$$-6x_C + 18 - 6y_C + 12 = 0$$
$$\underline{x_C = -y_C + 5 \ldots (1)}$$

$$A_\Delta = \frac{1}{2} \cdot \overline{AB} \cdot \overline{AC_i} = 30$$

$$\frac{1}{2} \cdot \sqrt{72} \cdot \sqrt{(x_C - 3)^2 + (y_C - 2)^2} = 30 \rightarrow \text{(1) einsetzen}$$
$$\frac{1}{2} \cdot \sqrt{72} \cdot \sqrt{(-y_C + 5 - 3)^2 + (y_C - 2)^2} = 30$$
$$\sqrt{(-y_C + 2)^2 + (y_C - 2)^2} = \frac{60}{\sqrt{72}}$$
$$(-y_C + 2)^2 + (y_C - 2)^2 = 50$$
$$y_C^2 - 4y_C + 4 + y_C^2 - 4y_C + 4 - 50 = 0$$
$$y_C^2 - 4y_C - 21 = 0$$
$$y_{C_{1,2}} = 2 \pm \sqrt{4 + 21}$$
$$y_{C_1} = 7 \qquad y_{C_2} = -3$$
$$x_{C_1} = -2 \qquad x_{C_2} = 8$$
$$\underline{\underline{C_1(-2; 7; 0)}} \qquad \underline{\underline{C_2(8; -3; 0)}}$$

c) $C(8; -3; 0) \in E_3$

E_3: Normalenvektor von E_3 senkrecht zu $\overrightarrow{BC}$ ($\overrightarrow{BC}$ in x-y-Ebene)

$$\overrightarrow{BC} = \begin{pmatrix} 11 \\ 1 \\ 0 \end{pmatrix}; \text{ z. B.: } \vec{n}_{\overline{BC}} = \begin{pmatrix} 1 \\ -11 \\ 0 \end{pmatrix}$$

$\rightarrow E_3 \ldots\ 1x - 11y + d = 0$

wegen $B \in E_3$: $1 \cdot (-3) - 11 \cdot (-4) + d = 0$

$$d = -41$$

$\rightarrow \underline{\underline{E_3 \ldots\ x - 11y - 41 = 0}}$

d) P ist in allen drei Ebenen E_1, E_2 und E_3 enthalten.

$\underline{E_1 \cap E_2}$: (1) $7x - 7y - 5z = 7$

$\underline{(2)\ 7x + 7y + 6z = 35}$

$\vec{n}_1 \ldots$ Normalenvektor zu E_1: $\vec{n}_1 = \begin{pmatrix} 7 \\ -7 \\ -5 \end{pmatrix}$

$\vec{n}_2$... Normalenvektor zu E_2: $\vec{n}_2 = \begin{pmatrix} 7 \\ 7 \\ 6 \end{pmatrix}$

Für einen Richtungsvektor $\vec{a}$ der Schnittgeraden g von E_1 und E_2 muß gelten:

$\vec{n}_1 \circ \vec{a} = 0$ und $\vec{n}_2 \circ \vec{a} = 0$

$$
\begin{array}{ll}
(3) & 7a_x - 7a_y - 5a_z = 0 \\
(4) & 7a_x + 7a_y + 6a_z = 0 \\
\hline
(3)+(4): & 14a_x + a_z = 0 \\
\text{für } a_x = 1: & \rightarrow \quad a_z = -14 \\
 & a_y = 11
\end{array}
$$

$$\rightarrow \vec{a} = \begin{pmatrix} 1 \\ 11 \\ -14 \end{pmatrix}$$

Wegen $A \in g$ gilt:

$$g\ldots \ \vec{x} = \begin{pmatrix} 3 \\ 2 \\ 0 \end{pmatrix} + t \begin{pmatrix} 1 \\ 11 \\ -14 \end{pmatrix} \qquad (t \in R)$$

$\underline{g \cap E_3}$:

$$
\begin{array}{lr}
E_3\ldots & x - 11y - 41 = 0 \\
g\ldots & x = 3 + t \\
 & y = 2 + 11t \\
 & z = -14t \\
\hline
 & (3+t) - 11(2+11t) - 41 = 0 \\
 & t = -\frac{1}{2}
\end{array}
$$

$\rightarrow \underline{\underline{P(2,5; -3,5; 7)}}$

Wegen $E_3 \perp$ x-y-Ebene gilt: $h_K = z_P = 7$. Für C(8; –3; 0) ist das ΔABC rechtwinklig und hat den Flächeninhalt von 30 FE (siehe b), also:

$$V = \frac{1}{3} \cdot 30 \cdot 7$$

$\underline{\underline{V = 70}}$

Das Volumen der Pyramide ABCP beträgt 70 VE.

e) Da ΔABC rechtwinklig, ist der Mittelpunkt des Kreises gleich dem Mittelpunkt von $\overline{BC}$:

$\underline{M(2,5; -3,5; 0)}$

Da $M \in$ x-y-Ebene und P die gleichen x- und y-Koordinaten wie M besitzt ist $\overline{PM}$ die Höhe der Pyramide.

f) E_4... Ebene durch P; parallel zu BC; teilt die Pyramide ABCP in zwei Teilkörper K_1 und K_2 ($A \in K_1$); es gilt: $V_{K_1} : V_{K_2} = 1:3$

Da $P \in E_3$ und $P \in E_4$ ist auch $h_{K_2} = 7$. Wegen

$$V_{K_1} : V_{K_2} = \left(\frac{1}{3} \cdot A_{K_1} \cdot h_{K_1}\right) : \left(\frac{1}{3} \cdot A_{K_2} \cdot h_{K_2}\right)$$
$$= A_{K_1} : A_{K_2}$$
$$= 1:3$$
$$\text{oder } A_{K_2} = 4 \cdot A_{K_1}$$

Es gelte: E_4 schneidet $\overline{AB}$ in B_4 und $\overline{AC}$ in C_4. Wegen $E_1 \parallel BC$ gilt: $BC \parallel B_4C_4$, also ist ΔABC eine zentrische Streckung von ΔAB_4C_4 mit dem Streckungsfaktor 2 (wegen $A_{K_2} = 4 \cdot A_{K_1}$). D. h., B_4 ist Mittelpunkt von $\overline{AB}$ und C_4 ist Mittelpunkt von $\overline{AC}$, also
$B_4(0; -1; 0)$
$C_4(5,5; -0,5; 0)$

$$E_4: P \in E_4;\ \overrightarrow{PB}_4 = \begin{pmatrix} -2,5 \\ 2,5 \\ -7 \end{pmatrix},\ \overrightarrow{PC}_4 = \begin{pmatrix} 3 \\ 3 \\ -7 \end{pmatrix}$$

Gleichung von E_4:

$$\underline{\underline{\vec{x} = \begin{pmatrix} 2,5 \\ -3,5 \\ 7 \end{pmatrix} + u \cdot \begin{pmatrix} -2,5 \\ 2,5 \\ -7 \end{pmatrix} + v \cdot \begin{pmatrix} 3 \\ 3 \\ -7 \end{pmatrix}}}$$

(parameterfreie Gleichung: $7x - 77y - 30z - 77 = 0$)

Skizze:

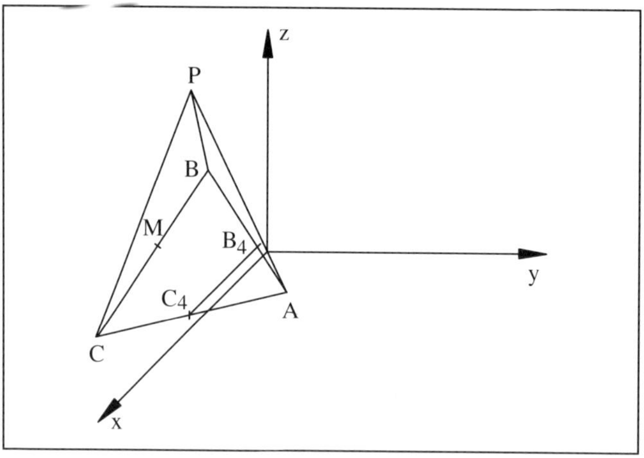

Leistungskurs Mathematik (Sachsen): Abiturprüfung 1994
Geometrie/Algebra – Aufgabe B 2

In einem kartesischen Koordinatensystem sind drei Geraden g_1, g_2 und g_3 durch folgende Bedingungen gegeben:

Auf der Geraden g_1 liegen die Punkte $A\left(\frac{17}{3};\ -\frac{2}{3};\ 2\right)$ und B(7; 0; 4).

Auf der Geraden g_2 mit dem Richtungsvektor $\vec{a} = \begin{pmatrix} 2 \\ 1 \\ 3 \end{pmatrix}$ liegt der Punkt C(9; –3,5; 2,5).

Eine Gleichung für die Gerade g_3 ist: $\vec{x} = \begin{pmatrix} 6 \\ -3 \\ 3 \end{pmatrix} + t \begin{pmatrix} 2 \\ -1 \\ -2 \end{pmatrix}$ $(t \in R)$.

a) Untersuchen Sie die Lagebeziehungen zwischen den Geraden g_1 und g_3 sowie zwischen den Geraden g_2 und g_3.
Weisen Sie nach, daß die Geraden g_1 und g_2 zueinander parallel sind, und berechnen Sie den Abstand dieser beiden Geraden. (10 BE)

b) Die Geraden g_1 und g_2 bestimmen eine Ebene E.
Ermitteln Sie eine Ebenengleichung von E in allgemeiner Form.
Bestimmen Sie den Schnittwinkel der Geraden g_3 mit der Ebene E. (5 BE)

c) Die Ebene E aus Aufgabenteil b ist eine Tangentialebene an eine Kugel K. Der Mittelpunkt M der Kugel K ist der Punkt auf der Geraden g_3, welcher durch den Parameter $t = -1$ der Parametergleichung von g_3 bestimmt wird.
Ermitteln Sie eine Gleichung für die Kugel K.
Bestimmen Sie die Koordinaten des Berührungspunktes P zwischen der Kugel K und der Tangentialebene E. (5 BE))

(20 BE)

$$g_1 \ldots \quad \vec{x} = \begin{pmatrix} 7 \\ 0 \\ 4 \end{pmatrix} + s \cdot \begin{pmatrix} \frac{4}{3} \\ \frac{2}{3} \\ 2 \end{pmatrix} \qquad s \in R$$

$$g_2 \ldots \quad \vec{x} = \begin{pmatrix} 9 \\ -3{,}5 \\ 2{,}5 \end{pmatrix} + u \cdot \begin{pmatrix} 2 \\ 1 \\ 3 \end{pmatrix} \qquad u \in R$$

$$g_3 \ldots \quad \vec{x} = \begin{pmatrix} 6 \\ -3 \\ 3 \end{pmatrix} + t \cdot \begin{pmatrix} 2 \\ -1 \\ -2 \end{pmatrix} \qquad t \in R$$

a) $\underline{g_1 \text{ und } g_3}$: $\vec{a}_{g_1} \nparallel \vec{a}_{g_3}$

(1) $7 + \frac{4}{3}s = 6 + 2t$

(2) $\frac{2}{3}s = -3 - t$

(3) $4 + 2s = 3 - 2t$

(2)' $t = -3 - \frac{2}{3}s$

in (1) $7 + \frac{4}{3}s = 6 + 2\left(-3 - \frac{2}{3}s\right)$

$\underline{s = -\frac{21}{8}}$

$\underline{t = -\frac{5}{4}}$

in (3) $4 + 2 \cdot \left(-\frac{21}{8}\right) = 3 - 2 \cdot \left(-\frac{5}{4}\right)$

$-\frac{5}{4} = \frac{22}{4}$ falsche Aussage

$\rightarrow \underline{\underline{g_1 \text{ und } g_3 \text{ verlaufen windschief.}}}$

$\underline{g_2 \text{ und } g_3}$: $\vec{a}_{g_2} \nparallel \vec{a}_{g_3}$

(1) $9 + 2u = 6 + 2t$

(2) $-3{,}5 + u = -3 - t$

(3) $2{,}5 + 3u = 3 - 2t$

(1) + (3) $11{,}5 + 5u = 9$

$\underline{u = -0{,}5}$

in (2) $-3{,}5 - 0{,}5 = -3 - t$

$\underline{t = 1}$ $\underline{\underline{S(8; -4; 1)}}$

$\underline{g_1 \text{ und } g_2}$: $\vec{a}_{g_1} = \begin{pmatrix} \frac{4}{3} \\ \frac{2}{3} \\ 2 \end{pmatrix}$ $\vec{a}_{g_2} = \begin{pmatrix} 2 \\ 1 \\ 3 \end{pmatrix}$

Wenn $g_1 \parallel g_2$, so muß gelten:

$$\begin{aligned} r \cdot \vec{a}_{g_1} &= \vec{a}_{g_2} \\ r \cdot \frac{4}{3} &= 2 \quad \rightarrow \ r = \frac{3}{2} \\ r \cdot \frac{2}{3} &= 1 \quad \rightarrow \ r = \frac{3}{2} \\ r \cdot 2 &= 3 \quad \rightarrow \ r = \frac{3}{2} \end{aligned}$$

Damit sind $\vec{a}_{g_1}$ und $\vec{a}_{g_2}$ linear abhängig und $\underline{\underline{g_1 \parallel g_2}}$.

$\underline{\text{Abstand } g_1 \text{ und } g_2}$:

E_2... Ebene senkrecht zu g_2 durch B
Richtungsvektor von g_2 ist Normalenvektor von E_2

$$\vec{n}_2 = \begin{pmatrix} 2 \\ 1 \\ 3 \end{pmatrix}$$

$\rightarrow E_2$: $2x + 1y + 3z + d = 0$

mit B(7; 0; 4): $14 + 12 + d = 0$

$d = -26$

E_2... $2x + y + 3z - 26 = 0$

$E_2 \cap g_2$: E_2... $2x + y + 3z - 26 = 0$

g_2... $x = 9 + 2u$

$y = -3{,}5 + u$

$z = 2{,}5 + 3u$

$$2(9 + 2u) + (-3{,}5 + u) + 3(2{,}5 + 3u) - 26 = 0$$

$$u = \frac{2}{7}$$

$$\underline{\underline{S_2\left(\frac{67}{7}; -\frac{45}{14}; \frac{47}{14}\right)}}$$

$$d = \overline{BS}_2 = \sqrt{\left(\frac{18}{7}\right)^2 + \left(\frac{45}{14}\right)^2 + \left(\frac{9}{14}\right)^2}$$

$$= \sqrt{\frac{3402}{196}}$$

$$\underline{\underline{d \approx 4{,}17}}$$

b) E... Ebene mit g_1 und g_2
(Beachte: $g_1 \parallel g_2$!)

z. B.: $C \in E$; $\vec{a} = \begin{pmatrix} 2 \\ 1 \\ 3 \end{pmatrix}$ ... Richtungsvektor

$\overrightarrow{CB} = \begin{pmatrix} -2 \\ 3,5 \\ 1,5 \end{pmatrix}$ ... Richtungsvektor

$$\rightarrow E... \vec{x} = \begin{pmatrix} 9 \\ -3,5 \\ 2,5 \end{pmatrix} + v \begin{pmatrix} 2 \\ 1 \\ 3 \end{pmatrix} + w \begin{pmatrix} -2 \\ 3,5 \\ 1,5 \end{pmatrix}$$

Umwandeln in allgemeine Form:

$$\begin{array}{ll} (1) & 2a + 1b + 3c = 0 \\ (2) & -2a + 3,5b + 1,5c = 0 \\ \hline (1)+(2) & 4,5b + 4,5c = 0 \\ & c = -b \\ \hline \text{in}(1) & 2a + 1b + 3 \cdot (-b) = 0 \\ & 2a = 2b \\ & a = b \end{array}$$

z. B.: Für a = 1 → b = 1; c = – 1

$$\begin{array}{ll} E... & 1x + 1y - 1z + d = 0 \\ \text{mit } C \in E: & 1 \cdot 9 + 1 \cdot (-3,5) - 1 \cdot (2,5) + d = 0 \\ & d = -3 \end{array}$$

$\rightarrow \underline{\underline{E... \quad x + y - z - 3 = 0}}$

Schnittwinkel E mit g_3:

$\vec{a}_{g_3} = \begin{pmatrix} 2 \\ -1 \\ -2 \end{pmatrix}$ $\vec{n}_E = \begin{pmatrix} 1 \\ 1 \\ -1 \end{pmatrix}$

$$\sin\alpha = \frac{\begin{pmatrix} 2 \\ -1 \\ -2 \end{pmatrix} \circ \begin{pmatrix} 1 \\ 1 \\ -1 \end{pmatrix}}{\sqrt{9} \cdot \sqrt{3}}$$

$$\sin\alpha = \frac{1}{\sqrt{3}}$$

$$\underline{\underline{\alpha \approx 35,3°}}$$

c) M(4; –2; 5)

h... Senkrechte zu E durch M

$$\vec{a}_h = \begin{pmatrix} 1 \\ 1 \\ -1 \end{pmatrix} = \vec{n}_E$$

h... $\vec{x} = \begin{pmatrix} 4 \\ -2 \\ 5 \end{pmatrix} + v \begin{pmatrix} 1 \\ 1 \\ -1 \end{pmatrix}$

Schnittpunkt $h \cap E$ ist P:

h... $x = 4 + v$

$y = -2 + v$

$z = 5 - v$

E... $x + y - z - 3 = 0$

$$(4+v) + (-2+v) - (5-v) - 3 = 0$$
$$-6 + 3v = 0$$
$$v = 2$$

$\rightarrow$ P(6; 0; 3)

$r_K = \overline{PM} = \sqrt{4+4+4} = \sqrt{12}$

$r_K = 2\sqrt{3}$

K... $(x-4)^2 + (y+2)^2 + (z-5)^2 = 12$

Leistungskurs Mathematik (Sachsen): Abiturprüfung 1994
Stochastik – Aufgabe C 1

In einem Unternehmen wird auf drei Maschinen ein und dasselbe Erzeugnis hergestellt. Die Maschinen I und II produzieren je 20 % der Gesamtproduktion, die Maschine III produziert 60 % der Gesamtproduktion. Es ist bekannt, daß die Maschine I 3 % Ausschuß, die Maschine II 5 % Ausschuß und die Maschine III 4 % Ausschuß produziert. Die hergestellten Erzeugnisse werden in einem Lager gesammelt.

a) Mit welcher Wahrscheinlichkeit ist ein im Lager zufällig ausgewähltes Erzeugnis ein Ausschußstück? (1 BE)

b) Mit welcher Wahrscheinlichkeit wurde ein solches Ausschußstück auf Maschine I, auf Maschine II bzw. auf Maschine III produziert? (2 BE)

c) Für eine Untersuchung wird ein Ausschußstück benötigt, das auf Maschine III gefertigt wurde.
Wie viele Erzeugnisse von Maschine III müssen der laufenden Produktion entnommen werden, damit sich mit mindestens 99 % Wahrscheinlichkeit wenigstens ein Ausschußstück unter ihnen befindet? (3 BE)

d) Es werden 113 Erzeugnisse aus Maschine III entnommen.
Wie viele unter diesen sind (durchschnittlich) Ausschuß? (2 BE)

e) Der laufenden Produktion werden regelmäßig Erzeugnisse entnommen und überprüft. Bei dieser Prüfung wird ein defektes Erzeugnis mit der Wahrscheinlichkeit von 99 % als Ausschuß erkannt, aber auch ein einwandfreies Erzeugnis mit der Wahrscheinlichkeit von 3 % irrtümlich für Ausschuß erklärt. Mit welcher Wahrscheinlichkeit wird ein geprüftes Erzeugnis für Ausschuß erklärt? Wie groß ist die Wahrscheinlichkeit, daß von fünf Erzeugnissen, die der laufenden Produktion entnommen werden, wenigstens eines für Ausschuß erklärt wird? (2 BE)

(10 BE)

Lösungen

	Maschine I	Maschine II	Maschine III
Anteil an Gesamtproduktion	20 %	20 %	60 %
Ausschuß	3 %	5 %	4 %

a) A... zufällig ausgewähltes Erzeugnis ist Ausschuß

$P(A) = 0,2 \cdot 0,03 + 0,2 \cdot 0,05 + 0,6 \cdot 0,04$

$\underline{\underline{P(A) = 0,04}}$ (totale Wahrscheinlichkeit)

b) A_1... Ausschuß auf Maschine I produziert
A_2... Ausschuß auf Maschine II produziert
A_3... Ausschuß auf Maschine III produziert

$$P(A_1) = \frac{0,2 \cdot 0,03}{0,04} = \underline{\underline{0,15}}$$

$$P(A_2) = \frac{0,2 \cdot 0,05}{0,04} = \underline{\underline{0,25}}$$

$$P(A_3) = \frac{0,6 \cdot 0,04}{0,04} = \underline{\underline{0,60}} \quad \text{(Formel von Bayes)}$$

(Kontrollmöglichkeit: $P(A_1) + P(A_2) + P(A_3) = 1$)

c) n... Anzahl der zu entnehmenden Erzeugnisse
X... Anzahl der Ausschußstücke

$$P(X \geq 1) = 1 - P(X = 0)$$
$$= 1 - 0,96^n$$
$$1 - 0,96^n \geq 0,99$$
$$0,01 \geq 0,96^n$$
$$\lg 0,01 \geq n \cdot \lg 0,96$$
$$n \geq \frac{\lg 0,01}{\lg 0,96}$$
$$\underline{n \geq 112,8}$$

Es müssen wenigstens 113 Erzeugnisse entnommen werden.

d) Y... Anzahl der Ausschußstücke unter 113 Erzeugnissen
(Binomialverteilung: n = 113; p = 0,04)

$$E(Y) = n \cdot p$$
$$= 113 \cdot 0,04$$
$$\underline{E(Y) = 4,52} \quad \text{(Erwartungswert)}$$

Durchschnittlich ist mit 5 Ausschußstücken zu rechnen.

e) B... geprüftes Erzeugnis wird für Ausschuß erklärt

$$P(B) = \underbrace{0,04 \cdot 0,99}_{\text{wirklich Ausschuß}} + \underbrace{0,96 \cdot 0,03}_{\text{irrtümlich Ausschuß}} = 0,0684$$

$$\underline{\underline{P(B) \approx 0,07}}$$

C... von 5 entnommenen Erzeugnissen wird wenigstens eines für Ausschuß erklärt

$$P(X \geq 1) = 1 - P(X = 0)$$
$$= 1 - [1 - P(B)]^5 = 1 - 0,9316^5$$
$$= 0,2983$$
$$\underline{\underline{P(C) \approx 0,30}}$$

Leistungskurs Mathematik (Sachsen): Abiturprüfung 1994
Stochastik – Aufgabe C 2

Eine Tierparklotterie gibt Rubbelkarten heraus, welche 15 Rubbelfelder mit je einem Tierbild enthalten. Diese 15 Felder sind wie folgt eingeteilt:
3 Felder enthalten das Bild eines Elefanten, 4 Felder das Bild eines Affen, 4 Felder das Bild eines Fisches. Die restlichen Felder zeigen das Bild eines Vogels.

Die Lage der Felder ist zufällig und auf den einzelnen Karten unterschiedlich. Alle Felder sind von einer Deckschicht überzogen. Der Käufer hat genau zwei Felder freizurubbeln. Wurden auf einer Karte mehr als zwei Felder freigerubbelt, so ist sie ungültig.

a) Ermitteln Sie die Wahrscheinlichkeiten der folgenden Ereignisse:
Ereignis A: Beide Felder zeigen jeweils dasselbe Tier.
Ereignis B: Mindestens ein Feld zeigt das Bild eines Affen.
Ereignis C: Entweder Ereignis A oder Ereignis B

Als erstes Feld werde das Bild eines Elefanten freigerubbelt.
Wie groß ist dann die Wahrscheinlichkeit, daß das zweite Feld ebenfalls das Bild eines Elefanten zeigt? (4 BE)

b) Für einen Hauptpreis muß zweimal das Bild eines Elefanten freigerubbelt werden.
Wie viele Hauptpreise sind beim Kauf von 35 Rubbelkarten im Durchschnitt zu erwarten?
Wie groß ist die Wahrscheinlichkeit, beim Kauf von 35 Karten mehr als zwei Hauptpreise zu erhalten? (3 BE)

c) Eine Rubbelkarte kostet 1 DM. Es werden folgende Preise vergeben:

Bilder	Preise
2mal Elefant	10 DM
2mal Affe	3 DM
2mal Fisch	1 DM
2mal Vogel	1 DM

Die Zufallsgröße G beschreibe den Gewinn des Käufers. Ermitteln Sie den Erwartungswert von G.
Die Tierparkverwaltung möchte an einer Karte durchschnittlich 0,50 DM verdienen. Das soll durch eine Reduzierung des auszuzahlenden Betrages bei einem Hauptpreis erreicht werden.
Welcher Betrag sollte für einen Hauptpreis gezahlt werden, damit diese Bedingungen erfüllt sind? (3 BE)

(10 BE)

Lösungen

15 Felder

3× Elefant | 4× Affe | 4× Fisch | 4× Vogel

a) A... beide Felder dasselbe Tier, also: 2× Elefant oder 2× Affe oder 2× Fisch oder 2× Vogel

$$P(A) = \frac{3}{15} \cdot \frac{2}{14} + \frac{4}{15} \cdot \frac{3}{14} + \frac{4}{15} \cdot \frac{3}{14} + \frac{4}{15} \cdot \frac{3}{14}$$

$$= \frac{3}{15} \cdot \frac{2}{14} + 3 \cdot \left(\frac{4}{15} \cdot \frac{3}{14} \right)$$

$$P(A) = \frac{1}{5} = 0{,}2$$

B... mindestens ein Affe
$\overline{B}$ ... keine Affe

$$P(B) = 1 - P(\overline{B})$$

$$= 1 - \left(\frac{11}{15} \cdot \frac{10}{14} \right)$$

$$= 1 - \frac{11}{21}$$

$$P(B) = \frac{10}{21} \approx 0{,}48$$

C... entweder A oder B

$P(C) = P(A \cup B) = P(A) + P(B) - P(A \cap B)$

$A \cap B$... zwei Affen

$$P(C) = \frac{1}{5} + \frac{10}{21} - \frac{4}{15} \cdot \frac{3}{14}$$

$$P(C) = \frac{13}{21} \approx 0{,}62$$

Von 14 Feldern bleiben 2 Elefanten übrig, also ist die Wahrscheinlichkeit, einen zweiten Elefanten freizurubbeln dann $\frac{2}{14} \approx 0{,}14$.

b) H... Hauptpreis: 2 Elefanten

$$P(H) = \frac{3}{15} \cdot \frac{2}{15} = \frac{1}{35} \approx 0{,}029$$

X... Anzahl der Hauptpreise bei 35 Karten
(Binomialverteilung: $n = 35$; $p = \frac{1}{35}$)

$$E(X) = n \cdot p$$
$$= 35 \cdot \frac{1}{35}$$
$$\underline{\underline{E(X) = 1}}$$

Durchschnittlich ist 1 Hauptpreis zu erwarten.

$$P(X > 2) = 1 - [P(X=0) + P(X=1) + P(X=2)]$$

$$P(X > 2) = 1 - \left[\binom{35}{0} \cdot \left(\frac{1}{35}\right)^0 \cdot \left(\frac{34}{35}\right)^{35} + \binom{35}{1} \cdot \left(\frac{1}{35}\right)^1 \cdot \left(\frac{34}{35}\right)^{34} + \right.$$
$$\left. + \binom{35}{2} \cdot \left(\frac{1}{35}\right)^2 \cdot \left(\frac{34}{35}\right)^{33}\right]$$
$$= 1 - (0{,}3626 + 0{,}3732 + 0{,}1866)$$
$$\underline{\underline{P(X > 2) = 0{,}0776}}$$

c) G... Gewinn des Käufers (Einsatz bereits abgezogen)

"Gewinn"	9 DM	2 DM	0 DM	−1 DM
P(G)	$\frac{3}{15} \cdot \frac{2}{14} = \frac{1}{35}$	$\frac{4}{15} \cdot \frac{3}{14} = \frac{2}{35}$	$2 \cdot \left(\frac{4}{15} \cdot \frac{3}{14}\right) = \frac{4}{35}$	$1 - \frac{7}{35} = \frac{28}{35}$

$$E(G) = 9\text{ DM} \cdot \frac{1}{35} + 2\text{ DM} \cdot \frac{2}{35} - 1\text{ DM} \cdot \frac{28}{35} = -\frac{15}{35}$$
$$\underline{\underline{E(G) \approx -0{,}43\text{ DM}}}$$

Durchschnittlich "gewinnt" ein Käufer – 0,43 DM, d. h. er büßt 43 Pfennige ein.

Y... auszuzahlender Hauptgewinn, wenn die Tierparkverwaltung an einer Karte durchschnittlich 0,50 DM verdienen möchte.

$$E(Y) = -0{,}50\text{ DM}$$
$$E(Y) = (y-1) \cdot \frac{1}{35} + 2\text{ DM} \cdot \frac{2}{35} - 1\text{ DM} \cdot \frac{28}{35}$$
$$-0{,}50 = (y-1) \cdot \frac{1}{35} + \frac{4}{35}\text{DM} - \frac{28}{35}\text{DM}$$
$$(y-1) \cdot \frac{1}{35} = -0{,}50\text{ DM} + \frac{24}{35}\text{ DM}$$
$$y - 1 = -17{,}50\text{ DM} + 24\text{ DM}$$
$$\underline{\underline{y = 7{,}50\text{ DM}}}$$

Für den Hauptpreis dürften dann nur 7,50 DM gezahlt werden.

Leistungskurs Mathematik (Sachsen): Abiturprüfung 1994
Nachtermin: Analysis – Aufgabe A 1

Gegeben ist die Funktion f durch

$$y = f(x) = \frac{x^2}{\sqrt{1 + x^3}} \qquad (x \in D_f).$$

a) Bestimmen Sie für f den größtmöglichen Definitionsbereich D_f und die Nullstelle.
Bestimmen Sie die Koordinaten des lokalen Extrempunktes und die Art des Extremums.
Bestimmen Sie die Wendepunkte der Funktion f. (Auf die Überprüfung mit Hilfe einer hinreichenden Bedingung wird verzichtet.)
Untersuchen Sie das Verhalten der Funktion f für $x \to -1$ $(x > -1)$ und für $x \to \infty$.
Zeichnen Sie den Graph der Funktion f im Intervall $-1 < x \leq 6$. (10 BE)

b) Zeigen Sie durch Substitution, daß die Funktion F mit

$$F(x) = \frac{2}{3}\sqrt{1 + x^3} + C$$

eine Stammfunktion der Funktion f ist.
Bestimmen Sie ohne Rechnung die Wendestelle der Funktion F und begründen Sie Ihr Ergebnis. (6 BE)

c) Es sei F^* eine spezielle Stammfunktion der Funktion f.
Der Graph von F^* verläuft durch den Punkt Q(2; 1).
t sei die Tangente an den Graph der Funktion F^* im Punkt Q.
Die y-Achse, die Tangente t und die Gerade r mit der Gleichung $y = -\frac{1}{3}x + \frac{5}{3}$ bilden ein Dreieck. Weisen Sie nach, daß dieses Dreieck gleichschenklig ist. (6 BE)

Gegeben ist die Funktion g durch

$$y = g(x) = \frac{x}{\sqrt{x^2 + 2}} \qquad (x \in D_g).$$

d) Bestimmen Sie für g den größtmöglichen Definitionsbereich und die Nullstelle.
Untersuchen Sie die Funktion g auf Symmetrie.
Zeichnen Sie den Graph der Funktion g für $-8 \leq x \leq 8$ in ein Koordinatensystem. (4 BE)

e) Der Graph der Funktion g, die x-Achse und die Gerade x = 8 begrenzen eine Fläche vollständig. Dieser Fläche seien Rechtecke so einbeschrieben, daß eine Seite auf der x-Achse und eine weitere Seite auf der Geraden x = 8 liegt. Es existiert ein solches Rechteck mit maximalem Flächeninhalt.
Ermitteln Sie diesen Flächeninhalt. (4 BE)

(30 BE)

Lösungen

$$y = f(x) = \frac{x^2}{\sqrt{1+x^3}} \qquad (x \in D_f)$$

a) $D_f = \{x: x > -1; x \in R)$

Nullstelle: $x_N^2 = 0$

$\underline{\underline{x_N = 0}}$ (Probe im Nenner!)

Extrempunkt: $$f'(x) = \frac{2x\sqrt{1+x^3} - x^2 \cdot \frac{3x^2}{2\sqrt{1+x^3}}}{\left(\sqrt{1+x^3}\right)^2}$$

$$= \frac{\frac{4x(1+x^3)-3x^4}{2\sqrt{1+x^3}}}{\sqrt{(1+x^3)^2}}$$

$$= \frac{4x + x^4}{2\sqrt{(1+x^3)^3}}$$

$$0 = 4x_E + x_E^4$$

$$0 = x_E(4 + x_E^3)$$

$x_{E_1} = 0 \qquad 4 + x_E^3 = 0$

$y_{E_1} = 0 \qquad x_E^3 = -4$

$x_E \notin D_f$

$\underline{\underline{E(0; 0)}}$

$$f''(x) = \frac{(4+4x^3)\cdot 2\sqrt{(1+x^3)^3} - (4x+x^4)\cdot 2\cdot \frac{3}{2}\sqrt{1+x^3}\cdot 3x^2}{4\sqrt{(1+x^3)^6}}$$

$$= \frac{(8+8x^3)\cdot(1+x^3) - (4x+x^4)\cdot 9x^2}{4\sqrt{(1+x^3)^5}}$$

$f''(0) = \frac{8}{4} = 2 \rightarrow \underline{\underline{\text{lokales Minimum}}}$

Wendepunkte: $$f''(x) = \frac{8 - 20x^3 - x^6}{4\sqrt{(1+x^3)^6}}$$

$$0 = 8 - 20x_W^3 - x_W^6$$

$$0 = x_W^6 + 20x_W^3 - 8$$

$$x_W^3 = z: \quad z^2 + 20z - 8 = 0$$

$$z_{1,2} = -10 \pm \sqrt{108}$$

$$z_1 = -10 + \sqrt{108} \qquad z_2 = -10 - \sqrt{108}$$

$$x_{W_1} = \sqrt[3]{z_1} \qquad x_{W_2} \notin D_f$$

$$x_{W_1} \approx 0,73$$

$$y_{W_1} \approx 0,45$$

$$\underline{\underline{W(0,73; 0,45)}}$$

$$\lim_{\substack{x \to -1 \\ x > -1}} f(x) = \underline{\underline{+\infty}} \; ; \quad \lim_{x \to \infty} f(x) = \underline{\underline{+\infty}}$$

Graph:

x	−0,5	2	4	6
f(x)	0,27	1,33	1,98	2,44

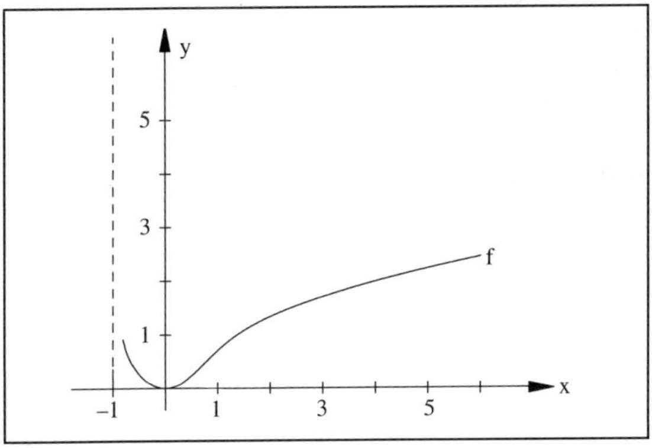

b) $F(x) = \frac{2}{3}\sqrt{1 + x^3} + c$

$$\int f(x)dx = \int \frac{x^2}{\sqrt{1+x^3}} dx$$

$$= \int \frac{dz}{dx\,3} \frac{dx}{\sqrt{z}}$$

$$= \frac{1}{3} \int \frac{dz}{z}$$

$$= \frac{1}{3}\left[2\sqrt{z}\right] + c$$

$$\underline{\underline{= \frac{2}{3}\sqrt{1 + x^3} + c = F(x)}}$$

Substitution: $z = 1 + x^3$

$$\frac{dz}{dx} = 3x^2$$

$$\left(x^2 = \frac{dz}{3dx}\right)$$

Die Wendestelle von F entspricht der Extremstelle x_E von f, denn es gilt für $x_E = 0$:

$F''(0) = f'(0) = 0$

$F'''(0) = f''(0) = 2 \neq 0$

c) $F^*(x) = \frac{2}{3}\sqrt{1+x^3} + c^*$

Skizze:

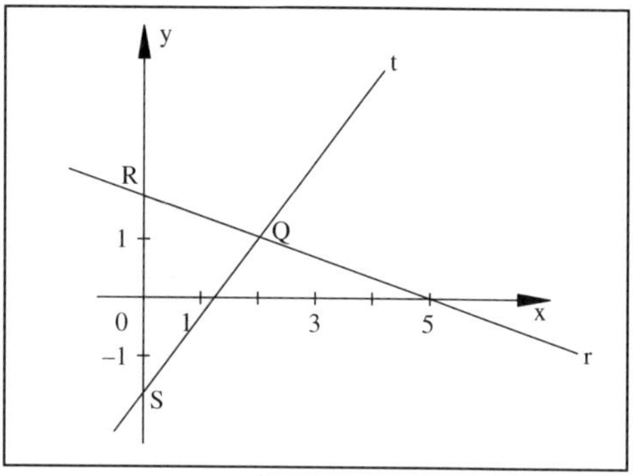

$Q(2;1) \in F^*: \quad 1 = \frac{2}{3}\sqrt{1+8} + c^*$

$c^* = -1$

$m_t = \left[F^*\right]'(2) = f(2) = \frac{4}{3}$

t... $\quad y - 1 = \frac{4}{3}(x-2)$

$\underline{\underline{y = \frac{4}{3}x - \frac{5}{3}}}$

r... $\quad y = -\frac{1}{3}x + \frac{5}{3}$

$R\left(0; \frac{5}{3}\right), \quad S\left(0; -\frac{5}{3}\right) \quad \rightarrow \quad \underline{\underline{\overline{RS} = \frac{10}{3}}}$

$\overline{QS} = \sqrt{4 + \frac{64}{9}} = \sqrt{\frac{36+64}{9}} = \underline{\underline{\frac{10}{3}}}$

Mit $\overline{RS} = \overline{QS} = \frac{10}{3}$ ist das Dreieck QRS gleichschenklig.

d) $y = g(x) = \frac{x}{\sqrt{x^2+2}} \qquad (x \in D_g)$

$D_g = \{x: x \in R\}$

Nullstelle: $\quad x_N = 0$

Symmetrie: $\quad g(-x) = \frac{-x}{\sqrt{(-x)^2+2}} = -\frac{x}{\sqrt{x^2+2}} = -g(x)$

$\rightarrow$ g ist zentralsymmetrisch zum Koordinatenursprung.

Graph:

x	±1	±3	±5	±8
g(x)	±0,58	±0,90	±0,96	±0,98

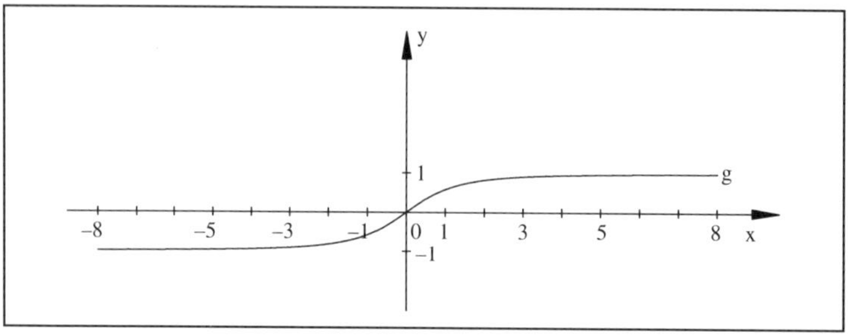

e) Skizze:

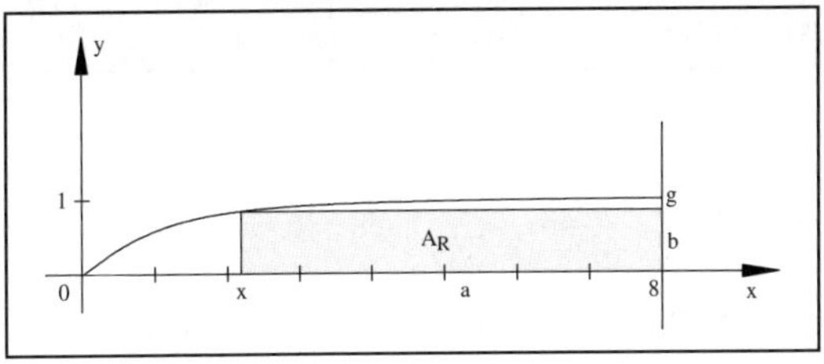

$A_R = a \cdot b$ | NB: $a = 8 - x$, $b = g(x)$

$\downarrow$

$A_R(x) = (8-x)\cdot\dfrac{x}{\sqrt{x^2+2}}$; $0 < x < 8$ (Randpunkte ausgeschlossen, da dort $A_R = 0$)

$A_R(x) = \dfrac{8x - x^2}{\sqrt{x^2+2}}$

$$A'_R(x) = \frac{(8-2x)\cdot\sqrt{x^2+2} - (8x - x^2)\cdot\dfrac{\not{2}x}{\not{2}\sqrt{x^2+2}}}{x^2+2}$$

$$= \frac{\dfrac{(8-2x)(x^2+2)-(8x-x^2)x}{\sqrt{x^2+2}}}{x^2+2}$$

$$= \frac{16-4x-x^3}{\sqrt{(x^2+2)^3}}$$

$0 = 16 - 4x_E - x_E^3$

$\underline{\underline{x_{E_1} = 2}}$ (Probieren)

NR: $(-x^3 - 4x + 16) : (x-2) = -x^2 - 2x - 8$

$\underline{-(-x^3 + 2x^2)}$

$-2x^2 - 4x + 16$

$\underline{-(-2x^2 + 4x)}$

$-8x + 16$

$\underline{-(-8x + 16)}$

0

$0 = (x_E - 2)(-x_E^2 - 2x_E - 8)$

$0 = -x_E^2 - 2x_E - 8$

$0 = x_E^2 + 2x_E + 8$

$x_{E_{2,3}} = -1 \pm \sqrt{1-8}$ $\rightarrow$ keine weitere Lösung

Laut Aufgabenstellung existiert ein Rechteck mit maximalem Flächeninhalt, also wird hier auf den Nachweis für $x_E = 2$ verzichtet.

$A_R(2) = \dfrac{16-4}{\sqrt{4+2}} = \dfrac{12}{\sqrt{6}} = \dfrac{12\cdot\sqrt{6}}{\sqrt{6}\cdot\sqrt{6}} = \underline{\underline{2\sqrt{6}}}$

Das globale Maximum ist gleich dem lokalen, da als Definitionsbereich ein offenes Intervall vorliegt.

Leistungskurs Mathematik (Sachsen): Abiturprüfung 1994
Nachtermin: Analysis – Aufgabe A 2

Gegeben sind die Funktionen f_k durch

$y = f_k(x) = 2 \cdot e^{-kx} \qquad (x \in R).$

a) Untersuchen Sie für die Funktion f_1 das Monotonieverhalten und das Verhalten im Unendlichen.
Stellen Sie die Funktion f_1 im Intervall $[-0,5;\ 6,5]$ graphisch dar. (5 BE)

b) Durch den Graph der Funktion f_1, die y-Achse, die x-Achse und die Gerade $x = a (a > 0)$ wird eine Fläche vollständig begrenzt.
Berechnen Sie deren Flächeninhalt A in Abhängigkeit von a sowie dessen Grenzwert für $a \to \infty$.
Für welchen Wert von a beträgt der Flächeninhalt 1 FE? (5 BE)

c) Die Fläche zwischen dem Graph jeder der Funktionen $f_k (k > 0)$ im Intervall $\left[0;\ \frac{1}{k}\right]$ und der x-Achse rotiere jeweils um die x-Achse.
Berechnen Sie das Volumen des Rotationskörpers in Abhängigkeit von k.
Für welchen Wert k beträgt das Volumen 4 VE? (3 BE)

Gegeben ist außerdem die Funktion g durch

$y = g(x) = 2 \cdot e^{-x} \cdot \cos x \quad (x \in R; 0 \leq x \leq 2\pi).$

d) Berechnen Sie die Nullstellen und die lokalen Extrempunkte von g und untersuchen Sie die Art der Extrema im angegebenen Intervall.
Skizzieren Sie den Graph der Funktion g in das Koordinatensystem von Aufgabenteil a. (7 BE)

e) Ermitteln Sie durch partielle Integration eine Stammfunktion G der Funktion g. (3 BE)

f) Berechnen Sie die Schnittpunkte der Graphen der Funktionen f_1 und g im Intervall $0 \leq x \leq 2\pi$. (2 BE)

g) Jede Gerade $x = c (c > 0)$ schneidet die Graphen der Funktionen f_1 und g in je einem Punkt.
Für welchen Wert von $c (0 < c \leq \pi)$ ist der Abstand dieser Punkte am größten?
Berechnen Sie den maximalen Abstand. (5 BE)

(30 BE)

$y = f_k(x) = 2 \cdot e^{-kx} \quad (x \in R)$

a) $f_1(x) = 2 \cdot e^{-x}$

Monotonie: $f_1'(x) = -2e^{-x} < 0$ für alle $x \in R$

$\rightarrow \underline{\underline{f_1 \text{ ist monoton fallend}}}$ für alle $x \in R$

$\lim\limits_{x \to -\infty} f_1(x) = \underline{\underline{+\infty}}, \quad \lim\limits_{x \to +\infty} f_1(x) = \underline{\underline{0}}$

Graph:

x	−0,5	0	1	3	5	6,5
y	3,3	2	0,74	0,1	0,01	0,003

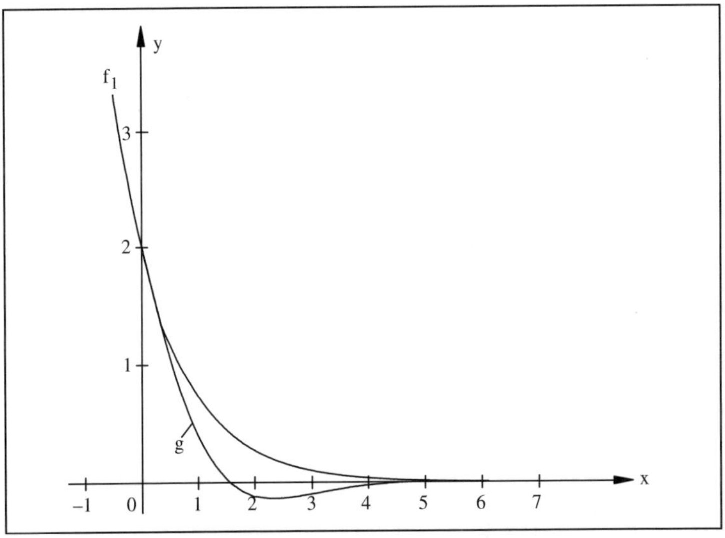

b) $A = \int\limits_0^a f_1(x)dx$

$= \int\limits_0^a 2e^{-x}dx = \left[-2e^{-x}\right]_0^a = -2(e^{-a} - 1)$

$A = -2e^{-a} + 2$

$\lim\limits_{a \to \infty} (-2e^{-a} + 2) = 0 + 2 = \underline{\underline{2}}$

$$1 = -2e^{-a} + 2$$
$$e^{-a} = \frac{1}{2}$$
$$-a = \ln\frac{1}{2}$$
$$\underline{\underline{a = \ln 2}}$$

Für a = ln 2 beträgt der Flächeninhalt 1 FE.

c) $$V_k = \pi\int_0^{\frac{1}{k}} f_k^2(x)dx$$
$$= \pi\int_0^{\frac{1}{k}} \left(2e^{-kx}\right)^2 dx$$
$$= 4\pi\int_0^{\frac{1}{k}} e^{-2kx}dx$$
$$= 4\pi\cdot\left[\frac{e^{-2kx}}{-2k}\right]_0^{\frac{1}{k}}$$
$$= 4\pi\left(\frac{e^{-2}-1}{-2k}\right)$$
$$\underline{V_k = -\frac{2\pi}{k}(e^{-2}-1)}$$

$$4 = -\frac{2\pi}{k}(e^{-2}-1)$$
$$\underline{\underline{k = -\frac{\pi}{2}(e^{-2}-1)}}$$

d) $y = g(x) = 2e^{-x}\cdot\cos x \qquad (x \in R;\ 0 \le x \le 2\pi)$

Nullstellen: $0 = 2e^{-x_N}\cdot\cos x_N \qquad (e^{-x_N} \ne 0)$

$$0 = \cos x_N$$
$$\underline{\underline{x_{N_1} = \frac{\pi}{2}}}\ ; \quad \underline{\underline{x_{N_2} = \frac{3}{2}\pi}}$$

Extrempunkte: $g'(x) = -2e^{-x}\cdot\cos x + 2e^{-x}(-\sin x)$

$$= -2e^{-x}(\cos x + \sin x)$$
$$0 = -2e^{-x_E}(\cos x_E + \sin x_E)$$
$$0 = \cos x_E + \sin x_E$$
$$\sin x_E = -\cos x_E$$
$$\tan x_E = -1$$

$$x_{E_1} = \frac{3}{4}\pi \qquad , x_{E_2} = \frac{7}{4}\pi$$

$$y_{E_1} = 2e^{-\frac{3}{4}\pi} \cdot \left(-\frac{1}{2}\sqrt{2}\right), y_{E_2} = 2e^{-\frac{7}{4}\pi} \cdot \frac{1}{2}\sqrt{2}$$

$$y_{E_1} = -\sqrt{2}e^{-\frac{3}{4}\pi} \qquad , y_{E_2} = \sqrt{2}e^{-\frac{7}{4}\pi}$$

$$\underline{\underline{E_1\left(\frac{3}{4}\pi\,;\ -\sqrt{2}e^{-\frac{3}{4}\pi}\right)}} \quad , \underline{\underline{E_2\left(\frac{7}{4}\pi;\ \sqrt{2}e^{-\frac{7}{4}\pi}\right)}}$$

$$g''(x) = 2e^{-x}(\cos x + \sin x) + (-2e^{-x})(-\sin x + \cos x)$$

$$= 4e^{-x} \cdot \sin x$$

$$g''\left(\frac{3}{4}\pi\right) = 4e^{-\frac{3}{4}\pi} \cdot \frac{1}{2}\sqrt{2} > 0 \qquad \rightarrow \underline{\underline{\text{lokales Minimum}}}$$

$$g''\left(\frac{7}{4}\pi\right) = 4e^{-\frac{7}{4}\pi} \cdot \left(-\frac{1}{2}\sqrt{2}\right) < 0 \qquad \rightarrow \underline{\underline{\text{lokales Maximum}}}$$

Skizze siehe Teil a)

x	0	1	$\frac{3}{4}\pi$	$\frac{7}{4}\pi$
y	2	0,4	−0,13	0,006

e) $\int(2e^{-x} \cdot \cos x)dx = 2 \cdot \int(e^{-x} \cdot \cos x)dx$

Partielle Integration:

$$\int(e^{-x} \cdot \cos x)\,dx = -e^{x} \cdot \text{cox } x - \int(\sin x \cdot e^{-x})dx$$

$$= -e^{-x} \cdot \cos x - \left[-\sin x \cdot e^{-x} + \int(\cos x \cdot e^{-x})dx\right]$$

$$= -e^{-x} \cos x + e^{-x} \cdot \sin x - \int(e^{-x} \cdot \cos x)dx$$

$$2 \cdot \int(e^{-x} \cdot \cos x)\,dx = -e^{-x}(\cos x - \sin x)$$

$$G(x) = \int(2e^{-x} \cdot \cos x)\,dx = \underline{\underline{-e^{-x}(\cos x - \sin x) + c}}$$

f) $f_1 \ldots \quad y = 2e^{-x}$

$g \ldots \quad y = 2e^{-x} \cdot \cos x$

$$2e^{-x_s} = 2e^{-x_s} \cdot \cos x_S \qquad | : (2e^{-x_s}) \neq 0$$

$$1 = \cos x_S$$

$x_{S_1} = 0 \;,\; x_{S_2} = 2\pi$

$y_{S_1} = 2 \;,\; y_{S_2} = 0{,}004$

$\underline{\underline{S_1(0;2)}} \;,\; \underline{\underline{S_2(2\pi;0{,}004)}}$

g) $$d(x) = f_1(x) - g(x)$$
$$= 2e^{-x} - 2e^{-x} \cdot \cos x$$
$$\underline{d(x) = 2e^{-x} \cdot (1 - \cos x)} \qquad 0 < x \le \pi$$
$$d'(x) = -2e^{-x}(1 - \cos x) + 2e^{-x} \cdot \sin x$$
$$= -2e^{-x}(1 - \cos x - \sin x)$$
$$0 = 1 - \cos x_E - \sin x_E$$
$$\sin x_E = 1 - \cos x_E$$
$$\sin^2 x_E = (1 - \cos x_E)^2$$
$$1 - \cos^2 x_E = 1 - 2\cos x_E + \cos^2 x_E$$
$$0 = 2\cos^2 x_E - 2\cos x_E$$
$$0 = 2\cos x_E(\cos x_E - 1)$$
$$\cos x_E = 0 \qquad \cos x_E = 1$$
$$\underline{\underline{x_{E_1} = \frac{\pi}{2}}} \qquad x_{E_2} = 0 \qquad \text{entfällt wegen } 0 < x \le \pi$$

$$d''(x) = 2e^{-x}(1 - \cos x - \sin x) + (-2e^{-x})(\sin x - \cos x)$$
$$= 2e^{-x}(1 - \cos x - \sin x - \sin x + \cos x)$$
$$= 2e^{-x}(1 - 2\sin x)$$
$$d''\left(\frac{\pi}{2}\right) = 2e^{-\frac{\pi}{2}}(1 - 2 \cdot 1) = -2e^{-\frac{\pi}{2}} < 0 \quad \rightarrow \quad \underline{\underline{\text{lokales Maximum}}}$$
$$\underline{\underline{c = x_{E_1} = \frac{\pi}{2}}}$$

$$d(c) = 2e^{-\frac{\pi}{2}}(1 - 0) = 2e^{-\frac{\pi}{2}} \approx \underline{\underline{0,42}}$$
Untersuchung des Randpunktes ($x = \pi$):
$$d(\pi) = 2e^{-\pi}(1 + 1) = 4e^{-\pi} \approx 0,17 < d(c)$$
Der maximale Abstand der beiden Funktionen ist bei $x = \frac{\pi}{2}$ und beträgt 0,42 LE.

Leistungskurs Mathematik (Sachsen): Abiturprüfung 1994
Nachtermin: Geometrie/Algebra – Aufgabe B 1

Gegeben sind in einem kartesischen Koordinatensystem die Punkte $A(10 + 2r + 2s; r; -s)$ $(r, s \in R)$, außerdem eine Gerade g durch die Gleichung

$$\vec{x} = \begin{pmatrix} 1 \\ -5 \\ 4 \end{pmatrix} + t\begin{pmatrix} 0 \\ 2 \\ 2 \end{pmatrix} \quad (t \in R)$$

sowie die Punkte $P_a(1; a; a + 9)$ $(a \in R)$.

a) Ermitteln Sie die Punkte A_1 (für $r = s = 0$), A_2 (für $r \neq 0$; $s = 0$) und A_3 (für $r = 0$; $s \neq 0$).
Zeigen Sie, daß A_1, A_2, und A_3 derjenigen Ebene E angehören, deren parameterfreie Gleichung $x - 2y + 2z - 10 = 0$ lautet. (2 BE)

b) Weisen Sie nach, daß alle Punkte P_a auf der Geraden g liegen.
Untersuchen Sie die Lagebeziehung der Geraden g und der Ebene E und bestimmen Sie gegebenenfalls den Abstand zwischen g und E. (5 BE)

c) Für $a = 2$ erhält man den Punkt P_2. Sein Spiegelpunkt bezüglich der Ebene E sei P_2'.
Berechnen Sie die Koordinaten des Punktes P_2'. (3 BE)

d) Alle Punkte $Q_i \in E$ $(i \in N)$, für die die Innenwinkel $\sphericalangle P_2Q_iP_2'$ der Dreiecke $\Delta P_2Q_iP_2'$ 120° betragen, liegen auf einem Kreis.
Zeigen Sie, daß der Punkt $M(0; 4; 9)$ Mittelpunkt dieses Kreises ist, und berechnen Sie den Radius r des Kreises. (5 BE)

e) Der Kreis um M mit dem Radius $r_k = \sqrt{3}$ sei der Schnittkreis der Ebene E mit einer Kugel K, deren Mittelpunkt ebenfalls der Punkt M ist.
Bestimmen Sie parameterfreie Gleichungen aller Tangentialebenen an die Kugel K, die die Gerade g enthalten. (5 BE)

(20 BE)

Lösungen

a) $A_1(10; 0; 0)$, $A_2(10 + 2r; r; 0)$, $A_3(10 + 2s; 0; -s)$ $(r, s \in R)$

E... $x - 2y + 2z - 10 = 0$

$A_1 \in E$: $10 - 0 + 0 - 10 = 0$
$0 = 0$ w. A.

$A_2 \in E$: $(10 + 2r) - 2r + 0 - 10 = 0$
$0 = 0$ w. A.

$A_3 \in E$: $(10 + 2s) - 0 + 2 \cdot (-s) - 10 = 0$
$0 = 0$ w. A.

b) $P_a(1; a; a+9)$ $\qquad (a \in R)$

$$g\ldots \qquad \vec{x} = \begin{pmatrix} 1 \\ -5 \\ 4 \end{pmatrix} + t\begin{pmatrix} 0 \\ 2 \\ 2 \end{pmatrix} \qquad t \in R$$

$$P_a \in g: \qquad 1 = 1$$
$$a = -5 + 2t$$
$$a + 9 = 4 + 2t \rightarrow a = -5 + 2t$$

Kein Widerspruch $\rightarrow P_a \in g$

Lagebeziehung g und E:

$$1 - 2(-5+2t) + 2(4+2t) - 10 = 0$$
$$9 = 0 \qquad \text{f. A.}$$

Widerspruch $\rightarrow g \parallel E$ (keine gemeinsamen Punkte)

Abstand g und E:

$$X_0 \in g: \vec{x}_0 = \begin{pmatrix} 1 \\ -5 \\ 4 \end{pmatrix} \quad ; \quad X_1 \in E: \vec{x}_1 = \begin{pmatrix} 10 \\ 0 \\ 0 \end{pmatrix}$$

$$\vec{n}_E = \begin{pmatrix} 1 \\ -2 \\ 2 \end{pmatrix} \rightarrow \vec{e}_n = \frac{1}{3}\begin{pmatrix} 1 \\ -2 \\ 2 \end{pmatrix}$$

$$d(g; E) = \left| (\vec{x}_1 - \vec{x}_0) \circ \vec{e}_n \right| = \left| \begin{pmatrix} 9 \\ 5 \\ -4 \end{pmatrix} \circ \frac{1}{3}\begin{pmatrix} 1 \\ -2 \\ 2 \end{pmatrix} \right|$$

$$= \left| \frac{9}{3} - \frac{10}{3} - \frac{8}{3} \right| = \left| -\frac{9}{3} \right|$$

$$\underline{\underline{d(g; E) = 3}}$$

c) $P_2(1; 2; 11)$

$$\vec{e}_n = \frac{1}{3}\begin{pmatrix} 1 \\ -2 \\ 2 \end{pmatrix}$$

Es gilt: $\vec{x}\,'_{P_2} = \vec{x}_{P_2} - 6 \cdot \vec{e}_n$ <u>oder</u> $\vec{x}\,'_{P_2} = \vec{x}_{P_2} + 6 \cdot \vec{e}_n$

$$\vec{x}\,'_{P_2} = \begin{pmatrix} 1 \\ 2 \\ 11 \end{pmatrix} - \begin{pmatrix} 2 \\ -4 \\ 4 \end{pmatrix} \qquad \vec{x}\,'_{P_2} = \begin{pmatrix} 1 \\ 2 \\ 11 \end{pmatrix} + \begin{pmatrix} 2 \\ -4 \\ 4 \end{pmatrix}$$

$$\vec{x}\,'_{P_2} = \begin{pmatrix} -1 \\ 6 \\ 7 \end{pmatrix} \qquad \vec{x}\,'_{P_2} = \begin{pmatrix} 3 \\ -2 \\ 15 \end{pmatrix}$$

$\rightarrow P'_2(-1; 6; 7)$ <u>oder</u> $\rightarrow P'_2(3; -2; 15)$

Probe: Mittelpunkt der Strecke zwischen P_2 und P'_2 muß Punkt der Ebene E sein.

Für $P'_2(-1; 6; 7)$: $M_1(0; 4; 9)$

$$\rightarrow 0 - 8 + 18 - 10 = 0$$
$$0 = 0 \rightarrow M_1 \in E$$

Für $P_2'(3; -2; 15)$: $M_2(2; 0; 13)$

$$\rightarrow 2 - 0 + 26 - 10 = 0$$
$$18 = 0 \rightarrow M_2 \notin E$$

Der Spielgelpunkt P_2' hat die Koordinaten $\underline{\underline{(-1; 6; 7)}}$.

d) Es gilt:

$\overline{P_2P_2'} \perp E$

$\overline{P_2P_2'} \cap E = \{M\}$ mit $\underline{\underline{M(0; 4; 9)}}$

$\overline{P_2M} = \overline{MP_2'}$

ΔP_2MQ_2 ist rechtwinklig

$\Delta P_2P_2'Q_i$ ist gleichschenklig mit $\sphericalangle\, P_2Q_iP_2' = 120°$

$\rightarrow \sphericalangle\, MQ_iP_2 = \sphericalangle\, MQ_iP_2' = 60°$

Dies ergibt sich aus Teilaufgabe c und der Aufgabenstellung.

$r = \overline{MQ}_i$

NB: $\tan 60° = \dfrac{\overline{P_2M}}{\overline{MQ}_i}$

$\rightarrow \overline{MQ}_i = \dfrac{\overline{P_2M}}{\tan 60°}$

$\overline{P_2M} = 3$

$$r = \frac{\overline{P_2M}}{\tan 60°} = \frac{3}{\sqrt{3}} = \underline{\underline{\sqrt{3}}}$$

e) $P_1(1; 1; 10) \in g$
$P_2(1; 2; 11) \in g$

T_i... Tangentialebenen mit $T_i \cap K = \{B_i\}$
B_i... Berührungspunkte T_i und Kugel K

Mit $P_1 \in T_i$ und $P_2 \in T_i$ und $\overrightarrow{MB}_i = \vec{b}_i$ gilt:

(1) $(\overrightarrow{OP}_1 - \overrightarrow{OM}) \circ \vec{b}_i = r^2$

(2) $(\overrightarrow{OP}_2 - \overrightarrow{OM}) \circ \vec{b}_i = r^2$

(3) $\vec{b}_i^2 = r^2$

(1) $b_{xi} - 3b_{yi} + b_{zi} = 3$

(2) $b_{xi} - 2b_{yi} + 2b_{zi} = 3$

(3) $b_{xi}^2 + b_{yi}^2 + b_{zi}^2 = 3$

NB: $\overrightarrow{OM} = \begin{pmatrix} 0 \\ 4 \\ 9 \end{pmatrix}$; $\overrightarrow{OP}_1 = \begin{pmatrix} 1 \\ 1 \\ 10 \end{pmatrix}$

$\overrightarrow{OP}_2 = \begin{pmatrix} 1 \\ 2 \\ 11 \end{pmatrix}$; $\vec{b}_i = \begin{pmatrix} b_{xi} \\ b_{yi} \\ b_{zi} \end{pmatrix}$

$r^2 = 3$

$$(1)-(2): \quad -b_{yi} - b_{zi} = 0$$
$$b_{yi} = -b_{zi}$$
$$\text{in (1)}: \quad b_{xi} + 3b_{zi} + b_{zi} = 3$$
$$b_{xi} = 3 - 4b_{zi}$$
$$\text{in (3)}: \quad (3-4b_{zi})^2 + (-b_{zi})^2 + b_{zi}^2 = 3$$
$$18b_{zi}^2 - 24b_{zi} + 6 = 0$$
$$b_{zi}^2 - \frac{4}{3}b_{zi} + \frac{1}{3} = 0$$

$\underline{b_{zi_1} = 1}$ → $\underline{\vec{b}_1 = \begin{pmatrix} -1 \\ -1 \\ 1 \end{pmatrix}}$ → $\underline{B_1(-1; 3; 10)}$

$\underline{b_{zi_2} = \frac{1}{3}}$ → $\underline{\vec{b}_2 = \begin{pmatrix} \frac{5}{3} \\ -\frac{1}{3} \\ \frac{1}{3} \end{pmatrix}}$ → $\underline{B_2\left(\frac{5}{3}; \frac{11}{3}; \frac{28}{3}\right)}$

(wegen $\overrightarrow{OB}_i = \overrightarrow{OM} + \vec{b}_i$)

$$T_1 \ldots (x-0)(-1-0) + (y-4)(3-4) + (z-9)(10-9) = 3$$
$$-x - y + 4 + z - 9 = 3$$
$$T_1 \ldots \underline{\underline{x + y - z + 8 = 0}}$$

$$T_2 \ldots (x-0)\left(\frac{5}{3} - 0\right) + (y-4)\left(\frac{11}{3} - 4\right) + (z-9)\left(\frac{28}{3} - 9\right) = 3$$
$$\frac{5}{3}x - \frac{1}{3}y + \frac{4}{3} + \frac{1}{3}z - 3 = 3$$
$$T_2 \ldots \underline{\underline{5x - y + z - 14 = 0}}$$

Leistungskurs Mathematik (Sachsen): Abiturprüfung 1994
Nachtermin: Geometrie/Algebra – Aufgabe B 2

In einem kartesischen Koordinatensystem ist für jedes $t \in R$ eine Ebene E_t durch folgende Gleichung gegeben:

$$\vec{x} = \begin{pmatrix} 4 \\ 0 \\ 0 \end{pmatrix} + r\begin{pmatrix} -4 \\ 3 \\ 0 \end{pmatrix} + s\begin{pmatrix} -4 \\ 0 \\ 5t \end{pmatrix} \quad (r, s \in R)$$

a) Geben Sie die Gleichungen der Ebenen E_t für $t = 1$ und $t = \frac{1}{5}$ in allgemeiner Form an.
Stellen Sie diese beiden Ebenen in einem geeigneten Koordinatensystem dar, indem Sie die Schnittpunkte der Ebenen mit den Koordinatenachsen ermitteln.
Wie groß ist der Schnittwinkel beider Ebenen?
Die Schnittpunkte beider Ebenen mit den Koordinatenachsen bilden eine dreiseitige schiefe Pyramide.
Bestimmen Sie das Volumen dieser Pyramide. (10 BE)

b) Weisen Sie nach, daß die Gerade g mit der Gleichung $3x + 4y - 12 = 0$ in jeder der Ebenen E_t liegt.
Es existiert eine Ebene E^*, die ebenfalls die Gerade g enthält, aber nicht zu den Ebenen E_t gehört. Diese Ebene E^* verläuft parallel zur z-Achse.
Ermitteln Sie eine Gleichung von E^* in allgemeiner Form. (4 BE)

c) Welche der Ebenen, die die Gerade g enthalten, hat zum Koordinatenursprung den größten Abstand? (Begründung!)
Geben Sie den maximalen Abstand an. (2 BE)

d) Der Abstand d des Koordinatenursprungs zu einer der Ebenen E_t ist eine Funktion von t.
Ermitteln Sie eine Gleichung dieser Funktion. (4 BE)

(20 BE)

a) $t=1 \rightarrow E_1 \ldots \vec{x}=\begin{pmatrix}4\\0\\0\end{pmatrix}+r\begin{pmatrix}-4\\3\\0\end{pmatrix}+s\begin{pmatrix}-4\\0\\5\end{pmatrix}$

allgemeine Form:
$$\begin{aligned} -4a+3b&=0\\ \underline{-4a+5c}&\underline{=0}\\ b&=\frac{5}{3}c \end{aligned}$$

Für a = 5: $b=\frac{20}{3}$, c = 4

$E_1 \ldots \; 5x+\frac{20}{3}y+4z+d=0$

$(4;0;0) \in E_1:\; 20+d=0$

$d=-20$

$E_1 \ldots \; 5x+\frac{20}{3}y+4z-20=0$

$\underline{\underline{E_1 \ldots \; 15x+20y+12z-60=0}}$

$t=\frac{1}{5} \rightarrow E_{\frac{1}{5}} \ldots \vec{x}=\begin{pmatrix}4\\0\\0\end{pmatrix}+r\begin{pmatrix}-4\\3\\0\end{pmatrix}+s\begin{pmatrix}-4\\0\\1\end{pmatrix}$

allgemeine Form:
$$\begin{aligned} -4e+3f&=0\\ \underline{-4e+\;\;g}&\underline{=0}\\ g&=3f \end{aligned}$$

Für e = 1: $f=\frac{4}{3}$, g = 4

$E_{\frac{1}{5}} \ldots \; 1x+\frac{4}{3}y+4z+h=0$

$(4;0;0) \in E_{\frac{1}{5}}:\; 4+h=0$

$h=-4$

$E_{\frac{1}{5}} \ldots \; 1x+\frac{4}{3}y+4z-4=0$

$\underline{\underline{E_{\frac{1}{5}} \ldots \; 3x+4y+12z-12=0}}$

Schnittpunkte E_1 mit den Koordinatenachsen:

x-Achse: y = 0, z = 0: $15x-60=0$

$x=4$

$\rightarrow \underline{S_x(4;0;0)}$

y-Achse: x = 0, z = 0: $20y-60=0$

$y=3$

$\rightarrow \underline{S_y(0;3;0)}$

z-Achse: $x = 0, y = 0$: $12z - 60 = 0$

$$z = 5$$

$$\rightarrow \underline{S_z(0; 0; 5)}$$

Schnittpunkte $E_{\frac{1}{5}}$ mit den Koordinatenachsen:

$T_x(4; 0; 0)$
$T_y(0; 3; 0)$
$T_z(0; 0; 1)$

Graphische Darstellung:

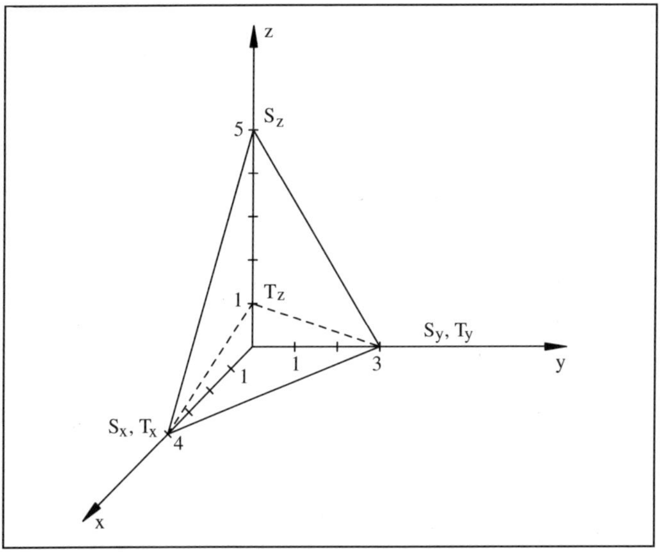

α ... Schnittwinkel der Ebenen E_1 und $E_{\frac{1}{5}}$:

$$\cos\alpha = \left| \frac{\begin{pmatrix} 15 \\ 20 \\ 12 \end{pmatrix} \circ \begin{pmatrix} 3 \\ 4 \\ 12 \end{pmatrix}}{\sqrt{769} \cdot \sqrt{169}} \right| = \frac{45 + 80 + 144}{\sqrt{769} \cdot 13}$$

$$\underline{\underline{\alpha \approx 41{,}7°}}$$

Das Volumen der gesuchten Pyramide wird durch die Differenz der Volumina der Pyramiden $OS_xS_yS_z$ und $OT_xT_yT_z$ gebildet:

$$V = \frac{1}{3} \cdot \left(\frac{1}{2} \cdot 3 \cdot 4\right) \cdot 5 - \left[\frac{1}{3}\left(\frac{1}{2} \cdot 3 \cdot 4\right) \cdot 1\right]$$

$$\underline{\underline{V = 8 \text{ VE}}}$$

b) g... $3x + 4y - 12 = 0$

$$E_t \ldots\ \vec{x} = \begin{pmatrix}4\\0\\0\end{pmatrix} + r\begin{pmatrix}-4\\3\\0\end{pmatrix} + s\begin{pmatrix}-4\\0\\5t\end{pmatrix}$$

$$g \cap E_t:\ 3(4-4r-3s)+4(3r)-12=0$$
$$-12s=0$$
$$s=0$$

$$\text{mit } s=0 \rightarrow \vec{x} = \begin{pmatrix}4\\0\\0\end{pmatrix} + r\begin{pmatrix}-4\\3\\0\end{pmatrix}$$

Dies ist eine Parametergleichung der Geraden g, also gilt $g \in E_t$.

E^* ∥ z-Achse, also Richtungsvektor $\begin{pmatrix}0\\0\\1\end{pmatrix}$:

$$E^* \ldots \vec{x} = \begin{pmatrix}4\\0\\0\end{pmatrix} + r\begin{pmatrix}-4\\3\\0\end{pmatrix} + s\begin{pmatrix}0\\0\\1\end{pmatrix}$$

allgemeine Form: $-4k+3l=0$

$$1m=0$$

$$k=\frac{3}{4}l$$
$$m=0$$

Für $l = 4$: $k = 3$, $m = 0$

$$E^* \ldots 3x+4y+n=0$$

$(4;0;0) \in E^*.\ 12+n=0$

$$n=-12$$

$$E^* \ldots \underline{\underline{3x+4y-12=0}}$$

c) P sei der Fußpunkt des Lotes von O auf E*. Eine Ebene E_t hat den Lotfußpunkt L von O aus. Da die Ebene auch P enthält, ensteht ein rechtwinkliges Dreieck ΔOPL mit der Hypotenuse $\overline{OP}$. Diese ist stets größer als $\overline{OL}$.

Skizze:

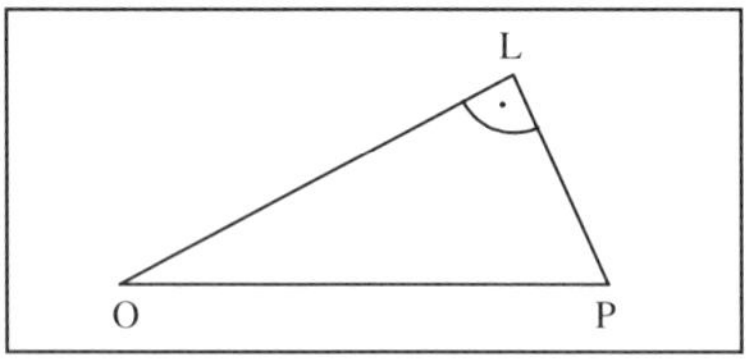

Maximaler Abstand:

$P_0 \in E^*$: (4; 0; 0)

Normalenvektor: $\vec{n} = \begin{pmatrix} 3 \\ 4 \\ 0 \end{pmatrix} \rightarrow \vec{e}_n = \frac{1}{5} \cdot \begin{pmatrix} 3 \\ 4 \\ 0 \end{pmatrix}$

$$d = \left| \begin{pmatrix} 4 \\ 0 \\ 0 \end{pmatrix} \circ \frac{1}{5} \cdot \begin{pmatrix} 3 \\ 4 \\ 0 \end{pmatrix} \right| = \underline{\underline{\frac{12}{5}}}$$

d) E_t: $-4a + 3b = 0 \quad \rightarrow \quad b = \frac{4}{3}a$

$-4a + 5tc = 0$

$3b = 5tc \quad \rightarrow \quad c = \frac{3b}{5t}$

Für a = 3: b = 4; $c = \frac{12}{5t}$

$$\begin{aligned} E_t \ldots \quad & 3x + 4y + \frac{12}{5t}z + d = 0 \\ (4; 0; 0) \in E_t: \quad & 12 + d = 0 \\ & d = -12 \\ E_t \ldots \quad & 3x + 4y + \frac{12}{5t}z - 12 = 0 \\ E_t \ldots \quad & \underline{\underline{15tx + 20ty + 12z - 60t = 0}} \end{aligned}$$

Abstand E_t zum Koordinatenursprung:

$P_0 \in E_t$: $P_0(4; 0; 0)$

Normalenvektor: $\vec{n} = \begin{pmatrix} 15t \\ 20t \\ 12 \end{pmatrix}$

$$\rightarrow \vec{e}_n = \frac{1}{\sqrt{625t^2 + 144}} \cdot \begin{pmatrix} 15t \\ 20t \\ 12 \end{pmatrix}$$

$$d(t) = \left| \frac{\begin{pmatrix} 4 \\ 0 \\ 0 \end{pmatrix} \circ \begin{pmatrix} 15t \\ 20t \\ 12 \end{pmatrix}}{\sqrt{625t^2 + 144}} \right| = \frac{|60t|}{\sqrt{625t^2 + 144}}$$

$$\underline{\underline{d(t) = \frac{60|t|}{\sqrt{625t^2 + 144}}}}$$

Leistungskurs Mathematik (Sachsen): Abiturprüfung 1994
Nachtermin: Stochastik – Aufgabe C 1

Ein Sportverein führt seine Vorstandswahl durch.

a) Der Verein hat männliche und weibliche Mitglieder, jedes Mitglied gehört genau einer der drei Sektionen Fußball, Handball oder Kegeln an. Die folgende Tabelle informiert über Häufigkeiten bezüglich der Merkmale "Geschlecht" und "Sportart".

Vervollständigen Sie die Tabelle.

Sportart:	Fußball		Handball		Kegeln		Summe	
Geschlecht:	a. H.	r. H.	a. H.	r. H.	a. H.	r. H.	a. H.	r. H.
männlich		0,26				0,14		0,62
weiblich						0,12		
Summe		0,30	660					1,00

a. H.: absolute Häufigkeit r. H.: relative Häufigkeit (2 BE)

b) Zur Durchführung der Wahl stehen 10 Kabinen k 1, k 2, ..., k 10 zur Verfügung. Die Kabinen dürfen jeweils nur durch eine Person betreten werden. Zunächst betreten ein Fußballer, ein Handballer und ein Kegler das Wahllokal. Wie viele Belegungsmöglichkeiten für die 10 freien Wahlkabinen gibt es, wenn

b_1) diese Wähler nacheinander in die Kabinen gehen (d. h.: erst wenn ein Wähler die Kabine verlassen hat, darf der folgende Wähler zu den Kabinen gehen);

b_2) diese Wähler zu gleicher Zeit die Kabinen aufsuchen;

b_3) bei gleichzeitiger Nutzung nur interessiert, welche Kabinen genutzt werden? (3 BE)

c) Anläßlich der Wahl wird die Beitragszahlung der Mitglieder überprüft. Die folgende Tabelle enthält das Ergebnis der Überprüfung:

	Männliches Mitglied	Weibliches Mitglied	Summe
Beitragszahlung i. O.	49 %	35 %	84 %
Beitragszahlung nicht i. O.	13 %	3 %	16 %
Summe	62 %	38 %	100 %

i. O.: in Ordnung

Untersuchen Sie, ob bei zufälliger Wahl eines Mitglieds die Ereignisse A = {"Mitglied ist männlich"} und B = {"Beitragszahlung ist in Ordnung"} unabhängig sind. (2 BE)

d) Aus der Kassenprüfung ging hervor, daß bei den männlichen Mitgliedern rund
16 % der Mitglieder der Sektion Fußball,
9 % der Mitglieder der Sektion Handball und
17 % der Mitglieder der Sektion Kegeln
nicht ordnungsgemäß Beitrag gezahlt haben.

Es werden 2 Fußballer, 8 Handballer und 9 Kegler zufällig ausgewählt und auf Beitragszahlung kontrolliert.
Wie groß ist die Wahrscheinlichkeit dafür, daß bei dieser Kontrolle höchstens ein Verstoß gegen die Beitragszahlung registriert wurde? (2 BE)

e) Eine vor der Wahl durchgeführte Umfrage ergab, daß rund 74 % der Männer und rund 57 % der Frauen den Kandidaten für den Vorstand ihre Stimme geben werden.
Ist unter diesen Umständen zu erwarten, daß bei 100 % Wahlbeteiligung diese Kandidaten die erforderliche Zwei-Drittel-Mehrheit erreichen? (1 BE)

(10 BE)

Lösungen

a)

Sportart:	Fußball		Handball		Kegeln		Summe	
Geschlecht:	a. H.	r. H.	a. H.	r. H.	a. H.	r. H.	a. H.	r. H.
männlich	390	**0,26**	330	0,22	210	**0,14**	930	**0,62**
weiblich	60	0,04	330	0,22	180	**0,12**	570	0,38
Summe	450	**0,30**	**660**	0,44	390	0,26	1500	**1,00**

a. H.: absolute Häufigkeit r. H.: relative Häufigkeit

Nebenrechnungen:

$$0{,}30-0{,}26=0{,}04$$
$$0{,}14+0{,}12=0{,}26$$
$$1{,}00-0{,}62=0{,}38$$
$$0{,}62-0{,}26-0{,}14=0{,}22$$
$$0{,}38-0{,}04-0{,}12=0{,}22$$
$$0{,}22+0{,}22=0{,}44$$
$$660:0{,}44=1500$$
$$1500\cdot 0{,}26=390$$
$$1500\cdot 0{,}30=450 \text{ usw.}$$

b) b_1: $10^3 = 1000$ (V_{10}^{3} mit Wiederholung)

b_2: $10 \cdot 9 \cdot 8 = 720$

b_3: $\binom{10}{3} = 120$ (C_{10}^{3} ohne Wiederholung)

c) A... männliches Mitglied

B... Beitragszahlung ist i. O.

$P(A)\cdot P(B)=0{,}62\cdot 0{,}84=0{,}5208$

$P(A\cap B)=0{,}49$ (Tabelle)

also: $\underline{\underline{P(A)\cdot P(B)\neq P(A\cap B)}}$

Damit sind die Ereignisse A und B voneinander abhängig.

d) X... Anzahl der Verstöße gegen die Beitragszahlung

$$P(X \le 1) = P(X = 0) + P(X = 1)$$

$$= (0{,}84^2 \cdot 0{,}91^8 \cdot 0{,}83^9) + (2 \cdot 0{,}84 \cdot 0{,}16 \cdot 0{,}91^8 \cdot 0{,}83^9 +$$

$$+ 0{,}84^2 \cdot 8 \cdot 0{,}91^7 \cdot 0{,}09 \cdot 0{,}83^9 + 0{,}84^2 \cdot 0{,}91^8 \cdot 9 \cdot 0{,}83^8 \cdot 0{,}17)$$

$$= 0{,}0620 + (0{,}0236 + 0{,}0491 + 0{,}1143)$$

$$= 0{,}0620 + 0{,}1870$$

$$\underline{\underline{P(X \le 1) = 0{,}249}}$$

e) Zu erwartende "Ja-Stimmen":

$$\underbrace{930 \cdot 0{,}74}_{\text{Männer}} + \underbrace{570 \cdot 0{,}57}_{\text{Frauen}} = 688{,}2 + 324{,}9 = \underline{1013{,}1}$$

$\frac{2}{3}$ von 1500 sind 1000

1013,1 > 1000

Die erforderliche $\frac{2}{3}$-Mehrheit kann erwartet werden.

Leistungskurs Mathematik (Sachsen): Abiturprüfung 1994
Nachtermin: Stochastik – Aufgabe C 2

In einem Abschnitt eines Videospiels muß der Held zunächst 6 Wassergräben und danach 2 gefährliche Brücken überwinden. Wurde ein Hindernis unbeschadet überwunden, erhält der Spieler Punkte. Ansonsten läuft das Spiel weiter, der Spieler erhält aber keine Punkte.

Wir betrachten im folgenden einen Spieler mit konstanter Spielstärke. Die Wahrscheinlichkeit, einen Wassergraben unbeschadet zu überwinden, beträgt für diesen Spieler 0,3. Die Wahrscheinlichkeit, eine Brücke unbeschadet zu passieren, beträgt 0,7.

a) Berechnen Sie für diesen Spielabschnitt die Wahrscheinlichkeiten der nachstehenden Ereignisse.
Ereignis A: Der Held überwindet alle Wassergräben unbeschadet.
Ereignis B: Der Held überwindet genau die ersten 3 Wassergräben und genau die erste Brücke unbeschadet.
Ereignis C: Der Held überwindet genau drei Wassergräben und genau eine Brücke unbeschadet. (3 BE)

b) Wie viele Wassergräben in diesem Spielabschnitt werden im Schnitt bei 10 Spielen nicht unbeschadet überwunden? (1 BE)

c) Wie groß ist die Wahrscheinlichkeit, daß der Held in diesem Spielabschnitt an höchstens einem Hindernis scheitert? (2 BE)

d) Wie groß ist die Wahrscheinlichkeit, daß bei 6 Spielen insgesamt höchstens ein Wassergraben nicht bewältigt wird?
Zeigen Sie, daß diese Wahrscheinlichkeit noch geringer ist als die Wahrscheinlichkeit, 6 Richtige im Lotto "6 aus 49" zu erzielen. (4 BE)

(10 BE)

Lösungen

a) $P(A) = 0,3^6 \approx \underline{\underline{0,00073}}$

$P(B) = 0,3^3 \cdot 0,7^3 \cdot 0,7 \cdot 0,3 \approx \underline{\underline{0,0019}}$

$P(C) = \binom{6}{3} \cdot 0,3^3 \cdot 0,7^3 \cdot \binom{2}{1} \cdot 0,7 \cdot 0,3 \approx \underline{\underline{0,0778}}$

b) X... Anzahl der nicht unbeschadet überwundenen Wassergräben in 10 Spielen
(Binomialverteilung: n = 60; p = 0,7)

$E(X) = n \cdot p = 60 \cdot 0,7 = \underline{\underline{42}}$

Durchschnittlich werden 42 Wassergräben in 10 Spielen nicht unbeschadet überwunden.

c) E... Held scheitert an höchstens einem Hindernis.
E_1... Held scheitert nirgends.
E_2... Held scheitert nur an einem Wassergraben.
E_3... Held scheitert nur an einer Brücke.

$$E = E_1 \cup E_2 \cup E_3$$

$$P(E) = P(E_1) + P(E_2) + P(E_3)$$

$$= 0,3^6 \cdot 0,7^2 + \binom{6}{1} \cdot 0,7 \cdot 0,3^5 \cdot 0,7^2 + 0,3^6 \cdot \binom{2}{1} \cdot 0,3 \cdot 0,7$$

$$= 0,00036 + 0,00500 + 0,00031$$

$\underline{\underline{P(E) \approx 0,0057}}$

d) Y... Anzahl der nicht unbeschadet überwundenen Wassergräben in 6 Spielen
(Binomialverteilung: n = 36; p = 0,7)

$$P(Y \leq 1) = P(Y = 0) + P(Y = 1)$$

$$= 0,3^{36} + \binom{36}{1} 0,3^{35} \cdot 0,7$$

$$= 1,5 \cdot 10^{-19} + 1,26 \cdot 10^{-17}$$

$\underline{\underline{P(Y \leq 1) \approx 1,28 \cdot 10^{-17}}}$

Z... Anzahl der richtigen Zahlen in "6 aus 49"

$P(Z = 6) = \frac{1}{\binom{49}{6}} \approx \underline{\underline{7,15 \cdot 10^{-8}}}$

$1,28 \cdot 10^{-17} < 7,15 \cdot 10^{-8}$

$\underline{\underline{P(Y \leq 1) < P(Z = 6)}}$

Leistungskurs Mathematik (Sachsen): Abiturprüfung 1995
Analysis – Aufgabe A 1

Gegeben ist eine Funktionenschar durch

$$y = f_t(x) = \left(x + \frac{1}{t}\right) \cdot e^{-tx} \qquad (t \in R,\ t \neq 0;\ x \in R).$$

a) Führen Sie für f_t eine Kurvendiskussion durch (Nullstellen, Koordinaten der lokalen Extrempunkte, Art der Extrema, Koordinaten der Wendepunkte). (9 BE)

b) Geben Sie eine Gleichung der Funktion an, auf deren Graph alle Wendepunkte der Funktionenschar f_t liegen. (1 BE)

c) Zeichnen Sie die Graphen der Funktionen f_{-1} und $f_{0,5}$. (2 BE)

d) Für jedes $k (k \in R,\ k > 0)$ begrenzen die Geraden $x = k$, die Koordinatenachsen und der Graph der Funktion $f_{0,5}$ eine Fläche vollständig.
Berechnen Sie den Inhalt $A(k)$ dieser Fläche.
Ermitteln Sie $\lim\limits_{k \to \infty} A(k)$. (**Hinweis:** $\lim\limits_{k \to \infty} \frac{k}{\sqrt{e^k}} = 0$) (5 BE)

e) Der Graph einer quadratischen Funktion mit dem Scheitel im Koordinatenursprung schneidet den Graph der Funktion $f_{0,5}$ im Punkt $P(1;\ f_{0,5}(1))$.
Der Graph dieser quadratischen Funktion rotiert um die x-Achse.
Ermitteln Sie das Volumen des entstehenden Rotationskörpers über dem Intervall $0 \leq x \leq 1$. (3 BE)

Für die folgenden Aufgabenteile f und g gelte stets $t \in R$ und $t > 0$.

f) Auf jedem Graph der Funktionen f_t liegt ein Punkt $W_t\left(\frac{1}{t};\ \frac{2}{t \cdot e}\right)$.

Die Tangente an den Graph der Funktion f_t, die durch den Punkt W_t verläuft, schneidet die x-Achse im Punkt P_t. Die Normale an den Graph der Funktion f_t, die durch den Punkt W_t verläuft, schneidet die x-Achse im Punkt Q_t.
Für welchen Wert t besitzt das Dreieck $P_tQ_tW_t$ den Flächeninhalt 2? (8 BE)

g) Für jedes t gibt es eine Gerade g_t mit $y = g_t(x) = t \cdot x + 1$.
Bestimmen Sie den Wert für t so, daß diese Gerade den Graph der zugehörigen Funktion f_t in genau einem Punkt schneidet. (2 BE)

(30 BE)

Lösungen

a) $y = f_t(x) = \left(x + \frac{1}{t}\right) \cdot e^{-tx}$ $\quad (t \in R;\ t \neq 0;\ x \in R)$

Nullstellen:

$$0 = x_N + \frac{1}{t} \qquad (e^{-tx} \neq 0 \text{ für alle } x)$$

$$\underline{\underline{x_N = -\frac{1}{t}}}$$

Extrempunkte:

$$f_t'(x) = 1 \cdot e^{-tx} + \left(x + \frac{1}{t}\right) \cdot e^{-tx} \cdot (-t)$$

$$= e^{-tx} \cdot (1 - tx - 1)$$

$$= -tx \cdot e^{-tx}$$

$$0 = -tx_E$$

$$x_E = 0\ ;\ y_E = \frac{1}{t}$$

$$f_t''(x) = -t \cdot e^{-tx} + (-tx) \cdot e^{-tx} \cdot (-t)$$

$$= e^{-tx} \cdot (t^2 x - t)$$

$$f_t''(0) = -t$$

$\underline{\text{Für } t < 0} \rightarrow f_t''(0) > 0 \rightarrow \underline{\underline{E\left(0; \frac{1}{t}\right)}}$ ist lokales $\underline{\underline{\text{Minimum}}}$

$\underline{\text{Für } t > 0} \rightarrow f_t''(0) < 0 \rightarrow \underline{\underline{E\left(0; \frac{1}{t}\right)}}$ ist lokales $\underline{\underline{\text{Maximum}}}$

Wendepunkte:

$$0 = e^{-tx_W} \cdot (t^2 x_W - t)$$

$$0 = t^2 x_W - t$$

$$x_W = \frac{1}{t}\ ;\ y_W = \frac{2}{t \cdot e}$$

$$\underline{\underline{W\left(\frac{1}{t}; \frac{2}{t \cdot e}\right)}}$$

$$f_t'''(x) = -t \cdot e^{-tx} \cdot (t^2 x - t) + e^{-tx} \cdot t^2$$

$$= e^{-tx} \cdot (-t^3 x + 2t^2)$$

$$f_t'''\left(\frac{1}{t}\right) = e^{-1} \cdot \left(-t^2 + 2t^2\right) = \frac{t^2}{e} \neq 0$$

für alle $t \neq 0$, also ist W Wendepunkt.

b) $W\left(\frac{1}{t};\ \frac{2}{t\cdot e}\right)$

$\downarrow \quad \downarrow$

$x=\frac{1}{t} \quad y=\frac{2}{e}\cdot\frac{1}{t} \quad \rightarrow \quad \underline{\underline{y=\frac{2}{e}\cdot x}}$

c) $f_{-1}(x)=(x-1)\cdot e^{x} \rightarrow x_N=1;$ E(0; –1) Minimum; $W\left(-1;-\frac{2}{e}\right)$

$f_{0,5}(x)=(x+2)\cdot e^{-0,5x} \rightarrow x_N=-2;$ E(0; 2) Maximum; $W\left(2;\frac{4}{e}\right)$

x	–3	–2	–1	0	1	2	3
$f_{-1}(x)$	–0,20	–0,41	–0,74	–1	0	7,39	40,17
$f_{0,5}(x)$	–4,48	0	1,65	2	1,82	1,47	1,12

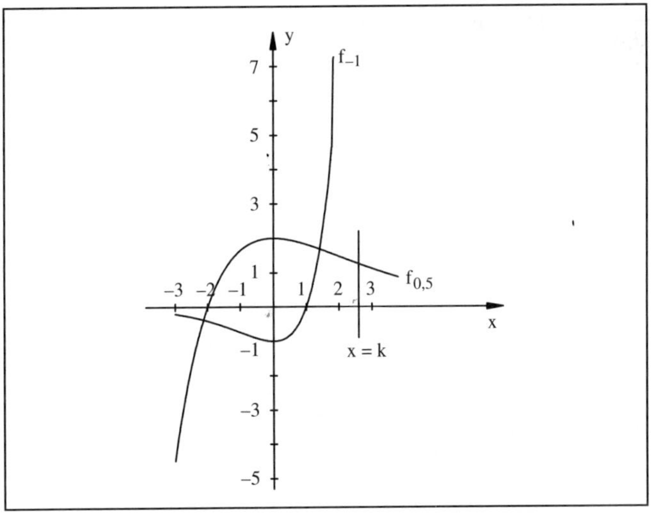

d) $A = \int_0^k (x+2)\cdot e^{-0,5x}\,dx$

<u>NR</u>: Partielle Integration:

$$\begin{array}{l|l} u = x+2 & dv = e^{-0,5x}\,dx \\ \dfrac{du}{dx} = 1 & \dfrac{dv}{dx} = e^{-0,5x} \\ du = 1\cdot dx & v = -2e^{-0,5x} \end{array}$$

$$\int u\,dv = uv - \int v\,du$$

$$\begin{aligned} \int (x+2)\cdot e^{-0,5x}\,dx &= (x+2)\cdot(-2e^{-0,5x}) - \int -2e^{-0,5}\,dx \\ &= -2(x+2)e^{-0,5x} - 4e^{-0,5x} + c \\ &= -2xe^{-0,5x} - 8e^{-0,5x} + c \end{aligned}$$

$$A = \left[-2xe^{-0,5x} - 8e^{-0,5x}\right]_0^k = \left(-2ke^{-0,5k} - 8e^{-0,5k}\right) - (0-8)$$

$$\underline{\underline{A = -2e^{-0,5k}\cdot(k+4) + 8}}$$

$$A = -2\cdot\frac{k}{\sqrt{e^k}} - 8\cdot\frac{1}{\sqrt{e^k}} + 8 \quad \text{mit} \quad \lim_{k\to\infty}\frac{k}{\sqrt{e^k}} = 0:$$

$$\lim_{k\to\infty} A(k) = 0 - 0 + 8 = \underline{\underline{8}}$$

e) $P\left(1; \dfrac{3}{\sqrt{e}}\right) \qquad \left(\dfrac{3}{\sqrt{e}} \approx 1,82\right)$

Parabel: $y = ax^2$, da $S(0; 0)$

$P \in$ Parabel: $\dfrac{3}{\sqrt{e}} = a\cdot 1$

$$a = \frac{3}{\sqrt{e}} \rightarrow \underline{y = \frac{3}{\sqrt{e}}x^2}$$

$$V = \pi\cdot\int_{x_1}^{x_2} [f(x)]^2\,dx$$

$$V = \pi\cdot\int_0^1 \frac{9}{e}x^4\,dx = \pi\cdot\left[\frac{9}{5e}x^5\right]_0^1 = \underline{\underline{\frac{9\pi}{5e}}}$$

f) $W_t\left(\frac{1}{t};\frac{2}{t\cdot e}\right)$ (Wendepunkt)

Tangente an f_t in W_t: $f_t'(x) = -txe^{-tx}$

$$f_t'\left(\frac{1}{t}\right) = -\frac{1}{e} = m_t$$

$$y - \frac{2}{t\cdot e} = -\frac{1}{e}\left(x - \frac{1}{t}\right)$$

$$\underline{y = -\frac{1}{e}x + \frac{3}{e\cdot t}}$$

Schnittpunkt P_t mit x-Achse: $0 = \frac{-1}{e}x_P + \frac{3}{e\cdot t}$

$$x_P = \frac{3}{t};\ y_P = 0$$

$$\underline{P_t\left(\frac{3}{t};0\right)}$$

Normale zur Tangente in W_t: $m_n = -\frac{1}{-\frac{1}{e}} = e$

$$y - \frac{2}{t\cdot e} = e\cdot\left(x - \frac{1}{t}\right)$$

$$y = ex - \frac{e}{t} + \frac{2}{t\cdot e}$$

$$\underline{y = ex + \frac{2-e^2}{t\cdot e}}$$

Schnittpunkt Q_t mit x-Achse: $0 = ex_Q + \frac{2-e^2}{t\cdot e}$

$$x_Q = \frac{e^2-2}{t\cdot e^2};\ y_Q = 0$$

$$\underline{Q_t\left(\frac{e^2-2}{t\cdot e^2};\ 0\right)}$$

Flächeninhalt des Dreiecks $\Delta P_tQ_tW_t$

$$A(t)=\frac{g\cdot h_g}{2}=\frac{\overline{P_tQ_t}\cdot y_t}{2}=\frac{\sqrt{\left(\frac{e^2-2}{t\cdot e^2}-\frac{3}{t}\right)^2}\cdot\frac{2}{t\cdot e}}{2}$$

$$=\frac{\left|\frac{e^2-2-3e^2}{t\cdot e^2}\right|}{t\cdot e}=\frac{2e^2+2}{t^2\cdot e^3}=\underline{\frac{2(e^2+1)}{t^2\cdot e^3}}$$

$$\frac{2(e^2+1)}{t^2\cdot e^3}=2 \rightarrow \frac{e^2+1}{t^2\cdot e^3}=1$$

$$e^2+1=t^2\cdot e^3$$

$$t^2=\frac{e^2+1}{e^3} \rightarrow \underline{\underline{t=\sqrt{\frac{e^2+1}{e^3}}}}\quad (t>0)$$

g) $g_t(x)=t\cdot x+1$

$$f_t(x)=\left(x+\frac{1}{t}\right)\cdot e^{-tx}$$

$$tx_S+1=\left(x_S+\frac{1}{t}\right)\cdot e^{-tx_S}$$

$$t\left(x_S+\frac{1}{t}\right)=\left(x_S+\frac{1}{t}\right)\cdot e^{-tx_S}$$

$$0=\left(x_S+\frac{1}{t}\right)\cdot e^{-tx_S}-\left(x_S+\frac{1}{t}\right)\cdot t$$

$$0=\left(x_S+\frac{1}{t}\right)\cdot\left(e^{-tx_S}-t\right)$$

$$0=x_{S_1}+\frac{1}{t} \qquad 0=e^{-tx_{S_2}}-t$$

$$\underline{x_{S_1}=-\frac{1}{t}} \qquad e^{-tx_{S_2}}=t$$

$$-tx_{S_2}=\ln t$$

$$\underline{x_{S_2}=\frac{\ln t}{-t}}$$

Genau 1 Lösung:

$$-\frac{1}{t}=-\frac{\ln t}{t}$$

$$\ln t=1$$

$$\underline{\underline{t=e}}$$

Leistungskurs Mathematik (Sachsen): Abiturprüfung 1995
Analysis – Aufgabe A 2

Gegeben ist die Funktion f durch

$$y = f(x) = \frac{9 - x^2}{x^2 + 3} \qquad (x \in R).$$

a) Führen Sie für die Funktion f eine Kurvendiskussion durch (Schnittpunkte mit den Achsen, Symmetrie, Koordinaten der lokalen Extrempunkte, Art der Extrema, Koordinaten der Wendepunkte, Verhalten im Unendlichen).
Zeichnen Sie den Graph der Funktion f im Intervall $-8 \leq x \leq 8$. (11 BE)

b) Ermitteln Sie eine Gleichung der Tangente an den Graph der Funktion f im Punkt T(1; f(1)).
Berechnen Sie den Schnittwinkel der Tangente mit der y-Achse. (4 BE)

c) Die Punkte P(0; 0), A(x; f(x)) und B(–x; f(–x)) mit $0 < x < 3$ bilden gleichschenklige Dreiecke. Unter diesen Dreiecken existiert genau ein Dreieck mit maximalem Flächeninhalt.
Berechnen Sie diesen Flächeninhalt.
(Auf den Nachweis der Art des Extremums kann verzichtet werden.) (5 BE)

d) Durch die Punkte $P_1(0; f(0))$, $P_2(-3; f(-3))$ und $P_3(3; f(3))$ verläuft der Graph der Funktion g mit $y = g(x) = ax^2 + bx + c \quad (x \in R)$.
Der Graph der Funktion g und die Koordinatenachsen begrenzen im ersten Quadranten eine Fläche vollständig. Diese Fläche erzeugt bei Rotation um die y-Achse einen Rotationskörper.
Berechnen Sie das Volumen dieses Körpers. (6 BE)

e) Gegeben ist eine Funktionenschar durch

$$y = f_k(x) = \frac{9 - x^2}{x^2 + k} \qquad (k \in R;\ x \in D_{f_k}).$$

Unter diesen Funktionen existiert genau eine Funktion, für die für alle $x \in D_{f_k}$ gilt $f''_k(x) = 0$.
Zeigen Sie, daß diese Funktion f_k keine Polstellen besitzt. (4 BE)

(30 BE)

Lösungen

a) Schnittpunkte mit den Achsen: $0 = 9 - x_N^2$

$x_{N_1} = 3; \quad x_{N_2} = -3$ (Probe im Nenner!)

$\underline{\underline{S_{x_1}(3; 0)}}; \quad \underline{\underline{S_{x_2}(-3; 0)}}$

$f(0) = \frac{9}{3} = 3 \rightarrow \underline{\underline{S_y(0; 3)}}$

Symmetrie: $f(-x) = \frac{9-(-x)^2}{(-x)^2+3} = \frac{9-x^2}{x^2+3} = f(x)$

$\rightarrow$ f ist $\underline{\underline{\text{axialsymmetrisch zur y – Achse}}}$

Extrempunkte: $f'(x) = \frac{-2x \cdot (x^2+3) - (9-x^2) \cdot 2x}{(x^2+3)^2}$

$= \frac{-2x^3 - 6x - 18x + 2x^3}{(x^2+3)^2} = \frac{-24x}{(x^2+3)^2}$

$0 = -24x_E$

$x_E = 0; \quad y_E = 3$

$f''(x) = \frac{-24(x^2+3)^{\not 2\,1} - (-24x) \cdot 2\cancel{(x^2+3)}^{1} \cdot 2x}{(x^2+3)^{\not 4\,3}}$

$= \frac{72x^2 - 72}{(x^2+3)^3}$

$f''(0) = \frac{-72}{3^3} < 0 \rightarrow \underline{\underline{E(0; 3)}}$ lokales $\underline{\underline{\text{Maximum}}}$

Wendepunkte: $0 = 72x_W^2 - 72$

$x_W^2 = 1$

$x_{W_1} = 1 \quad ; \quad x_{W_2} = -1$

$y_{W_1} = 2 \quad ; \quad y_{W_2} = 2$

$\underline{\underline{W_1(1; 2)}} \quad ; \quad \underline{\underline{W_2(-1; 2)}}$

$f'''(x) = \frac{144x(x^2+3)^{\not 3\,1} - (72x^2 - 72)\, 3\cancel{(x^2+3)^2}^{1} \cdot 2x}{(x^2+3)^{\not 6\,4}}$

$= \frac{-288x^3 + 864}{(x^2+3)^4}$

$f'''(\pm 1) \neq 0 \quad \rightarrow \quad W_1$ und W_2 sind Wendepunkte.

Verhalten im Unendlichen: $\lim\limits_{x \to \pm\infty} \frac{9-x^2}{x^2+3} = \lim\limits_{x \to \pm\infty} \frac{\left(\frac{9}{x^2} - 1\right)}{\left(1 + \frac{3}{x^2}\right)} = \underline{\underline{-1}}$

x	±8	±6	±4	±2	±0,5
f(x)	−0,82	−0,69	−0,37	0,71	2,69

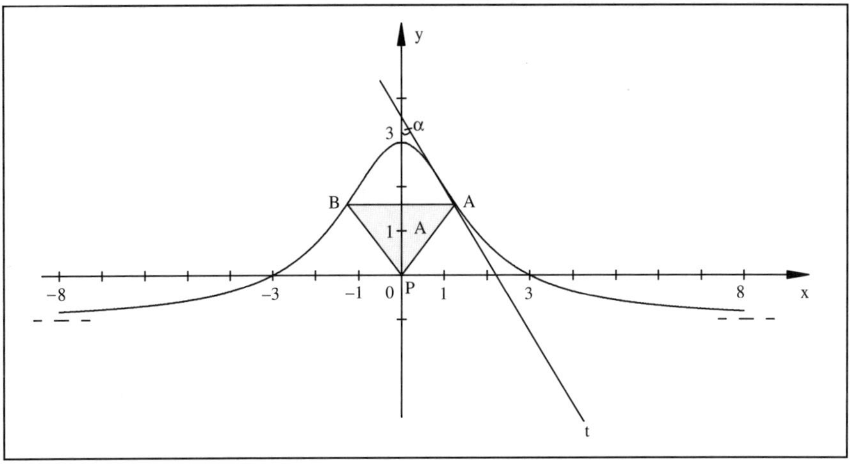

b) T(1; 2)

$$f'(x) = \frac{-24x}{(x^2+3)^2}$$

$$f'(1) = \frac{-24}{4^2} = -1{,}5 = m_t$$

t... $y - 2 = -1{,}5(x-1)$

$\underline{\underline{y = -1{,}5x + 3{,}5}}$

$$\tan\alpha = \frac{1}{1{,}5} \rightarrow \underline{\underline{\alpha \approx 33{,}7°}}$$

c) P(0; 0) ; A(x; f(x)) ; B(−x; f(−x)) ; 0 < x < 3

$$A = \frac{g \cdot h_g}{2} = \frac{\overline{AB} \cdot y_A}{2}$$

$$A(x) = \frac{1}{2} \cdot (2x) \cdot f(x) = x \cdot f(x) = x \cdot \frac{9-x^2}{x^2+3} = \frac{9x - x^3}{x^2+3} \;;\quad 0 < x < 3$$

$$A'(x) = \frac{(9-3x^2)(x^2+3) - (9x - x^3)2x}{(x^2+3)^2}$$

$$= \frac{-x^4 - 18x^2 + 27}{(x^2+3)^2}$$

$$0 = x_E^4 + 18x_E^2 - 27$$

$x_E^2 = z$: $0 = z^2 + 18z - 27$

$$z_{1,2} = -9 \pm 6\sqrt{3}$$

$x_{E_1} = \pm\sqrt{6\sqrt{3}-9}$; $x_{E_2} = \pm\sqrt{-6\sqrt{3}-9} \rightarrow$ keine Lösung

$x_E = \sqrt{6\sqrt{3}-9} \approx \underline{\underline{1{,}18}}$ (negativer Wert entfällt, da $0 < x < 3$)

$$A_{max} = A(x_E) = \sqrt{6\sqrt{3}-9} \cdot \frac{9-(6\sqrt{3}-9)}{(6\sqrt{3}-9)+3} \approx \underline{\underline{2{,}04}}$$

Das gleichschenklige Dreieck ΔABP hat mit $x_E = \sqrt{6\sqrt{3}-9}$ den maximalen Flächeninhalt von etwa 2,04 FE.

d) $P_1(0;\,3)$; $P_2(-3;\,0)$; $P_3(3;\,0)$

$y = g(x) = ax^2 + bx + c \qquad (x \in R)$

mit $P_1 \in g \rightarrow c = 3$

Scheitelpunkt auf y-Achse $\rightarrow b = 0 \rightarrow 0 = 9a + 0 + 3 \rightarrow a = -\frac{1}{3} \qquad \rightarrow \underline{g(x) = -\frac{1}{3}x^2 + 3}$

$$V_y = \pi \int_{y_1}^{y_2} [\varphi(y)]^2 \, dy$$

$$y = -\frac{1}{3}x^2 + 3 \qquad \rightarrow \quad x^2 = -3y + 9$$

$$x = \sqrt{9-3y} = \varphi(y)$$

$$y_1 = f(0) = 3$$

$$y_2 = f(3) = 0$$

$$V_y = \pi \int_0^3 (\sqrt{9-3y})^2 \, dy$$

$$= \pi \int_0^3 (9-3y)dy = \pi \left[9y - \frac{3}{2}y^2 \right]_0^3 = \pi \left(27 - \frac{27}{2} \right) = \underline{\underline{13{,}5\pi}}$$

Das Volumen des Rotationskörpers beträgt $13{,}5\pi$ VE.

e) $y = f_k(x) = \dfrac{9-x^2}{x^2+k} \qquad (k \in R;\, x \in D_{f_k})$

$$f_k'(x) = \frac{-2x(x^2+k)-(9-x^2)\cdot 2x}{(x^2+k)^2} = \frac{-2kx-18x}{(x^2+k)^2}$$

$$f_k''(x) = \frac{(-2k-18)(x^2+k)^{\not{2}\,1} - (-2kx-18x)\,2\cdot \not{(x^2+k)}^{\,1}\cdot 2x}{(x^2+k)^{\not{4}\,3}}$$

$$= \frac{-2(k+9)(x^2+k)+2x(k+9)\cdot 4x}{(x^2+k)^3} = \frac{(k+9)\cdot(-2x^2-2k+8x^2)}{(x^2+k)^3}$$

$$= \frac{(k+9)\cdot(6x^2-2k)}{(x^2+k)^3} \quad \rightarrow \text{ für } \underline{\underline{k=-9}} \text{ ist } f_k''(x) \text{ für alle x Null}$$

$$f_{-9}(x) = \frac{9-x^2}{x^2-9} = -1 \text{ für } x \neq \pm 3$$

Für $x = \pm 3$ wird zwar der Nenner Null, aber dann ist auch der Zähler Null und damit hat f_{-9} an $x = \pm 3$ keine Polstellen, sondern Lücken.

Leistungskurs Mathematik (Sachsen): Abiturprüfung 1995
Geometrie/Algebra – Aufgabe B 1

In einem kartesischen Koordinatensystem sind die Gerade g durch die Punkte A(2; 0; 8) und B(6; –6; 4) sowie die Gerade h durch die Gleichung

$$\vec{x} = \begin{pmatrix} 4 \\ 6 \\ -3 \end{pmatrix} + t \cdot \begin{pmatrix} 4 \\ -1 \\ 1 \end{pmatrix} \qquad (t \in R) \text{ bestimmt.}$$

Außerdem sind die Ebenen E_1, E_2 und E_3 durch folgende Gleichungen gegeben:

E_1: $5x + y - 3z = -5$
E_2: $x - 8y - 7z = 29$
E_3: $3x - 2y + z = 21$

a) Untersuchen Sie die Lagebeziehung der Geraden g und h. (3 BE)

b) Berechnen Sie die Abstände des Punktes A zur Geraden h und zur Ebene E_1. (5 BE)

c) Bestimmen Sie den Schnittwinkel zwischen der Geraden h und der Ebene E_1. (2 BE)

d) Ermitteln Sie eine Gleichung der Schnittgeraden zwischen den Ebenen E_2 und E_3. (2 BE)

e) Untersuchen Sie die Ebenen E_1, E_2 und E_3 auf gemeinsame Punkte. (3 BE)

f) Die Kugel K sei diejenige Kugel, die den kleinsten Durchmesser unter allen Kugeln besitzt, die sowohl die Gerade g als auch die Gerade h als Tangenten haben.
Ermitteln Sie die Koordinaten der Berührungspunkte der Kugel K mit den Geraden g und h, und geben Sie eine Gleichung der Kugel K an. (5 BE)

(20 BE)

Lösungen

a) g... $\vec{x} = \begin{pmatrix} 2 \\ 0 \\ 8 \end{pmatrix} + s \cdot \begin{pmatrix} 4 \\ -6 \\ -4 \end{pmatrix} \quad (s \in R)$ h... $\vec{x} = \begin{pmatrix} 4 \\ 6 \\ -3 \end{pmatrix} + t \cdot \begin{pmatrix} 4 \\ -1 \\ 1 \end{pmatrix} \quad (t \in R)$

$g \nparallel h$, denn es gibt kein $r \in R$ mit $\begin{pmatrix} 4 \\ -6 \\ -4 \end{pmatrix} = r \cdot \begin{pmatrix} 4 \\ -1 \\ 1 \end{pmatrix}$

(1) $2 + 4s = 4 + 4t$
(2) $-6s = 6 - t \;\rightarrow\; t = 6 + 6s$
(3) $8 - 4s = -3 + t$

(1)' $2 + 4s = 4 + 4(6 + 6s)$
$s = -1{,}3$
(3)' $8 - 4s = -3 + 6 + 6s$
$s = 0{,}5$

Widerspruch → g und h verlaufen windschief zueinander

b) h... $\vec{x} = \begin{pmatrix} 4 \\ 6 \\ -3 \end{pmatrix} + t \cdot \begin{pmatrix} 4 \\ -1 \\ 1 \end{pmatrix}$

E_4... Ebene senkrecht zu h, die A enthält

$$\begin{aligned} E_4\text{...} \quad & 4x - y + z + d = 0 \\ A \in E_4: \quad & 8 - 0 + 8 + d = 0 \\ & d = -16 \end{aligned}$$

E_4... $4x - y + z - 16 = 0$

$$E_4 \cap h: 4(4 + 4t) - (6 - t) + (-3 + t) - 16 = 0$$
$$t = 0{,}5$$

$\rightarrow S(4 + 0{,}5 \cdot 4; 6 - 0{,}5 \cdot 1; -3 + 0{,}5 \cdot 1)$

$S(6; 5{,}5; -2{,}5)$

$\overline{AS} = \sqrt{16 + 30{,}25 + 110{,}25} = \sqrt{156{,}5} = \underline{\underline{12{,}5}} = d(A; h)$

Der Punkt A hat zu h einen Abstand von ca. 12,5 LE.

E_1... $5x + y - 3z = -5$; z. B.: $P_1(0; -5; 0) \in E_1$

$$\vec{n} = \begin{pmatrix} 5 \\ 1 \\ -3 \end{pmatrix}; \; |\vec{n}| = \sqrt{25 + 1 + 9} = \sqrt{35} \quad \rightarrow \vec{e}_n = \frac{1}{\sqrt{35}} \begin{pmatrix} 5 \\ 1 \\ -3 \end{pmatrix}$$

$$d(A; E_1) = |(\vec{x}_1 - \vec{x}_0) \circ \vec{e}_n| = \left|(\overrightarrow{OP_1} - \overrightarrow{OA}) \circ \vec{e}_n\right|$$

$$= \left| \left[\begin{pmatrix} 0 \\ -5 \\ 0 \end{pmatrix} - \begin{pmatrix} 2 \\ 0 \\ 8 \end{pmatrix} \right] \circ \frac{1}{\sqrt{35}} \begin{pmatrix} 5 \\ 1 \\ -3 \end{pmatrix} \right|$$

$$= \left| \frac{1}{\sqrt{35}} \begin{pmatrix} -2 \\ -5 \\ -8 \end{pmatrix} \circ \begin{pmatrix} 5 \\ 1 \\ -3 \end{pmatrix} \right| = \frac{1}{\sqrt{35}} |(-10 - 5 + 24)| = \frac{9}{\sqrt{35}} = \frac{9}{35}\sqrt{35} \approx \underline{\underline{1{,}52}}$$

Der Punkt A hat zur Ebene E_1 den Abstand von ca. 1,52 LE.

c) h... $\vec{x} = \begin{pmatrix} 4 \\ 6 \\ -3 \end{pmatrix} + t \begin{pmatrix} 4 \\ -1 \\ 1 \end{pmatrix} \quad \rightarrow \vec{a} = \begin{pmatrix} 4 \\ -1 \\ 1 \end{pmatrix}$

E_1... $5x + y - 3z = -5 \quad \rightarrow \vec{n} = \begin{pmatrix} 5 \\ 1 \\ -3 \end{pmatrix}$

$$\sin \alpha = \left| \frac{\vec{a} \circ \vec{n}}{|\vec{a}| \cdot |\vec{n}|} \right| = \left| \frac{20 - 1 - 3}{\sqrt{18} \cdot \sqrt{35}} \right| = \frac{16}{\sqrt{18} \cdot \sqrt{35}} \quad \rightarrow \quad \underline{\underline{\alpha \approx 39{,}6°}}$$

d) $E_2 \ldots \quad x - 8y - 7z = 29$
$E_3 \ldots \quad 3x - 2y + z = 21$

$E_2 \cap E_3$: $\vec{n}_2 = \begin{pmatrix} 1 \\ -8 \\ -7 \end{pmatrix}$; $\vec{n}_3 = \begin{pmatrix} 3 \\ -2 \\ 1 \end{pmatrix}$ $\quad \rightarrow \vec{n}_2 \nparallel \vec{n}_3 \rightarrow E_2 \nparallel E_3$

$$\begin{array}{ll}
(1) & x - 8y - 7z = 29 \\
(2) & 3x - 2y + z = 21 \\
\hline
(1)' & -3x + 24y + 21z = -87 \\
(1)' + (2) & 22y + 22z = -66 \\
 & z = \dfrac{-66 - 22y}{22} = -3 - y \\
\hline
(2)' & -12x + 8y - 4z = -84 \\
(1) + (2)' & -11x \quad - \quad 11z = -55 \\
 & z = \dfrac{-11x + 55}{11} = -x + 5 \\
\hline
 & -3 - y = -x + 5 \\
 & \underline{y = x - 8}
\end{array}$$

Für $x_1 = 8$: $y_1 = 0$; $z_1 = -3 \quad \rightarrow \quad P_1(8; 0; -3)$
Für $x_2 = 5$: $y_2 = -3$; $z_2 = 0 \quad \rightarrow \quad P_2(5; -3; 0)$

s... Schnittgerade von E_2 und E_3

s... $\vec{x} = \begin{pmatrix} 8 \\ 0 \\ -3 \end{pmatrix} + u \begin{pmatrix} 3 \\ 3 \\ -3 \end{pmatrix}$

e) Es genügt, zu untersuchen, ob die Gerade s mit E_1 gemeinsame Punkte besitzt.
$E_1 \ldots \quad 5x + y - 3z = -5$
$E_1 \cap s$: $5(8 + 3u) + 3u - 3(-3 - 3u) = -5$
$27u = -54$
$u = -2 \quad \rightarrow T(8 - 6; -6; -3 + 6) = \underline{\underline{T(2; -6; 3)}}$

Die drei Ebenen besitzen den Punkt T(2; –6; 3) gemeinsam.

f) g und h verlaufen windschief (Teilaufgabe a). Die Berührungsradien von K mit den Geraden g und h stehen senkrecht auf diesen. Sie werden am kleinsten, wenn die Berührungspunkte B_1 und B_2 sowie der Kugelmittelpunkt M auf einer Gerade liegen (Dreiecksungleichung). Damit muß der Kugeldurchmesser gleich dem Abstand der Geraden g und h sein.

g... $\vec{x} = \begin{pmatrix} 2 \\ 0 \\ 8 \end{pmatrix} + s \begin{pmatrix} 4 \\ -6 \\ -4 \end{pmatrix} \rightarrow \vec{x}_1 = \begin{pmatrix} 2 \\ 0 \\ 8 \end{pmatrix}$; $\vec{a} = \begin{pmatrix} 4 \\ -6 \\ -4 \end{pmatrix}$

h... $\vec{x} = \begin{pmatrix} 4 \\ 6 \\ -3 \end{pmatrix} + t \begin{pmatrix} 4 \\ -1 \\ 1 \end{pmatrix} \rightarrow \vec{x}_2 = \begin{pmatrix} 4 \\ 6 \\ -3 \end{pmatrix}$; $\vec{b} = \begin{pmatrix} 4 \\ -1 \\ 1 \end{pmatrix}$

Skizze:

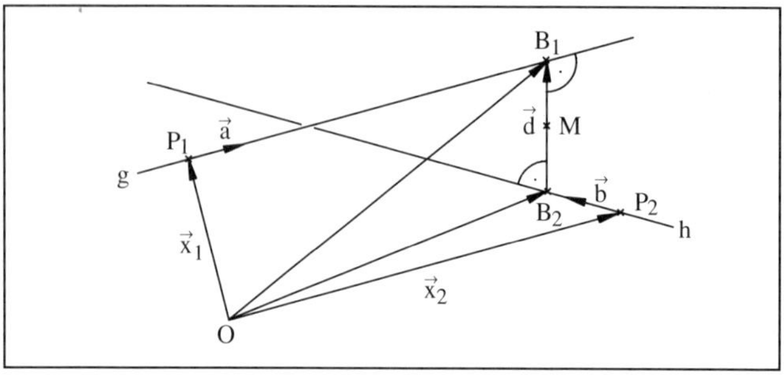

$\vec{d} = \overrightarrow{OB}_1 - \overrightarrow{OB}_2$; $\overrightarrow{OB}_1 = \vec{x}_1 + r\vec{a}$; $\overrightarrow{OB}_2 = \vec{x}_2 + u\vec{b}$

$\vec{d} = \vec{x}_1 + r\vec{a} - \vec{x}_2 - u\vec{b} = \vec{x}_1 - \vec{x}_2 + r\vec{a} - u\vec{b}$

(1) $\vec{d} \circ \vec{a} = 0 \rightarrow (\vec{x}_1 - \vec{x}_2) \circ \vec{a} + r(\vec{a} \circ \vec{a}) - u(\vec{a} \circ \vec{b}) = 0$

(2) $\vec{d} \circ \vec{b} = 0 \rightarrow (\vec{x}_1 - \vec{x}_2) \circ \vec{b} + r(\vec{a} \circ \vec{b}) - u(\vec{b} \circ \vec{b}) = 0$

(1) $\begin{pmatrix}-2\\-6\\11\end{pmatrix} \circ \begin{pmatrix}4\\-6\\-4\end{pmatrix} + r\begin{pmatrix}4\\-6\\-4\end{pmatrix} \circ \begin{pmatrix}4\\-6\\-4\end{pmatrix} - u\begin{pmatrix}4\\-6\\-4\end{pmatrix} \circ \begin{pmatrix}4\\-1\\1\end{pmatrix} = 0$

(2) $\begin{pmatrix}-2\\-6\\11\end{pmatrix} \circ \begin{pmatrix}4\\-1\\1\end{pmatrix} + r\begin{pmatrix}4\\-6\\-4\end{pmatrix} \circ \begin{pmatrix}4\\-1\\1\end{pmatrix} - u\begin{pmatrix}4\\-1\\1\end{pmatrix} \circ \begin{pmatrix}4\\-1\\1\end{pmatrix} = 0$

(1) $-16 + 68r - 18u = 0$

(2) $9 + 18r - 18u = 0$

(1)−(2) $-25 + 50r = 0$

$\underline{r = 0,5}$

(1)' $-16 + 68 \cdot 0,5 - 18u = 0$

$\underline{u = 1}$

$\rightarrow B_1(2 + 0,5 \cdot 4; 0,5 \cdot (-6); 8 + 0,5 \cdot (-4)) \rightarrow \underline{\underline{B_1(4; -3; 6)}}$

$\rightarrow B_2(4 + 1 \cdot 4; 6 + 1 \cdot (-1); -3 + 1 \cdot 1) \rightarrow \underline{\underline{B_2(8; 5; -2)}}$

M ist Mittelpunkt von $\overline{B_1B_2}$: $\underline{M(6; 1; 2)}$

$r = \frac{1}{2}\overline{B_1B_2} = \frac{1}{2}\sqrt{16 + 64 + 64} = \underline{6}$

$\underline{\underline{K\ldots\ (x-6)^2 + (y-1)^2 + (z-2)^2 = 36}}$

Leistungskurs Mathematik (Sachsen): Abiturprüfung 1995
Geometrie/Algebra – Aufgabe B 2

In einem kartesischen Koordinatensystem sind die Ebene E durch

$$\vec{x} = \begin{pmatrix} -2 \\ 0 \\ 2 \end{pmatrix} + r \cdot \begin{pmatrix} -2 \\ -1 \\ -2 \end{pmatrix} + s \cdot \begin{pmatrix} 0 \\ 1 \\ 1 \end{pmatrix}; \text{ die Vektoren } \vec{a}_u = \begin{pmatrix} u^2 \\ 2 \\ u \end{pmatrix} \text{ und } \vec{b}_u = \begin{pmatrix} 9-5u^2 \\ -8 \\ -4u \end{pmatrix} \quad (r, s\ u \in R)$$

sowie die Punkte A(0; 3; 1) und B(8; 7; 5) gegeben.

a) Bestimmen Sie alle Werte des Parameters u, für die die Vektoren $\vec{a}_u$ und $\vec{b}_u$ linear abhängig sind. (2 BE)

b) Die Geraden g_u verlaufen durch den Punkt A und haben die Richtungsvektoren $\vec{a}_u$. Ermitteln Sie von den Geraden g_u diejenige Gerade, die durch den Punkt B verläuft, und geben Sie eine Gleichung dieser Geraden an.
Untersuchen Sie, ob es Werte für den Parameter u gibt, für die die jeweils zugehörige Gerade g_u parallel zur Ebene E verläuft. (5 BE)

c) Ermitteln Sie eine Gleichung der Ebene E in parameterfreier Form.
Für u = 2 schneidet die Gerade g_2 die Ebene E im Punkt P.
Zeigen Sie, daß der Punkt P die Koordinaten (–10; –2; –4) hat.
B' sei der Spiegelpunkt von B an der Ebene E.
Berechnen Sie die Koordinaten des Punktes B', und bestimmen Sie den Flächeninhalt des Dreiecks PBB'. (6 BE)

d) K sei die Kugel mit dem Mittelpunkt M(4; 5; 1) die die Ebene E berührt.
Stellen Sie eine Gleichung der Kugel K auf.
Die Gerade h sei gegeben durch die Gleichung: $\vec{x} = \begin{pmatrix} 0 \\ -3 \\ 0 \end{pmatrix} + t \cdot \begin{pmatrix} 2 \\ -2 \\ -1 \end{pmatrix}$ $(t \in R)$.
Weisen Sie nach, daß die Gerade h in der Ebene E liegt.
Eine Ebene E^* enthält die Gerade h und steht senkrecht zur Tangentialebene E.
Bestimmen Sie eine Gleichung der Ebene E^* in parameterfreier Form.
Zeigen Sie, daß die Ebene E^* ebenfalls Tangentialebene an die Kugel K ist. (5 BE)

e) Weisen Sie nach, daß die Kugel K von jeder Geraden g_u in genau zwei Punkten geschnitten wird. (2 BE)

(20 BE)

a) $\vec{a}_u = \begin{pmatrix} u^2 \\ 2 \\ u \end{pmatrix}$; $\vec{b}_u = \begin{pmatrix} 9-5u^2 \\ -8 \\ -4u \end{pmatrix}$

$$\begin{aligned} a \cdot \vec{a}_u = \vec{b}_u:\quad & a \cdot u^2 = 9-5u^2 \\ & a \cdot 2 = -8 \quad \rightarrow \quad a = -4 \\ & \underline{a \cdot u = -4u \quad \rightarrow \quad a = -4} \\ & -4u^2 = 9-5u^2 \\ & u^2 = 9 \\ & \underline{\underline{u_1 = 3}} \;;\; \underline{\underline{u_2 = -3}} \end{aligned}$$

b) $g_u \ldots \quad \vec{x} = \begin{pmatrix} 0 \\ 3 \\ 1 \end{pmatrix} + v \begin{pmatrix} u^2 \\ 2 \\ u \end{pmatrix}$

$B \in g_u$: $\begin{pmatrix} 8 \\ 7 \\ 5 \end{pmatrix} = \begin{pmatrix} 0 \\ 3 \\ 1 \end{pmatrix} + v \begin{pmatrix} u^2 \\ 2 \\ u \end{pmatrix} \rightarrow$

$$\begin{aligned} &(1) \quad 8 = vu^2 \\ &(2) \quad 7 = 3+2v \rightarrow v = 2 \\ &(3) \quad 5 = 1+vu \\ \hline &(1)' \quad 8 = 2u^2 \rightarrow u^2 = 4 \\ &(3)' \quad 5 = 1+2u \rightarrow \underline{\underline{u = 2}} \end{aligned}$$

$$\underline{\underline{g_2 = AB \ldots \vec{x} = \begin{pmatrix} 0 \\ 3 \\ 1 \end{pmatrix} + v \begin{pmatrix} 4 \\ 2 \\ 2 \end{pmatrix}}}$$

$$E \ldots \quad \vec{x} = \begin{pmatrix} -2 \\ 0 \\ 2 \end{pmatrix} + r \begin{pmatrix} -2 \\ -1 \\ -2 \end{pmatrix} + s \begin{pmatrix} 0 \\ 1 \\ 1 \end{pmatrix}$$

$$g_u \ldots \quad \vec{x} = \begin{pmatrix} 0 \\ 3 \\ 1 \end{pmatrix} + v \begin{pmatrix} u^2 \\ 2 \\ u \end{pmatrix}$$

Wenn $g_u \parallel E$, dann müssen die Richtungsvektoren von g_u und E komplanar, also linear abhängig sein.

$$a \cdot \begin{pmatrix} u^2 \\ 2 \\ u \end{pmatrix} + b \cdot \begin{pmatrix} -2 \\ -1 \\ -2 \end{pmatrix} + c \cdot \begin{pmatrix} 0 \\ 1 \\ 1 \end{pmatrix} = \vec{o}$$

$$\begin{aligned} &(1) \quad u^2 a - 2b = 0 \\ &(2) \quad 2a - b + c = 0 \\ &(3) \quad ua - 2b + c = 0 \\ \hline &(1)' \quad b = \frac{u^2}{2} a \\ &\underline{(2)-(3) \quad (2-u)a + b = 0 \rightarrow b = (u-2)a} \end{aligned}$$

$$\frac{u^2}{2}a = (u-2)a$$

$$\frac{u^2}{2} = u-2$$

$$u^2 = 2u-4$$

$$u^2 - 2u + 4 = 0$$

$$u_{1,2} = 1 \pm \sqrt{1-4} \rightarrow \text{keine Lösung}$$

Es existiert kein $u \in R$, so daß $g_u \parallel E$.

c)

$$\begin{array}{lll} & (1) & x = -2 - 2r \\ E\ldots & (2) & y = \quad - r + s \\ & (3) & z = 2 - 2r + s \\ \hline & (2)' & r = s - y \\ & (1)-(3) & x - z = -4 - s \rightarrow s = z - x - 4 \\ & (2)'' & r = z - x - 4 - y \\ \hline & (2)''\text{ in }(1) & x = -2 - 2(z - x - 4 - y) \end{array}$$

$$\underline{\underline{E\ldots\ x + 2y - 2z = -6}}$$

$$g_2\ldots \quad \vec{x} = \begin{pmatrix} 0 \\ 3 \\ 1 \end{pmatrix} + v \begin{pmatrix} 4 \\ 2 \\ 2 \end{pmatrix}$$

$$E \cap g_2:\ (4v) + 2(3+2v) - 2(1+2v) = -6 \rightarrow v = -\frac{5}{2}$$

$$\rightarrow \underline{\underline{P(-10; -2; -4)}}$$

l... Gerade senkrecht zu E durch B

$$\vec{n}_E = \begin{pmatrix} 1 \\ 2 \\ -2 \end{pmatrix};\ B(8; 7; 5)$$

$$l\ldots \quad \vec{x} = \begin{pmatrix} 8 \\ 7 \\ 5 \end{pmatrix} + t \begin{pmatrix} 1 \\ 2 \\ -2 \end{pmatrix}$$

$$l \cap E:\ (8+t) + 2(7+2t) - 2(5-2t) = -6$$

$$t = -2 \rightarrow S(6; 3; 9)$$

$$\overrightarrow{OB'} = \overrightarrow{OB} + 2\ \overrightarrow{BS}$$

$$\overrightarrow{OB'} = \begin{pmatrix} 8 \\ 7 \\ 5 \end{pmatrix} + 2 \begin{pmatrix} -2 \\ -4 \\ 4 \end{pmatrix} = \begin{pmatrix} 4 \\ -1 \\ 13 \end{pmatrix} \rightarrow \underline{\underline{B'(4; -1; 13)}}$$

$\Delta PBB'$ ist gleichschenklig; $P \in E$ und S ist Fußpunkt der Höhe auf $\overline{BB'}$.

$$A = \frac{1}{2} g \cdot h_g = \frac{1}{2} \overline{BB'} \cdot \overline{SP} = \frac{1}{2} \cdot 12 \cdot \sqrt{450} = 6 \cdot 15 \cdot \sqrt{2} = \underline{\underline{90 \cdot \sqrt{2}}}$$

Der Flächeninhalt des Dreicks $\Delta PBB'$ beträgt $90 \cdot \sqrt{2}$ FE.

d) m... Senkrechte zu E durch M

$\vec{n}_E = \begin{pmatrix} 1 \\ 2 \\ -2 \end{pmatrix}$; M(4; 5; 1)

$$m\ldots\ \vec{x} = \begin{pmatrix} 4 \\ 5 \\ 1 \end{pmatrix} + t\begin{pmatrix} 1 \\ 2 \\ -2 \end{pmatrix}$$

$m \cap E$: $(4+t)+2(5+2t)-2(1-2t)=-6$

$t=-2 \rightarrow Q(2;1;5)$

$r = \overline{QM} = \sqrt{4+16+16} = 6$

$$\underline{\underline{K\ldots\ (x-4)^2+(y-5)^2+(z-1)^2=36}}$$

$$h\ldots\ \vec{x} = \begin{pmatrix} 0 \\ -3 \\ 0 \end{pmatrix} + t\begin{pmatrix} 2 \\ -2 \\ -1 \end{pmatrix}$$

$h \cap E$: $(2t)+2(-3-2t)-2(-t)=-6$

$2t-6-4t+2t=-6$

$-6=-6$ wahre Aussage $\rightarrow \underline{\underline{h \in E}}$

$E^*\ldots$ Ebene, die h enthält und senkrecht zu E steht

$$h\ldots\ \vec{x} = \begin{pmatrix} 0 \\ -3 \\ 0 \end{pmatrix} + t\begin{pmatrix} 2 \\ -2 \\ -1 \end{pmatrix};\ E\ldots\ x+2y-2z=-6$$

$$E^*\ldots\ \vec{x} = \begin{pmatrix} 0 \\ -3 \\ 0 \end{pmatrix} + t\begin{pmatrix} 2 \\ -2 \\ -1 \end{pmatrix} + s\begin{pmatrix} 1 \\ 2 \\ -2 \end{pmatrix}$$

(1) $x = 2t + s$
(2) $y = -3 - 2t + 2s$
(3) $z = -t - 2s$

(1)+(2) $x+y=-3+3s \rightarrow s=\dfrac{x+y+3}{3}$

(2)+(3) $y+z=-3-3t \rightarrow t=\dfrac{-3-y-z}{3}$

in (1) $x = 2\cdot\dfrac{-3-y-z}{3}+\dfrac{x+y+3}{3}$

$3x=-6-2y-2z+x+y+3$

$$\underline{\underline{E^*\ldots\ 2x+y+2z=-3}}$$

n... Senkrechte zu E^* durch M

$$n\ldots\ \vec{x} = \begin{pmatrix} 4 \\ 5 \\ 1 \end{pmatrix} + t \begin{pmatrix} 2 \\ 1 \\ 2 \end{pmatrix}$$

$$n \cap E^*:\ 2(4+2t)+(5+t)+2(1+2t) = -3$$

$$t = -2 \rightarrow R(0; 3; -3)$$

$r = \overline{RM} = \sqrt{16+4+16} = 6$ $\rightarrow$ stimmt mit dem Radius der Kugel überein

$\rightarrow$ E^* ist Tangentialebene an K

e) K... $(x-4)^2 + (y-5)^2 + (z-1)^2 = 36$

$$g_u\ldots\ \vec{x} = \begin{pmatrix} 0 \\ 3 \\ 1 \end{pmatrix} + v \begin{pmatrix} u^2 \\ 2 \\ u \end{pmatrix}$$

$A \in g_u$; A(0; 3; 1)

$\overline{AM} = \sqrt{16+4+0} = \sqrt{20} < 6$ $\rightarrow$ A liegt im Inneren der Kugel und auf jeder Gerade g_u

$\rightarrow$ es gibt stets genau 2 Schnittpunkte zwischen g_u und K

Leistungskurs Mathematik (Sachsen): Abiturprüfung 1995
Stochastik – Aufgabe C 1

Ein Betrieb hat sich auf die Produktion elektronischer Bauelemente spezialisiert. Erfahrungsgemäß sind 12 % der produzierten Bauteile defekt.

a) Der laufenden Produktion werden 5 Bauteile entnommen.
Mit welcher Wahrscheinlichkeit ist höchstens eines dieser Bauteile defekt? (2 BE)

b) Einer Tagesproduktion von 50 Stück, die genau 6 defekte Teile enthält, werden 5 Teile entnommen.
Mit welcher Wahrscheinlichkeit ist höchstens eines dieser Bauteile defekt? (2 BE)

In diesem Betrieb wird durch ein Prüfgerät ein defektes Bauteil mit einer Wahrscheinlichkeit von 0,96 als defekt erkannt. Allerdings zeigt das Prüfgerät auch einwandfreie Teile fälschlicherweise mit einer Wahrscheinlichkeit von 0,02 als defekt an.

c) Wie groß ist die Wahrscheinlichkeit, daß das Prüfgerät die richtige Entscheidung trifft? (1 BE)

d) Mit welcher Wahrscheinlichkeit zeigt das Gerät ein der laufenden Produktion entnommenes Bauteil als defekt an? (1 BE)

e) Wie groß ist die Wahrscheinlichkeit dafür, daß ein als defekt angezeigtes Bauteil auch wirklich defekt ist? (2 BE)

f) Geben Sie die Wahrscheinlichkeit dafür an, daß ein durch das Prüfgerät als nicht defekt angezeigtes Teil auch wirklich nicht defekt ist. (2 BE)

(10 BE)

Lösungen

a) X... Anzahl der defekten Teile
(Binomialverteilung: n = 5; p = 0,12)

$$P(X \le 1) = P(X = 0) + P(X = 1)$$
$$= \binom{5}{0} \cdot 0{,}12^0 \cdot 0{,}88^5 + \binom{5}{1} \cdot 0{,}12^1 \cdot 0{,}88^4$$
$$= \quad 0{,}5277 \quad + \quad 0{,}3598$$
$$= \underline{\underline{0{,}8875}}$$

b) A... von 50 entnommenen Bauelementen ist höchstens eines defekt, d. h. entweder keines oder genau eines

$$P(A) = \frac{\binom{6}{0}\binom{44}{5} + \binom{6}{1}\binom{44}{4}}{\binom{50}{5}} = \frac{1\,086\,008 + 814\,506}{2\,118\,760} \approx \underline{\underline{0{,}897}}$$

c) Baumdiagramm:

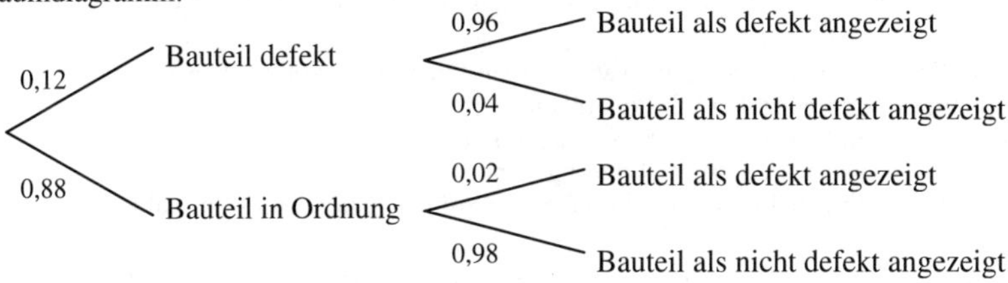

B... Prüfgerät trifft richtige Entscheidung

$$P(B) = 0{,}12 \cdot 0{,}96 + 0{,}88 \cdot 0{,}98 = 0{,}1152 + 08624 = \underline{\underline{0{,}9776}}$$

d) C... ein der laufenden Produktion entnommenes Teil wird als defekt angezeigt

$$P(C) = 0{,}12 \cdot 0{,}96 + 0{,}88 \cdot 0{,}02 = 0{,}1152 + 0{,}0176 = \underline{\underline{0{,}1328}}$$

e) D... defekt angezeigtes Bauteil ist wirklich defekt, d. h. es ist defekt unter der Bedingung, daß es auch als defekt angezeigt wird (bedingte Wahrscheinlichkeit)

$$P_C(D) = \frac{P(C \cap D)}{P(C)} = \frac{0{,}12 \cdot 0{,}96}{0{,}1328} = \underline{\underline{0{,}8675}}$$

f) E... Bauteil ist nicht defekt
F... Bauteil wird als nicht defekt angezeigt

$$P_F(E) = \frac{P(E \cap F)}{P(F)} = \frac{0{,}88 \cdot 0{,}98}{0{,}12 \cdot 0{,}04 + 0{,}88 \cdot 0{,}98} = \frac{0{,}8624}{0{,}8672} = \underline{\underline{0{,}9945}}$$

Leistungskurs Mathematik (Sachsen): Abiturprüfung 1995
Stochastik – Aufgabe C 2

Ein Glücksrad sei in drei Kreissektoren eingeteilt, die jeweils genau eine der drei Zahlen 2, 3 oder 5 enthalten.
Bei jeder Drehung des Rades wird genau ein Kreissektor angezeigt. Die Größe der Kreissektoren ist so gewählt, daß die Zahlen jeweils mit den folgenden Wahrscheinlichkeiten ermittelt werden.

Zahl	2	3	5
Wahrscheinlichkeit	0,5	0,3	0,2

a) Skizzieren Sie ein solches Rad, und geben Sie die Winkel der Kreissektoren an. (1 BE)

b) Das Rad werde zehnmal gedreht.
Berechnen Sie die Wahrscheinlichkeiten folgender Ereignisse.
Ereignis A: Die Zahl 3 tritt nicht auf.
Ereignis B: Die Zahl 5 tritt mehr als zweimal und weniger als fünfmal auf. (2 BE)

c) Ein Zufallsexperiment bestehe im zweimaligen Drehen des Rades. Die Summe der dabei ermittelten Zahlen wird jeweils notiert.
Ermitteln Sie den Erwartungswert dieser Summe.
Dieses Experiment werde dreimal durchgeführt.
Mit welcher Wahrscheinlichkeit tritt dabei die Summe 4 höchstens einmal auf? (3 BE)

d) Ein anderes Glücksrad sei in zwei Kreissektoren eingeteilt. Ein Kreissektor enthalte die Zahl 7 und der andere die Zahl 9.
Bei einem Glücksspiel werde das Rad zweimal gedreht. Der Einsatz beträgt 5 DM.
Wird zweimal die Zahl 7 ermittelt, so erhält der Spieler 10 DM ausgezahlt.
Wird zweimal die Zahl 9 ermittelt, so erhält der Spieler 5 DM ausgezahlt.
In allen anderen Fällen wird nichts ausgezahlt.
Wie würden Sie das Glücksrad in Kreissektoren einteilen, damit das Spiel fair ist?
Begründen Sie Ihre Entscheidung. (4 BE)

(10 BE)

Lösungen

a) Zahl 2: Winkel 180°
(Wahrscheinlichkeit 0,5 → Halbkreis)

Zahl 3: Winkel 108°
(Wahrscheinlichkeit 0,3 → $\frac{3}{10}$ des Kreises)

Zahl 5: Winkel 72°
(Wahrscheinlichkeit 0,2 → $\frac{1}{5}$ des Kreises)

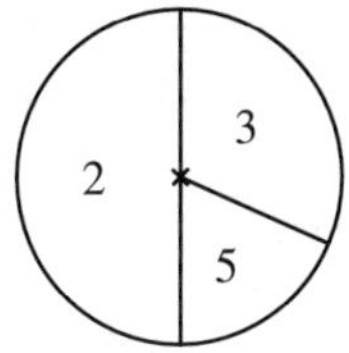

b) A... "3" tritt nicht auf
B... "5" tritt mehr als zweimal und weniger als fünfmal auf

X... Anzahl der "3" bei 10 Umdrehungen
(Binomialverteilung: n = 10; p = 0,3)

$$P(A) = P(X=0) = \binom{10}{0} \cdot 0,3^{\circ} \cdot 0,7^{10} = \underline{\underline{0,028}}$$

Y... Anzahl der "5" bei 10 Umdrehungen
(Binomialverteilung: n = 10; p = 0,2)

$$\begin{aligned} P(B) &= P(Y=3) + P(Y=4) \\ &= \binom{10}{3} \cdot 0,2^3 \cdot 0,8^7 + \binom{10}{4} \cdot 0,2^4 \cdot 0,8^6 \\ &= 0,2013 \quad + \quad 0,0881 \\ &= \underline{\underline{0,2894}} \end{aligned}$$

c) S... Summe der Zahlen beim zweimaligen Drehen
Verteilung von S:

s_i	4	5	6	7	8	10
$P(S = s_i)$	0,5 · 0,5 = 0,25	2 · 0,5 · 0,3 = 0,30	0,3 · 0,3 = 0,09	2 · 0,5 · 0,2 = 0,20	2 · 0,3 · 0,2 = 0,12	0,2 · 0,2 = 0,04

$$\begin{aligned} E(S) &= 4 \cdot 0,25 + 5 \cdot 0,3 + 6 \cdot 0,09 + 7 \cdot 0,2 + 8 \cdot 0,12 + 10 \cdot 0,04 \\ &= \underline{\underline{5,8}} \end{aligned}$$

Z... Anzahl der Summe "4" bei dreimaliger Ausführung des Experiments
(Binomialverteilung: n = 3; p = 0,25)

D... Summe "4" tritt höchstens einmal auf

$$\begin{aligned} P(D) &= P(Z=0) + P(Z=1) \\ &= \binom{3}{0} \cdot 0,25^0 \cdot 0,75^3 + \binom{3}{1} \cdot 0,25^1 \cdot 0,75^2 \\ &= \quad 0,4219 \quad + \quad 0,4219 \\ &= \underline{\underline{0,8438}} \end{aligned}$$

d) p... Wahrscheinlichkeit, die Zahl 7 zu ermitteln
(1 – p)... Wahrscheinlichkeit, die Zahl 9 zu ermitteln

Ergebnis	(7; 7)	(7; 9)	(9; 7)	(9; 9)
"Gewinn" in DM	5	–5	–5	0
Wahrscheinlichkeit	p^2	p(1-p)	(1-p)p	$(1\text{-}p)^2$

G... "Gewinn" des Spielers in DM

Verteilung von G:

g_i	–5	0	5
$P(G = g_i)$	$2p(1 - p)$	$(1 - p)^2$	p^2

$$E(G) = -5 \cdot 2p(1-p) + 0 \cdot (1-p)^2 + 5 \cdot p^2 = 15p^2 - 10p$$

Für faires Spiel: $E(G) = 0 \rightarrow 0 = 15p^2 - 10p$

$$0 = 5p(3p-2)$$

$p_1 = 0$ wäre sinnlos

$$\underline{p_2 = \frac{2}{3}}$$

→ $\frac{2}{3}$ des Kreises muß für die Zahl 7 vorbehalten sein, also 240° und der Rest (120°) für die Zahl 9.

→ $\underline{\underline{\text{Zahl 7: } 240°}}$ $\left(\frac{2}{3}\text{ des Kreises}\right)$

$\underline{\underline{\text{Zahl 9: } 120°}}$ $\left(\frac{1}{3}\text{ des Kreises}\right)$

Leistungskurs Mathematik (Sachsen): Abiturprüfung 1995
Nachtermin: Analysis – Aufgabe A 1

Gegeben ist die Funktion f durch

$$y = f(x) = \frac{x^3 + 3x^2 - 4}{x} \qquad (x \in D_f).$$

a) Geben Sie den größtmöglichen Definitionsbereich der Funktion f an, und führen Sie für f eine Kurvendiskussion durch (Nullstellen, Polstellen, Koordinaten der lokalen Extrempunkte, Art der Extrema, Koordinaten der Wendepunkte, Verhalten im Unendlichen).
Zeichnen Sie den Graph der Funktion f im Intervall $-4 \le x \le 2{,}1$. (12 BE)

b) Gegeben ist die Funktion p durch $y = p(x) = x^2 - x + 6 \quad (x \in R)$.
Berechnen Sie die Koordinaten der Schnittpunkte der Graphen der Funktionen f und p. (2 BE)

c) Die Graphen der Funktion f und p und die Koordinatenachsen begrenzen im ersten Quadranten eine Fläche vollständig.
Berechnen Sie den Inhalt dieser Fläche. (5 BE)

Gegeben ist eine Funktionenschar durch

$$y = f_k(x) = \frac{x^3 + 3kx^2 - 4k^3}{x} \qquad (k \in R,\ k > 0;\ x \in D_{f_k}).$$

d) Zeigen Sie, daß jede Funktion f_k an der Stelle $x = -2k$ eine Nullstelle hat, und bestimmen Sie alle weiteren Nullstellen. (3 BE)

e) Berechnen Sie die Koordinaten der Wendepunkte der Graphen von f_k. Ermitteln Sie eine Gleichung derjenigen Funktion, auf deren Graph alle Wendepunkte der Graphen von f_k liegen. (5 BE)

f) Ermitteln Sie eine Gleichung der Wendetangente an der Graph der Funktion f_k. Für welchen Wert von k schneidet die Wendetangente die y-Achse im Punkt $(0; -\frac{3}{2} \cdot \sqrt[3]{2})$? (3 BE)

Lösungen

a) $D_f = \{x:\ x \in R;\ x \neq 0\}$

Nullstellen: $\underline{\underline{x_{N_1} = 1}}$ (Probieren oder aus d schlußfolgern)

$$(x^3 + 3x^2 - 4) : (x - 1) = x^2 + 4x + 4$$
$$\underline{-(x^3 - x^2)}$$
$$4x^2 - 4$$
$$\underline{-(4x^2 \quad - 4x)}$$
$$-4 + 4x$$
$$\underline{-(-4 + 4x)}$$
$$0$$

$$x_N^2 + 4x_N + 4 = 0$$
$$x_{N_{2,3}} = -2 \pm \sqrt{4 - 4}$$
$$\underline{\underline{x_{N_2} = -2}} \quad \text{(Probe im Nenner!)}$$

Polstelle: $\underline{\underline{x_p = 0}}$

Extrempunkt:
$$f'(x) = \frac{(3x^2 + 6x) \cdot x - (x^3 + 3x^2 - 4) \cdot 1}{x^2}$$
$$f'(x) = \frac{2x^3 + 3x^2 + 4}{x^2}$$
$$0 = 2x_E^3 + 3x_E^2 + 4$$
$$x_{E_1} = -2 \quad \text{(Probieren)}$$

$$(2x^3 + 3x^2 + 4) : (x + 2) = 2x^2 - x + 2$$
$$\underline{-(2x^3 + 4x^2)}$$
$$-x^2 + 4$$
$$\underline{-(-x^2 \quad - 2x)}$$
$$4 + 2x$$
$$\underline{-(4 + 2x)}$$
$$0$$

$$2x_E^2 - x_E + 2 = 0 \quad \rightarrow \quad x_E^2 - \frac{1}{2}x_E + 1 = 0$$

$$x_{E_{2,3}} = \frac{1}{4} \pm \sqrt{\frac{1}{16} - 1} \quad \rightarrow \quad \text{keine weiteren Extremstellen}$$
$$x_E = -2 \quad y_E = 0$$
$$\underline{\underline{E(-2; 0)}}$$

$$f''(x) = \frac{(6x^2+6x)\cdot x^2-(2x^3+3x^2+4)\cdot 2x}{x^4}$$

$$f''(-2) = \frac{(24-12)\cdot 4-0}{16} = 3 \quad \rightarrow \quad \underline{\underline{\text{lokales Minimum}}}$$

Wendepunkt:

$$f''(x) = \frac{6x^4+6x^3-4x^4-6x^3-8x}{x^4}$$

$$= \frac{2x^4-8x}{x^4} = \frac{2x^3-8}{x^3}$$

$$0 = 2x_W^3-8$$

$$x_W^3 = 4$$

$$x_W = \sqrt[3]{4} \qquad y_W = \frac{4+3(\sqrt[3]{4})^2-4}{\sqrt[3]{4}} = 3\cdot\sqrt[3]{4}$$

$$f'''(x) = \frac{6x^2\cdot x^{\not{3}1}-(2x^3-8)\cdot 3\not{x}^{\not{2}}}{x^{\not{6}4}} = \frac{24}{x^4}$$

$$f'''(\sqrt[3]{4}) = \frac{24}{(\sqrt[3]{4})^4} \neq 0$$

$$\underline{\underline{W(\sqrt[3]{4};\, 3\cdot\sqrt[3]{4})}}$$

Verhalten im Unendlichen: $\lim\limits_{x\to\pm\infty} f(x) = \lim\limits_{x\to\pm\infty} \frac{\not{x}\cdot\left(x^2+3x-\frac{4}{x}\right)}{\not{x}} = \underline{\underline{+\infty}}$

Graph:

x	y
–4	5
–3	1,3
–1	2
0,5	–6,25
1,5	4,1
2,1	8,8

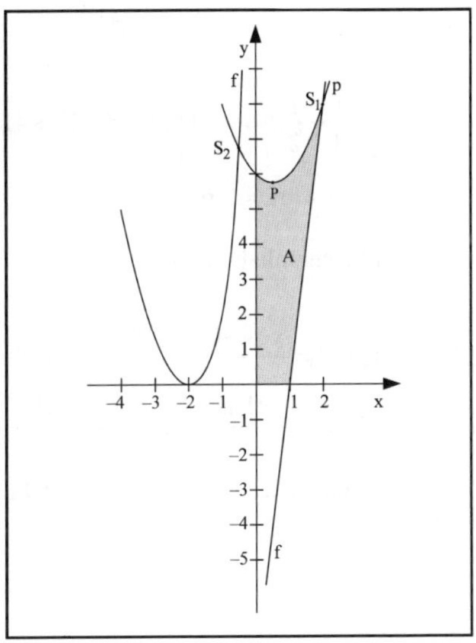

b) $y = p(x) = x^2 - x + 6 \qquad (x \in R)$

Schnittpunkte: $\dfrac{x_S^3 + 3x_S^2 - 4}{x_S} = x_S^2 - x_S + 6$

$$x_S^3 + 3x_S^2 - 4 = x_S^3 - x_S^2 + 6x_S$$
$$0 = 4x_S^2 - 6x_S - 4$$
$$0 = x_S^2 - \frac{3}{2}x_S - 1$$

$$x_{S_{1,2}} = \frac{3}{4} \pm \sqrt{\frac{9}{16} + 1} = \frac{3}{4} \pm \sqrt{\frac{25}{16}}$$

$x_{S_1} = 2 \qquad x_{S_2} = -0{,}5$

$y_{S_1} = 8 \qquad y_{S_2} = 6{,}75$

$\underline{\underline{S_1(2; 8)}} \qquad \underline{\underline{S_2(-0{,}5; 6{,}75)}}$

c) $y = p(x) = x^2 - x + 6 = (x - 0{,}5)^2 + 5{,}75$

Scheitelpunkt: P(0,5; 5,75) (siehe Skizze)

$$A = \int_0^1 p(x)dx + \int_1^2 [p(x) - f(x)]dx$$
$$= \int_0^1 (x^2 - x + 6)dx + \int_1^2 \left(x^2 - x + 6 - \frac{x^3 + 3x^2 - 4}{x} \right)dx$$
$$= \int_0^1 (x^2 - x + 6)dx + \int_1^2 \left(-4x + 6 + \frac{4}{x} \right)dx$$
$$= \left[\frac{x^3}{3} - \frac{x^2}{2} + 6x \right]_0^1 + \left[\frac{-4x^2}{2} + 6x + 4\ln|x| \right]_1^2$$
$$= \left[\left(\frac{1}{3} - \frac{1}{2} + 6 \right) - 0 \right] + [(-8 + 12 + 4\ln 2) - (-2 + 6 + 0)]$$
$$= \frac{35}{6} + 4\ln 2 \approx \underline{\underline{8{,}6}}$$

Der Flächeninhalt beträgt 8,6 FE.

d) $y = f_k(x) = \dfrac{x^3 + 3kx^2 - 4k^3}{x} \qquad (k \in R; k > 0; x \in D_f)$

$$f_k(-2k) = \frac{(-2k)^3 + 3k(-2k)^2 - 4k^3}{(-2k)} = \frac{-8k^3 + 12k^3 - 4k^3}{(-2k)} = 0 \quad (\text{wegen } k > 0)$$

d. h. f_k hat an $x_{N_1} = -2k$ eine Nullstelle.

Weitere Nullstellen: $(x^3+3kx^2-4k^3):(x+2k)=x^2+kx-2k^2$

$$\begin{array}{l}
\underline{-(x^3+2kx^2)} \\
\quad kx^2-4k^3 \\
\quad \underline{-(kx^2 \qquad +2k^2x} \\
\qquad -4k^3-2k^2x \\
\qquad \underline{-(-4k^3-2k^2x)} \\
\qquad\qquad\qquad 0
\end{array}$$

$$x_N^2+kx_N-2k^2=0$$

$$x_{N_{2,3}}=-\frac{k}{2}\pm\sqrt{\frac{k^2}{4}+2k^2}=-\frac{k}{2}\pm\sqrt{\frac{k^2+8k^2}{4}}$$

$$=-\frac{k}{2}\pm\sqrt{\frac{9}{4}k^2}$$

$$x_{N_2}=-\frac{k}{2}+\frac{3}{2}k=k \qquad x_{N_3}=-\frac{k}{2}-\frac{3}{2}k=-2k=x_{N_1}$$

$$\underline{\underline{x_{N_2}=k}}$$

e) $$f_k'(x)=\frac{(3x^2+6kx)\cdot x-(x^3+3kx^2-4k^3)\cdot 1}{x^2}$$

$$=\frac{2x^3+2kx^2+4k^3}{x^2}$$

$$f_k''(x)=\frac{(6x^2+6kx^2)\cdot x^{\not{2}1}-(2x^3+3kx^2+4k^3)\cdot 2\not{x}^1}{x^{\not{4}3}}$$

$$=\frac{2x^3-8k^3}{x^3}$$

$$0=2x_W^3-8k^3$$

$$x_W^3=4k^3$$

$$x_W=\sqrt[3]{4}k$$

$$y_W=\frac{4k^3+3k(\sqrt[3]{4})^2k^2-4k^3}{\sqrt[3]{4}k}=3\cdot\sqrt[3]{4}k^2 \qquad \underline{\underline{W(\sqrt[3]{4}k;3\cdot\sqrt[3]{4}k^2)}}$$

$$f_k'''(x)=\frac{6x^2\cdot x^{\not{3}1}-(2x^3-8k^3)\cdot 3\not{x}^{\not{2}1}}{x^{\not{6}4}}=\frac{24k^3}{x^4}$$

$$f_k'''(\sqrt[3]{4}k)=\frac{24k^3}{(\sqrt[3]{4}k)^4}\neq 0$$

$$x_W=\sqrt[3]{4}k \quad\rightarrow\quad k=\frac{x_W}{\sqrt[3]{4}}$$

$$y_W=3\cdot\sqrt[3]{4}k^2=3\cdot\sqrt[3]{4}\cdot\left(\frac{x_W}{\sqrt[3]{4}}\right)^2=\frac{3}{\sqrt[3]{4}}\cdot x_W^2$$

Funktionsgleichung: $\underline{\underline{y = \frac{3}{\sqrt[3]{4}} \cdot x^2 = \frac{3}{2}\sqrt[3]{2} \cdot x^2}}$

NR: (rationaler Nenner)

$$\frac{3}{\sqrt[3]{4}} \cdot \frac{(\sqrt[3]{4})^2}{(\sqrt[3]{4})^2} = \frac{3}{4} \cdot \sqrt[3]{16} = \frac{3}{4} \cdot \sqrt[3]{2 \cdot 8} = \frac{3}{2} \cdot \sqrt[3]{2}$$

f) $W(\sqrt[3]{4}k; 3 \cdot \sqrt[3]{4}k^2)$

$$f_k'(x) = \frac{2x^3 + 3kx^2 + 4k^3}{x^2}$$

$$f_k'(\sqrt[3]{4}k) = \frac{2 \cdot 4k^3 + 3k(\sqrt[3]{4})^2 k^2 + 4k^3}{(\sqrt[3]{4})^2 k^2} = \frac{12k^{\not{3}1} + 3(\sqrt[3]{4})^2 k^{\not{3}1}}{(\sqrt[3]{4})^2 \not{k}^{\not{2}1}}$$

$$= \frac{3k(4 + \sqrt[3]{4^2})}{\sqrt[3]{4^2}} = 3k\left(\frac{4}{\sqrt[3]{4^2}} + 1\right) = 3k(\sqrt[3]{4} + 1) = m_t$$

NR: $\frac{4}{\sqrt[3]{4^2}} = \sqrt[3]{\frac{4^3}{4^2}} = \sqrt[3]{4}$

t ... $y - y_0 = m(x - x_0)$

$$y - 3\sqrt[3]{4}k^2 = 3k(\sqrt[3]{4} + 1)(x - \sqrt[3]{4}k)$$

$$y = 3k(\sqrt[3]{4} + 1) \cdot x - 3k(\sqrt[3]{4} + 1) \cdot \sqrt[3]{4}k + 3\sqrt[3]{4}k^2$$

$$y = 3k(\sqrt[3]{4} + 1) \cdot x - 3\sqrt[3]{4^2}k^2 - 3\sqrt[3]{4}k^2 + 3\sqrt[3]{4}k^2$$

t ... $\underline{\underline{y = 3k(\sqrt[3]{4} + 1) \cdot x - 3\sqrt[3]{4^2}k^2}}$

$P_1\left(0; -\frac{3}{2} \cdot \sqrt[3]{2}\right)$: $-\frac{3}{2} \cdot \sqrt[3]{2} = -3\sqrt[3]{4^2}k^2$

$$k^2 = \frac{(-\not{3}^{1}) \cdot \sqrt[3]{2}}{2 \cdot (-\not{3}_{1}) \cdot \sqrt[3]{4^2}} = \sqrt[3]{\frac{2}{8 \cdot 16}} = \sqrt[3]{\frac{1}{64}}$$

$$k = \sqrt[6]{\frac{1}{64}} = \underline{\underline{\frac{1}{2}}} \quad (\text{wegen } k > 0)$$

Leistungskurs Mathematik (Sachsen): Abiturprüfung 1995
Nachtermin: Analysis – Aufgabe A 2

Gegeben ist die Funktionenschar durch

$$y = f_a(x) = \frac{1}{a} \cdot x \cdot \sqrt{a - x} \quad (a \in R, a > 0; x \in R, 0 \le x \le a).$$

a) Führen Sie für die Funktion f_4 eine Kurvendiskussion durch (Nullstellen, Koordinaten der lokalen Extrempunkte, Art der Extrema).
Ermitteln Sie rechnerisch alle Stellen, an denen die Funktion f_4 den Funktionswert $\frac{3}{4}$ besitzt.
Zeichnen Sie den Graph der Funktion f_4 im gesamten Definitionsbereich. (13 BE)

b) Ermitteln Sie eine Gleichung der Tangente an den Graph der Funktion f_4 im Punkt $P\left(\frac{7}{4}; f\left(\frac{7}{4}\right)\right)$. (3 BE)

c) Jede der Funktionen f_a besitzt genau ein lokales Maximum. Geben Sie eine Gleichung der Funktion an, auf deren Graph alle Maximumpunkte der Graphen von f_a liegen. (5 BE)

d) Jeder der Graphen von f_a erzeugt bei Rotation um die x-Achse über dem Intervall $0 \le x \le a$ einen Rotationskörper K_a.
Berechnen Sie das Volumen des Körpers K_a. (3 BE)

e) Für jedes a schließt der Graph der Funktion f_a mit der x-Achse eine Fläche ein.
Berechnen Sie den Inhalt dieser Fläche.
Geben Sie eine Gleichung der Funktion f_a an, für die der Inhalt dieser Fläche 7,2 beträgt. (6 BE)

Lösungen

a) $f_4(x) = \frac{1}{4} \cdot x \cdot \sqrt{4 - x} \qquad D_f = \{x: 0 \le x \le 4; x \in R\}$

Nullstellen: $0 = \frac{1}{4} x_N \cdot \sqrt{4 - x_N} \qquad 4 - x_{N_2} = 0$

$\underline{\underline{x_{N_1} = 0}} \qquad \underline{\underline{x_{N_2} = 4}}$

Extrempunkt: $f_4'(x) = \frac{1}{4} \cdot \sqrt{4-x} + \frac{1}{4} x \cdot \frac{-1}{2 \cdot \sqrt{4-x}} = \frac{1}{4}\sqrt{4-x} - \frac{x}{8\sqrt{4-x}}$

$$= \frac{2(4-x)-x}{8 \cdot \sqrt{4-x}} = \frac{8-3x}{8 \cdot \sqrt{4-x}}$$

$$0 = 8 - 3x_E$$

$$x_E = \frac{8}{3} \qquad y_E = \frac{1}{4} \cdot \frac{8}{3} \cdot \sqrt{4 - \frac{8}{3}} = \frac{2}{3} \cdot \sqrt{\frac{4}{3}} = \frac{4}{9}\sqrt{3}$$

$$\underline{\underline{E\left(\frac{8}{3}; \frac{4}{9}\sqrt{3}\right)}}$$

NR (Rationaler Nenner): $\frac{2}{3} \cdot \sqrt{\frac{4}{3}} = \frac{2}{3} \cdot \frac{\sqrt{4} \cdot \sqrt{3}}{\sqrt{3} \cdot \sqrt{3}} = \frac{4}{9}\sqrt{3}$

$$f_4''(x) = \frac{-3 \cdot (8 \cdot \sqrt{4-x}) - (8-3x) \cdot \frac{-8}{2\sqrt{4-x}}}{64(4-x)} = \frac{\frac{-24(4-x)+4(8-3x)}{\sqrt{4-x}}}{64(4-x)}$$

$$= \frac{-64+12x}{64(4-x)\sqrt{4-x}} = \frac{-16+3x}{16(4-x)\sqrt{4-x}}$$

$$f_4''\left(\frac{8}{3}\right) = \frac{-16+8}{16 \cdot \frac{4}{3} \cdot \sqrt{\frac{4}{3}}} < 0 \quad \rightarrow \quad \underline{\underline{\text{lokales Maximum}}}$$

Stellen x_0 mit dem Funktionswert $\frac{3}{4}$: $\frac{3}{4} = \frac{1}{4} x_0 \sqrt{4 - x_0}$

$$\frac{3}{x_0} = \sqrt{4 - x_0}$$

$$\frac{9}{x_0^2} = 4 - x_0$$

$$0 = x_0^3 - 4x_0^2 + 9$$

$$\underline{\underline{x_{0_1} = 3}} \qquad \text{(Probieren)}$$

$$
\begin{array}{l}
(x^3 - 4x^2 + 9) : (x-3) = x^2 - x - 3 \\
\underline{-(x^3 - 3x^2)} \\
\quad -x^2 + 9 \\
\quad \underline{-(-x^2 \quad + 3x)} \\
\qquad\qquad 9 - 3x \\
\qquad\quad \underline{-(9 - 3x)} \\
\qquad\qquad\quad 0
\end{array}
$$

$$x_0^2 - x_0 - 3 = 0$$

$$x_{0_{2,3}} = \frac{1}{2} \pm \sqrt{\frac{1}{4} + 3} = \frac{1}{2} \pm \sqrt{\frac{13}{4}}$$

$$x_{0_2} = \frac{1+\sqrt{13}}{2} \approx \underline{\underline{2,3}} \quad \text{(Probe!)}$$

$$x_{0_3} = \frac{1-\sqrt{13}}{2} \approx -1,3 \quad \text{entfällt wegen } D_f$$

Graph:

x	1	2	3,5
$f_4(x)$	0,43	0,7	0,62

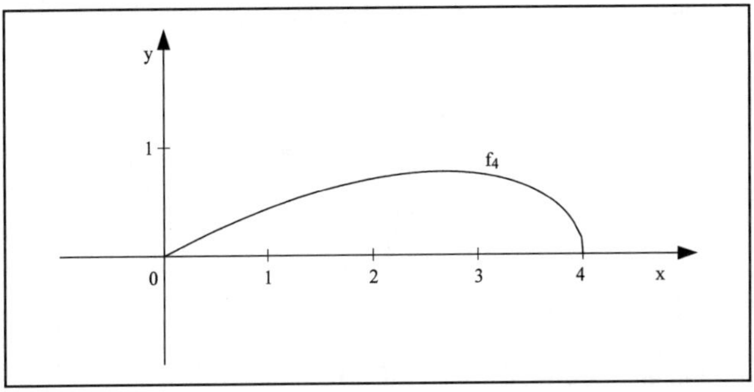

b) $P\left(\frac{7}{4}; \frac{21}{32}\right)$

$$f_4'(x) = \frac{8-3x}{8\sqrt{4-x}}$$

$$f_4'\left(\frac{7}{4}\right) = \frac{8-\frac{21}{4}}{8\cdot\sqrt{4-\frac{7}{4}}} = \frac{11}{48} = m_t$$

t… $y - y_0 = m(x - x_o)$

$$y - \frac{21}{32} = \frac{11}{48}\left(x - \frac{7}{4}\right)$$

$$y = \frac{11}{48}x - \frac{77}{192} + \frac{21}{32}$$

t… $\underline{\underline{y = \frac{11}{48}x + \frac{49}{192}}}$

c) $f_a(x) = \frac{1}{a} \cdot x \cdot \sqrt{a-x}$

$$f_a'(x) = \frac{1}{a} \cdot \sqrt{a-x} + \frac{1}{a} \cdot x \cdot \frac{-1}{2\sqrt{a-x}} = \frac{2(a-x)-x}{2a\sqrt{a-x}} = \frac{2a-3x}{2a\sqrt{a-x}}$$

$$0 = 2a - 3x_E$$

$$x_E = \frac{2a}{3}$$

$$y_E = \frac{1}{a} \cdot \frac{2}{3} \cdot a \cdot \sqrt{a - \frac{2}{3}a} = \frac{2}{3}\sqrt{\frac{a}{3}}$$

Funktionsgleichung:

$$x = \frac{2}{3}a \quad \rightarrow \quad a = \frac{3}{2}x$$

$$y = \frac{2}{3}\sqrt{\frac{a}{3}} = \frac{2}{3}\sqrt{\frac{3}{3 \cdot 2}x} = \frac{2}{3} \cdot \frac{\sqrt{2}}{2} \cdot \sqrt{x} = \frac{1}{3}\sqrt{2x}$$

$$\underline{\underline{y = \frac{1}{3}\sqrt{2x}}}$$

d) Rotation um die x-Achse:

$$V = \pi \cdot \int_0^a \left(\frac{1}{a} \cdot x \cdot \sqrt{a-x}\right)^2 dx = \frac{\pi}{a^2}\int_0^a x^2(a-x)\,dx = \frac{\pi}{a^2}\int_0^a (ax^2 - x^3)\,dx$$

$$= \frac{\pi}{a^2}\left[\frac{a}{3}x^3 - \frac{1}{4}x^4\right]_0^a = \frac{\pi}{a^2}\left[\left(\frac{a^4}{3} - \frac{a^4}{4}\right) - 0\right] = \frac{\pi}{a^2} \cdot \frac{a^4}{12} = \underline{\underline{\frac{\pi a^2}{12}}}$$

Das Volumen beträgt $\frac{\pi a^2}{12}$ VE.

e) $$A = \int_0^a \frac{1}{a} \cdot x \cdot \sqrt{a-x}\,dx = \frac{1}{a}\int_0^a x \cdot \sqrt{a-x}\,dx$$

Substitution: $z = a - x$; für $x = 0 \rightarrow z = a$

für $x = a \rightarrow z = 0$

$\frac{dz}{dx} = -1 \rightarrow dz = -dx$

$dx = -dz$

$$A = -\frac{1}{a}\left[\frac{az^{\frac{3}{2}}}{\frac{3}{2}} - \frac{z^{\frac{5}{2}}}{\frac{5}{2}}\right]_a^0 = -\frac{1}{a}\left[0 - \left(\frac{a \cdot \sqrt{a^3}}{1{,}5} - \frac{\sqrt{a^5}}{2{,}5}\right)\right]$$

$$= \frac{1}{a}\left(\frac{a^2\sqrt{a}}{1{,}5} - \frac{a^2\sqrt{a}}{2{,}5}\right) = \frac{1}{a} \cdot \frac{10a^2\sqrt{a} - 6a^2\sqrt{a}}{15} = \underline{\underline{\frac{4a\sqrt{a}}{15}}}$$

$$7{,}2 = \frac{4a\sqrt{a}}{15}$$

$$27 = a\sqrt{a} = \sqrt{a^3}$$

$$729 = a^3$$

$$\underline{\underline{a = 9}}$$

Funktionsgleichung: $\underline{\underline{y = f_9(x) = \frac{1}{9} \cdot x \cdot \sqrt{9-x}}}$

Leistungskurs Mathematik (Sachsen): Abiturprüfung 1995
Nachtermin: Geometrie/Algebra – Aufgabe B 1

In einem kartesischen Koordinatensystem sind die Punkte A(8; –10; 1) und B(–1; 14; –5) sowie die Ebenen E_k durch

$x + y + z - k = 0$ $\qquad$ $(k \in R)$ gegeben.

a) Die durch die Punkte A und B bestimmte Gerade g schneidet die Ebene E_2 im Punkt S.
Berechnen Sie die Koordinaten des Punktes S sowie den Schnittwinkel zwischen der Geraden g und der Ebene E_2. (5 BE)

b) Bestimmen Sie den Abstand des Koordinatenursprungs zur Geraden g. (3 BE)

c) Ermitteln Sie jeweils eine Gleichung der beiden Ebenen E_k, die durch den Punkt A bzw. durch den Punkt B verlaufen, und bestimmen Sie den Abstand dieser beiden Ebenen. (4 BE)

d) S_x, S_y bzw. S_z seien die Schnittpunkte der Ebene E_2 mit der x-, y- bzw. z-Achse.
Geben Sie die Koordinaten der Punkte S_x, S_y und S_z an.
Durch den Koordinatenursprung O und die Punkte S_x, S_y und S_z ist eine Pyramide bestimmt. Alle Eckpunkte dieser Pyramide liegen auf einer Kugel K.
Zeigen Sie, daß der Punkt M(1; 1; 1) Mittelpunkt der Kugel K ist.
Ermitteln Sie eine Gleichung für die Kugel K. (4 BE)

e) Ermitteln Sie das Volumen des geraden Kreiskegels, dessen Grundfläche in der Ebene E_2 liegt, dessen Spitze der Koordinatenursprung O ist und dessen Seitenlinien mit der Grundfläche eine Winkel von $\frac{\pi}{6}$ einschließen. (4 BE)

Lösungen

a) $g \ldots \quad \vec{x} = \begin{pmatrix} 8 \\ -10 \\ 1 \end{pmatrix} + t \cdot \begin{pmatrix} -9 \\ 24 \\ -6 \end{pmatrix} \quad t \in R$

$E_2 \ldots \quad x + y + z - 2 = 0$

$g \cap E_2: \quad (8 - 9t) + (-10 + 24t) + (1 - 6t) - 2 = 0$

$$-3 + 9t = 0$$

$$t = \frac{1}{3}$$

$\underline{\underline{S(5; -2; -1)}}$

Schnittwinkel E_2 mit g: $\vec{a}_g = \begin{pmatrix} -9 \\ 24 \\ -6 \end{pmatrix} \quad \vec{n}_{E_2} = \begin{pmatrix} 1 \\ 1 \\ 1 \end{pmatrix}$

$$\sin\alpha = \frac{\begin{pmatrix} -9 \\ 24 \\ -6 \end{pmatrix} \circ \begin{pmatrix} 1 \\ 1 \\ 1 \end{pmatrix}}{\sqrt{693} \cdot \sqrt{3}} = \frac{9}{\sqrt{693} \cdot \sqrt{3}}$$

$$\underline{\underline{\alpha \approx 11{,}4^\circ}}$$

b) E ... Ebene senkrecht zu g durch den Ursprung

E ... $-9x + 24y - 6z = 0$ bzw. $3x - 8y + 2z = 0$

$E \cap g$: $-9(8 - 9t) + 24(-10 + 24t) - 6(1 - 6t) = 0$

$$-72 + 81t - 240 + 576t - 6 + 36t = 0$$

$$-318 + 693t = 0$$

$$\underline{\underline{t = \frac{318}{693} = \frac{106}{231}}}$$

$$P\left(8 - 9 \cdot \frac{106}{231}; -10 + 24 \cdot \frac{106}{231}; 1 - 6 \cdot \frac{106}{231}\right)$$

$$P\left(\frac{298}{77}; \frac{78}{77}; -\frac{135}{77}\right)$$

$$\overline{OP} = \sqrt{\left(\frac{298}{77}\right)^2 + \left(\frac{78}{77}\right)^2 + \left(\frac{135}{77}\right)^2} = \frac{\sqrt{113113}}{77} \approx \underline{\underline{4{,}37}}$$

g hat vom Koordinatenursprung einen Abstand von ca. 4,37 LE.

c) $A \in E_k$: $\quad 8 - 10 + 1 - k_A = 0 \quad \rightarrow k_A = -1$

$$\Rightarrow A \in E_{-1}$$

$$E_{-1} \ldots x + y + z + 1 = 0$$

$B \in E_k$: $\quad -1 + 14 - 5 - k_B = 0 \quad \rightarrow k_B = 8$

$$\Rightarrow B \in E_8$$

$$E_8 \ldots x + y + z - 8 = 0$$

Abstand der Ebenen E_{-1} und E_8: ($E_{-1} \parallel E_8$)

$$d = |(\vec{x}_2 - \vec{x}_1) \circ \vec{e}_n|$$

$$d = \left|(\vec{x}_B - \vec{x}_A) \circ \frac{\vec{n}_E}{|\vec{n}_E|}\right| = \left|\left[\begin{pmatrix} -9 \\ 24 \\ -6 \end{pmatrix} \circ \begin{pmatrix} 1 \\ 1 \\ 1 \end{pmatrix}\right] \cdot \frac{1}{\sqrt{3}}\right|$$

$$= \left|\frac{-9 + 24 - 6}{\sqrt{3}}\right| = \frac{9}{\sqrt{3}} = \underline{\underline{3 \cdot \sqrt{3}}}$$

Der Abstand der Ebenen E_{-1} und E_8 beträgt $3 \cdot \sqrt{3}$ LE.

d) $E_2 \ldots\; x + y + z - 2 = 0$

S_x: $x - 2 = 0 \;\rightarrow\; x = 2 \;\rightarrow\; \underline{\underline{S_x(2;0;0)}}$

S_y: $y - 2 = 0 \;\rightarrow\; y = 2 \;\rightarrow\; \underline{\underline{S_y(0;2;0)}}$

S_z: $z - 2 = 0 \;\rightarrow\; z = 2 \;\rightarrow\; \underline{\underline{S_z(0;0;2)}}$

M hat zu allen Koordinatenachsen den gleichen Abstand.
Die Koordinaten von M stimmen überein.

Es gilt:

$$|\overrightarrow{OM}| = |\overrightarrow{S_xM}| = |\overrightarrow{S_yM}| = |\overrightarrow{S_zM}|$$

$$\sqrt{x_M^2 + x_M^2 + x_M^2} = \sqrt{(x_M - 2)^2 + x_M^2 + x_M^2}$$

$$\sqrt{3x_M^2} = \sqrt{3x_M^2 - 4x_M + 4}$$

$$3x_M^2 = 3x_M^2 - 4x_M + 4$$

$$x_M = 1 \;\rightarrow\; \underline{\underline{M(1;1;1)}};\; r = \sqrt{3}$$

$$\underline{\underline{K \ldots (x-1)^2 + (y-1)^2 + (z-1)^2 = 3}}$$

e) $V = \frac{1}{3}\pi r^2 h$

NR:

$$h = d(OE_2) = |(\vec{x}_1 - \vec{x}_0) \circ \vec{e}_n| = \left| \frac{\begin{pmatrix} 2 \\ 0 \\ 0 \end{pmatrix} \circ \begin{pmatrix} 1 \\ 1 \\ 1 \end{pmatrix}}{\sqrt{3}} \right| = \frac{2}{\sqrt{3}} = \underline{\underline{\frac{2}{3}\sqrt{3}}}$$

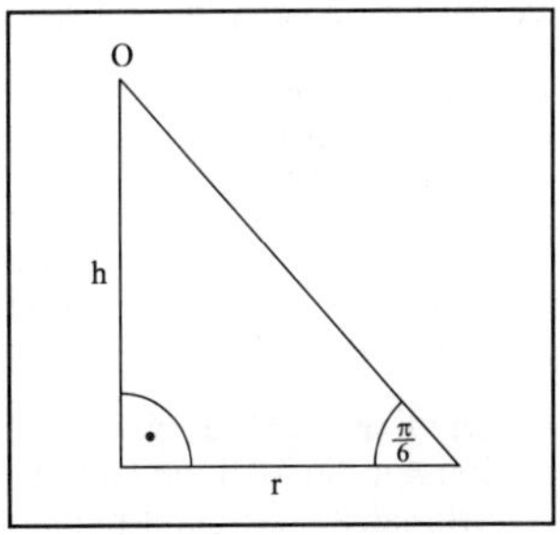

$$\tan\frac{\pi}{6} = \frac{h}{r} \;\rightarrow$$

$$r = \frac{h}{\tan\frac{\pi}{6}} = \frac{2\sqrt{3}}{3 \cdot \frac{1}{3}\sqrt{3}} = 2$$

$$V = \frac{1}{3}\pi \cdot 4 \cdot \frac{2}{3}\sqrt{3} = \underline{\underline{\frac{8}{9}\sqrt{3}\pi \approx 4{,}8}}$$

Das Volumen des geraden Kreiskegels beträgt $\frac{8}{9}\sqrt{3}\pi$ VE.

Leistungskurs Mathematik (Sachsen): Abiturprüfung 1995
Nachtermin: Geometrie/Algebra – Aufgabe B 2

In einem kartesischen Koordinatensystem sind eine Kugel K mit dem Mittelpunkt M(2; 3; 0) sowie die Punkte $P_1(3; 6; 0)$ und $P_2(3; 0; 0)$ (P_1, $P_2 \in K$) gegeben.

a) Geben Sie eine Gleichung der Kugel K an.
Ermitteln Sie die Koordinaten aller Punkte $R_i(2; y_i; 0)$ ($i \in N$), die auf der Kugel K liegen. (3 BE)

b) Die Ebene E sei die Tangentialebene im Punkt P_2 an die Kugel K.
Geben Sie eine Gleichung für die Ebene E an.
Untersuchen Sie die Lagebeziehungen der Ebene E zu den Koordinatenachsen.

Gegeben ist die Gerade t_1 durch $\vec{x} = \begin{pmatrix} 2 \\ 3 \\ 7 \end{pmatrix} + u \cdot \begin{pmatrix} 0 \\ \sqrt{390} \\ 39 \end{pmatrix} \quad (u \in R)$.

Die Gerade t_1 ist Tangente an die Kugel K, enthält den Punkt Q(2; 3; 7) und verläuft parallel zur y-z-Ebene.
Ermitteln Sie eine Gleichung der nicht mit t_1 identischen Geraden t_2, die ebenfalls diese drei Eigenschaften erfüllt. (4 BE)

Ein in der x-y-Ebene liegender Kreis k hat den Mittelpunkt M(2; 3; 0) und verläuft durch den Punkt P_1.

c) Geben Sie eine Gleichung des Kreises k an, und ermitteln Sie die Koordinaten der Schnittpunkte von k mit der x-Achse und der y-Achse.
Berechnen Sie den Flächeninhalt des Kreissektors P_1MP_2. (4 BE)

d) Durch den Kreis k und den Punkt S(3; 3; 7) wird ein Kreiskegel bestimmt.
Ermitteln Sie das Verhältnis der Volumina dieses Kreiskegels und der Pyramide MP_1P_2S. (3 BE)

e) Die Gerade h sei eine zur Strecke $\overline{MS}$ parallele Gerade durch den Punkt P_1.
Zeigen Sie, daß die Gerade h die y-z-Ebene schneidet, und geben Sie die Koordinaten des Schnittpunktes an.
Bestimmen Sie den Schnittwinkel der Geraden h mit der x-y-Ebene. (3 BE)

f) Unter allen Drachenvierecken, deren Eckpunkte auf dem Kreis k liegen, hat genau ein Viereck UVP_1W mit U(1; 0; 0) den Flächeninhalt 20.
Berechnen Sie die Koordinaten der fehlenden Eckpunkte dieses Drachenvierecks. (3 BE)

a) $r = |\overrightarrow{MP_1}| = \sqrt{1+9+0} = \sqrt{10}$

$\underline{\underline{K \ldots (x-2)^2 + (y-3)^2 + z^2 = 10}}$

$R_i(2; y_i; 0) \in K: \quad (2-2)^2 + (y_i - 3)^2 + 0 = 10$

$$y_i^2 - 6y_i + 9 = 10$$
$$y_i^2 - 6y_i - 1 = 0$$
$$y_{1,2} = 3 \pm \sqrt{9+1}$$
$$y_1 = 3 + \sqrt{10}$$
$$y_2 = 3 - \sqrt{10}$$

$\underline{\underline{R_1(2; 3+\sqrt{10}; 0)}} \qquad \underline{\underline{R_2(2; 3-\sqrt{10}; 0)}}$

b) E … Tangentialebene in $P_2(3; 0; 0)$ an K

$$(\vec{x} - \vec{x}_M) \circ (\vec{x}_{P_2} - \vec{x}_M) = r^2$$

$$\begin{pmatrix} x-2 \\ y-3 \\ z \end{pmatrix} \circ \begin{pmatrix} 3-2 \\ 0-3 \\ 0-0 \end{pmatrix} = 10$$

$$(x-2) - 3(y-3) = 10$$
$$x - 3y + 7 = 10$$

$\underline{\underline{E \ldots \qquad x - 3y - 3 = 0}}$

$E \cap$ x-Achse: $\quad x - 3 = 0 \quad \rightarrow \quad \underline{\underline{S_x(3; 0; 0)}}$

$E \cap$ y-Achse: $\quad -3y - 3 = 0 \quad \rightarrow \quad \underline{\underline{S_y(0; -1; 0)}}$

$\underline{\underline{E \parallel z - \text{Achse}}}$

$t_1 \ldots \quad \vec{x} = \begin{pmatrix} 2 \\ 3 \\ 7 \end{pmatrix} + u \begin{pmatrix} 0 \\ \sqrt{390} \\ 39 \end{pmatrix} \quad u \in R$

$t_1 \parallel$ y-z-Ebene; $Q(2; 3; 7) \in t_1$

t_1 … Tangente an K

t … Tangente an K

$t \ldots \quad (x-2)(x_B - 2) + (y-3)(y_B - 3) + (z-0)(z_B - 0) = 10 \quad (1)$

$Q \in t$: $(2-2)(x_B - 2) + (3-3)(y_B - 3) + (7-0)(z_B - 0) = 10$

$$7z_B = 10$$
$$z_B = \frac{10}{7}$$

t ∥ y-z-Ebene: $x_B = 2 \rightarrow B\left(2; y_B; \frac{10}{7}\right)$

$B \in K$: $(2-2)^2 + (y_B - 3)^2 + \left(\frac{10}{7}\right)^2 = 10$

$$y_B^2 - 6y_B + \frac{51}{49} = 0$$

$$y_{B_{1,2}} = 3 \pm \sqrt{9 - \frac{51}{49}} = 3 \pm \sqrt{\frac{390}{49}}$$

$$y_{B_1} = 3 - \frac{1}{7} \cdot \sqrt{390}$$

$$y_{B_2} = 3 + \frac{1}{7} \cdot \sqrt{390}$$

t_1 … $\vec{x} = \begin{pmatrix} 2 \\ 3 \\ 7 \end{pmatrix} + u \cdot \begin{pmatrix} 2-2 \\ 3 - \frac{1}{7}\sqrt{390} - 3 \\ \frac{10}{7} - 7 \end{pmatrix}$

$\vec{x} = \begin{pmatrix} 2 \\ 3 \\ 7 \end{pmatrix} + u \cdot \begin{pmatrix} 0 \\ -\frac{1}{7}\sqrt{390} \\ -\frac{39}{7} \end{pmatrix}$

$\vec{x} = \begin{pmatrix} 2 \\ 3 \\ 7 \end{pmatrix} + u \cdot \begin{pmatrix} 0 \\ \sqrt{390} \\ 39 \end{pmatrix}$ $(u \in R)$ (entspricht der gegebenen Tangente)

t_2 … $\vec{x} = \begin{pmatrix} 2 \\ 3 \\ 7 \end{pmatrix} + v \cdot \begin{pmatrix} 2-2 \\ 3 + \frac{1}{7}\sqrt{390} - 3 \\ \frac{10}{7} - 7 \end{pmatrix}$

t_2 … $\vec{x} = \begin{pmatrix} 2 \\ 3 \\ 7 \end{pmatrix} + v \cdot \begin{pmatrix} 0 \\ \sqrt{390} \\ -39 \end{pmatrix}$ $(v \in R)$

c) k … Kreis mit M(2; 3; 0); $P_1 \in k$

$P_1(3; 6; 0)$

$r = |\overrightarrow{MP_1}| = \sqrt{1+9+0} = \sqrt{10}$

$k \ldots (x-2)^2 + (y-3)^2 = 10$

$k \cap$ x-Achse: $(x-2)^2+(-3)^2=10$

$$x^2-4x+3=0$$
$$x_{1,2}=2\pm\sqrt{4-3}$$
$$x_1=3 \qquad x_2=1$$
$$\underline{\underline{S_{x_1}(3;0;0)}} \qquad \underline{\underline{S_{x_2}(1;0;0)}}$$

$k \cap$ y-Achse: $(-2)^2+(y-3)^2=10$

$$y^2-6y+3=0$$
$$y_{1,2}=3\pm\sqrt{9-3}$$
$$y_1=3+\sqrt{6} \qquad y_2=3-\sqrt{6}$$
$$\underline{\underline{S_{y_1}(0;3+\sqrt{6};0)}} \qquad \underline{\underline{S_{y_2}(0;3-\sqrt{6};0)}}$$

$$\frac{A_\alpha}{A}=\frac{\alpha}{360°}$$

NR:

$$\cos\alpha=\frac{\overrightarrow{MP_1}\circ\overrightarrow{MP_2}}{|\overrightarrow{MP_1}|\cdot|\overrightarrow{MP_2}|}=\frac{\begin{pmatrix}1\\3\\0\end{pmatrix}\circ\begin{pmatrix}1\\-3\\0\end{pmatrix}}{\sqrt{10}\cdot\sqrt{10}}$$
$$=\frac{-8}{10}=-\frac{4}{5}$$
$$\underline{\underline{\alpha\approx 143{,}13°}}$$

Skizze:

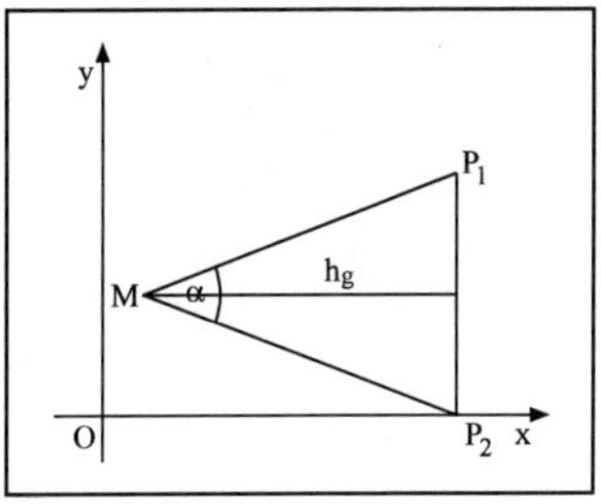

$$A_\alpha=\frac{A\cdot\alpha}{360°}=\frac{\pi r^2\cdot\alpha}{360°}=\frac{\pi\cdot 10\cdot 143{,}13°}{360°}\approx\underline{\underline{12{,}49}}$$

Der Kreissektor P_1MP_2 hat einen Flächeninhalt von 12,49 FE.

d) Kreiskegel: $V_K=\frac{1}{3}\pi r^2 h$ NB: S(3; 3; 7)

$\rightarrow$ h = 7 LE

$$V_K=\frac{1}{3}\pi\cdot 10\cdot 7$$
$$\underline{\underline{V_K=\frac{70}{3}\pi}}$$

Pyramide: $V_P = \frac{1}{3} \cdot A_G \cdot h$ NB: $A_G = \frac{\overline{P_1P_2} \cdot h_g}{2} = 3$

mit $\overline{P_1P_2} = 6\,\text{LE}; h_g = 1\,\text{LE}$

$V_P = \frac{1}{3} \cdot 3 \cdot 7$

$\underline{\underline{V_P = 7}}$

$\frac{V_K}{V_P} = \frac{70\pi}{3 \cdot 7} = \frac{10}{3}\pi \rightarrow \underline{\underline{V_K : V_P = \frac{10}{3}\pi : 1}}$

e) h … Parallele zu $\overline{MS}$ durch P_1; $\overrightarrow{MS} = \begin{pmatrix} 1 \\ 0 \\ 7 \end{pmatrix}$

h … $\vec{x} = \begin{pmatrix} 3 \\ 6 \\ 0 \end{pmatrix} + t \begin{pmatrix} 1 \\ 0 \\ 7 \end{pmatrix}$

y-z-Ebene: $x = 0$

$h \cap$ y-z-Ebene: $0 = 3 + t \rightarrow t = -3$

$y = 6 \qquad \Rightarrow \underline{\underline{D_{yz}(0; 6; -21)}}$

$z = 7t \rightarrow z = -21$

$\sin\alpha = \frac{\begin{pmatrix} 1 \\ 0 \\ 7 \end{pmatrix} \circ \begin{pmatrix} 0 \\ 0 \\ 1 \end{pmatrix}}{\sqrt{50} \cdot 1} = \frac{7}{\sqrt{50}}$

$\underline{\underline{\alpha \approx 81{,}9°}}$

f) $A = \frac{1}{2} \cdot e \cdot f = \frac{1}{2} \cdot |\overrightarrow{UP_1}| \cdot |\overrightarrow{VW}| = \frac{1}{2} \cdot 2 \cdot \sqrt{10} \cdot |\overrightarrow{VW}| = 20$

$\rightarrow |\overrightarrow{VW}| = \frac{20}{\sqrt{10}} = 2 \cdot \sqrt{10}$, d. h. UVP_1W ist ein Quadrat mit M als Diagonalenschnittpunkt.

$\overrightarrow{MP_1} \perp \overrightarrow{MV} \rightarrow \begin{pmatrix} 3 \\ -1 \end{pmatrix}$ ist Richtungsvektor der Diagonalen $\overline{MV}$.

$g = MV$: $\vec{x} = \begin{pmatrix} 2 \\ 3 \end{pmatrix} + r \cdot \begin{pmatrix} 3 \\ -1 \end{pmatrix} (r \in R)$ mit $r_1 = 1$ bzw. $r_2 = -1 \rightarrow \underline{\underline{V(5; 2)}}; \underline{\underline{W(-1; 4)}}$

Leistungskurs Mathematik (Sachsen): Abiturprüfung 1995
Nachtermin: Stochastik – Aufgabe C 1

Beim Installieren von Wasserleitungen in einem Neubau werden zwei unterschiedliche Typen (I und II) von Absperrventilen benutzt.
Erfahrungsgemäß sind 5 % der Ventile des Typs I und 10 % der Ventile des Typs II defekt.

a) Ein Klempner kauft 20 Ventile vom Typ I.
Berechnen Sie die Wahrscheinlichkeiten folgender Ereignisse:
Ereignis A: Alle Ventile funktionieren.
Ereignis B: Höchstens zwei Ventile sind defekt.
Ereignis C: Mindestens zwei und höchstens drei Ventile sind defekt. (3 BE)

b) In einem Haus mit vier Wohnungen werden Ventile wie folgt installiert:

Wohnung	Ventile des Typs I	Ventile der Typs II
1	3	3
2	1	2
3	0	2
4	5	2

Berechnen Sie die Wahrscheinlichkeiten folgender Ereignisse:
Ereignis D: In Wohnung 2 ist genau ein Ventil defekt.
Ereignis E: Alle Ventile der vier Wohnungen funktionieren.
Ereignis F: In mindestens einer Wohnung sind genau zwei Ventile des Typs I defekt.
(Hinweis: Bei Ereignis F werden die Ventile des Typs II nicht berücksichtigt.) (4 BE)

c) In einem Abschnitt einer Ringwasserleitung sind sechs Ventile des gleichen Typs eingebaut. Es sei bekannt, daß aus Versehen genau ein defektes Ventil eingebaut wurde.
Um das defekte Ventil herauszufinden, werden die Ventile der Reihe nach geprüft. Der Prüfvorgang wird beendet, wenn feststeht, an welcher Stelle sich das defekte Ventil befindet.
Berechnen Sie den Erwartungswert der Anzahl der zu prüfenden Ventile. (3 BE)

a) X … Anzahl der defekten Ventile (Binomialverteilung: n = 20; p = 0,05)

$$P(A) = P(X=0) = \binom{20}{0} \cdot 0{,}05^0 \cdot 0{,}95^{20} = \underline{\underline{0{,}3585}}$$

$$\begin{aligned} P(B) = P(X \le 2) &= P(X=0) + P(X=1) + P(X=2) \\ &= \binom{20}{0} \cdot 0{,}05^0 \cdot 0{,}95^{20} + \binom{20}{1} \cdot 0{,}05^1 \cdot 0{,}95^{19} + \binom{20}{2} \cdot 0{,}05^2 \cdot 0{,}95^{18} \\ &= 0{,}3585 + 0{,}3774 + 0{,}1887 \\ &= \underline{\underline{0{,}9246}} \end{aligned}$$

$$\begin{aligned} P(C) = P(2 \le X \le 3) &= P(X=2) + P(X=3) \\ &= \binom{20}{2} \cdot 0{,}05^2 \cdot 0{,}95^{18} + \binom{20}{3} \cdot 0{,}05^3 \cdot 0{,}95^{17} \\ &= 0{,}1887 + 0{,}0596 \\ &= \underline{\underline{0{,}2483}} \end{aligned}$$

b) Ventil I defekt: $p_1 = 0{,}05$

Ventil II defekt: $p_2 = 0{,}10$

$$\begin{aligned} P(D) &= 0{,}05 \cdot 0{,}9^2 + 2 \cdot (0{,}95 \cdot 0{,}1 \cdot 0{,}9) \\ &= 0{,}0405 + 0{,}1710 \\ &= \underline{\underline{0{,}2115}} \end{aligned}$$

Da je 9 Ventile im Haus existieren gilt:

$$P(E) = 0{,}95^9 \cdot 0{,}9^9 = \underline{\underline{0{,}2442}}$$

F_1 … In Wohnung 1 sind genau 2 Ventile I defekt

F_4 … In Wohnung 4 sind genau 2 Ventile I defekt

F_1 und F_4 sind unabhängig voneinander.

$$\begin{aligned} P(F) = P(F_1 \cup F_4) &= P(F_1) + P(F_4) \\ &= \binom{3}{2} \cdot 0{,}05^2 \cdot 0{,}95 + \binom{5}{2} \cdot 0{,}05^2 \cdot 0{,}95^3 \\ &= 0{,}0071 + 0{,}0214 \\ &= \underline{\underline{0{,}0285}} \end{aligned}$$

c) Y… Anzahl der zu prüfenden Ventile

Y = 1 für 1 Überprüfung, d. h. das 1. Ventil ist defekt
Y = 2 für 2 Überprüfungen, d. h. das 2. Ventil ist defekt
Y = 3 für 3 Überprüfungen, d. h. das 3. Ventil ist defekt
Y = 4 für 4 Überprüfungen, d. h. das 4. Ventil ist defekt
Y = 5 für 5 Überprüfungen, d. h. das 5. oder 6. Ventil ist defekt

Y	1	2	3	4	5
Wahrscheinlichkeit	$\frac{1}{6}$	$\frac{1}{6}$	$\frac{1}{6}$	$\frac{1}{6}$	$\frac{2}{6}$

$$E(Y) = 1 \cdot \frac{1}{6} + 2 \cdot \frac{1}{6} + 3 \cdot \frac{1}{6} + 4 \cdot \frac{1}{6} + 5 \cdot \frac{2}{6} = \frac{20}{6} = \underline{\underline{3,\overline{3}}}$$

Der Erwartungswert beträgt $3,\overline{3}$.

Leistungskurs Mathematik (Sachsen): Abiturprüfung 1995
Nachtermin: Stochastik – Aufgabe C 2

Von zwei Glücksrädern G_1 und G_2 sei folgendes bekannt:
Das Glücksrad G_1 erzeugt die Zahl 1 mit der Wahrscheinlichkeit 0,35, die Zahl 2 mit der Wahrscheinlichkeit 0,5 und die Zahl 3 mit der Wahrscheinlichkeit 0,15.
Das Glücksrad G_2 erzeugt die Zahl 3 mit der Wahrscheinlichkeit 0,4 und die Zahl 6 mit der Wahrscheinlichkeit 0,6.

a) Berechnen Sie die Wahrscheinlichkeiten folgender Ereignisse:

Ereignis A: Bei viermaligen Drehen von G_2 wird genau zweimal die Zahl 3 erzeugt.
Ereignis B: Beim dreimaligen Drehen von G_2 ist die Summe der erzeugten Zahlen eine gerade Zahl.
Ereignis C: Beim dreimaligen Drehen von G_2 beträgt die Summe der erzeugten Zahlen 9.
Ereignis D: Beim gleichzeitigen Drehen von G_1 und G_2 ist die durch G_1 erzeugte Zahl ein Teiler der von G_2 erzeugten Zahl. (5 BE)

b) Ein Zufallsversuch besteht im gleichzeitigen Drehen von G_1 und G_2.
Ereignis F: Beide Räder erzeugen die gleiche Zahl.
Wie oft ist das Eintreten von Ereignis F bei 50 Versuchswiederholungen durchschnittlich zu erwarten?
Wie oft muß der Zufallsversuch wenigstens ausgeführt werden, damit das Ereignis F mit einer Wahrscheinlichkeit von mindestens 95 % wenigstens einmal eintritt? (2 BE)

c) Ein Spielautomat in einer Diskothek enthält als Zufallsgerät das Glücksrad G_1.
Ein Spiel besteht im einmaligen Drehen des Rades. Der Einsatz beträgt 1 DM. Wird die Zahl 3 erzeugt, erhält der Spieler 2 DM. Wird die Zahl 2 erzeugt, darf der Spieler wählen, ob er kostenlos ein zweites Mal das Rad dreht oder 1 DM ausgezahlt bekommt. Wird die Zahl 1 erzeugt, bekommt der Spieler nichts ausgezahlt.
Einige Gäste der Diskothek beraten, welche der folgenden Strategien günstiger sei:

Strategie I: Der Spieler hört nach einem Spiel sofort auf.
Strategie II: Wird die Zahl 1 oder die Zahl 3 erzeugt, hört der Spieler auf. Wird die Zahl 2 erzeugt, entscheidet sich der Spieler für nochmaliges Drehen. Danach beendet der Spieler das Spiel.

Entscheiden und begründen Sie:
Welche Strategie bringt langfristig dem Automatenbetreiber mehr Gewinn?
Bei welcher Strategie ist die Wahrscheinlichkeit, daß ein Spieler 2 DM erhält, größer? (3 BE)

Lösungen

Glücksrad G_1

Zahl	Wahrscheinlichkeit
1	0,35
2	0,5
3	0,15

Glücksrad G_2

Zahl	Wahrscheinlichkeit
3	0,4
6	0,6

a) X … Anzahl des Erzeugens der Zahl 3 beim viermaligen Drehen von G_2
(Binomialverteilung: n = 4; p = 0,4)

$$P(A) = P(X = 2) = \binom{4}{2} \cdot 0{,}4^2 \cdot 0{,}6^2 = \underline{\underline{0{,}3456}}$$

Ergebnis	Summe	Wahrscheinlichkeit
B_1: (3; 3; 3)	9	$0{,}4^3 = 0{,}064$
B_2: (3; 3; 6)	12	$0{,}4^2 \cdot 0{,}6 = 0{,}096$
B_3: (3; 6; 3)		
B_4: (6; 3; 3)		
B_5: (6; 6; 3)	15	$0{,}4 \cdot 0{,}6^2 = 0{,}144$
B_6: (6; 3; 6)		
B_7: (3; 6; 6)		
B_8: (6; 6; 6)	18	$0{,}6^3 = 0{,}216$

$$P(B) = 3 \cdot P(B_2) + P(B_8) = 3 \cdot 0{,}096 + 0{,}216 = \underline{\underline{0{,}504}}$$

$$P(C) = P(B_1) = \underline{\underline{0{,}064}}$$

Ergebnis D tritt ein für:

G_1	G_2
1	3
1	6
2	6
3	3
3	6

Es fehlt nur:

G_1	G_2
2	3

$\overline{D}$ … G_1 erzeugt 2 und G_2 erzeugt 3

$P(\overline{D}) = 0{,}5 \cdot 0{,}4 = 0{,}2$

$$P(D) = 1 - P(\overline{D}) = 1 - 0{,}2 = \underline{\underline{0{,}8}}$$

b) F … G_1 und G_2 erzeugen 3

$P(F) = 0{,}15 \cdot 0{,}4 = 0{,}06$

Y … Anzahl der Ereignisse F bei 50 Versuchen (Binomialverteilung: $n = 50$; $p = 0{,}06$)

$E(Y) = n \cdot p = 50 \cdot 0{,}06 = \underline{\underline{3}}$

Das Eintreten von Y kann bei 50 Versuchen dreimal erwartet werden.

$$\bar{p} = 0{,}94$$
$$1 - 0{,}94^n \geq 0{,}95$$
$$0{,}05 \geq 0{,}94^n$$
$$\lg 0{,}05 \geq n \cdot \lg 0{,}94$$
$$\frac{\lg 0{,}05}{\lg 0{,}94} \leq n \quad \rightarrow \quad \underline{\underline{n \geq 48{,}42}}$$

Der Zufallsversuch muß mindestens 49mal ausgeführt werden.

c) Strategie I:

Ergebnis	Gewinn	Wahrscheinlichkeit
1	–1	0,35
2	0	0,5
3	1	0,15

S_1 … Gewinn bei Strategie I

$E(S_1) = (-1) \cdot 0{,}35 + 0 \cdot 0{,}5 + 1 \cdot 0{,}15$
$= \underline{\underline{-0{,}2}}$

Strategie II:

Ergebnis	Gewinn	Wahrscheinlichkeit
1	–1	0,35
3	1	0,15
2; 1	–1	0,5 · 0,35 = 0,175
2; 2	0	0,5 · 0,5 = 0,25
2; 3	1	0,5 · 0,15 = 0,075

S_2 … Gewinn bei Strategie II

$E(S_2) = -1 \cdot 0{,}35 + 1 \cdot 0{,}15 - 1 \cdot 0{,}175 + 0 \cdot 0{,}25 + 1 \cdot 0{,}075$
$= \underline{\underline{-0{,}3}}$

Die Strategie II bringt dem Automatenbetreiber langfristig mehr Gewinn, da der Spieler durchschnittlich mehr einbüßt.

H … Spieler erhält 2 DM: Strategie I: $P(H) = \underline{\underline{0{,}15}}$

Strategie II: $P(H) = 0{,}15 \cdot 0{,}075 = \underline{\underline{0{,}225}}$

Bei Strategie II ist die Wahrscheinlichkeit, daß ein Spieler 2 DM erhält, größer.

Leistungskurs Mathematik (Sachsen): Abiturprüfung 1996
Analysis – Aufgabe A 1

Gegeben sind die Funktionen f_t durch

$$y = f_t(x) = \frac{t^2 + 2}{2} \cdot \cos(tx) \qquad (t \in R, t > 0; x \in R).$$

a) Führen Sie für die Funktion f_2 eine Kurvendiskussion durch (Nullstellen, Symmetrie, kleinste Periode, Koordinaten der lokalen Extrempunkte, Art der Extrema).
Zeichnen Sie den Graph der Funktion f_2 im Intervall $0 \leq x \leq \pi$.
Ermitteln Sie eine Gleichung der Tangente an den Graph der Funktion f_2 im Punkt $P(\frac{\pi}{4}; f_2(\frac{\pi}{4}))$. (9 BE)

b) Für jedes t begrenzen die beiden Koordinatenachsen und der Graph der Funktion f_t im Intervall $0 \leq x \leq \frac{\pi}{2t}$ ein Fläche A_t vollständig.
Berechnen Sie den Inhalt dieser Fläche in Abhängigkeit von t.
Ermitteln Sie den Wert für t, für welchen diese Fläche minimal wird.
Die Fläche A_2 erzeugt bei Rotation um die x-Achse einen Rotationskörper.
Berechnen Sie das Volumen dieses Rotationskörpers. (10 BE)

c) Gegeben ist die Funktion g durch $y = g(x) = 2\sin(4x) \quad (x \in R)$.
Zeichnen Sie den Graph der Funktion g im Intervall $0 \leq x \leq \pi$ in das Koordinatensystem von Aufgabenteil a ein.
Berechnen Sie die Koordinaten der Schnittpunkte der Graphen der Funktionen f_2 und g. (5 BE)

d) Die Funktion s ist gegeben durch $y = s(x) = f_2(x) + g(x)$.
Berechnen Sie die Koordinaten der lokalen Extrempunkte der Funktion s im Intervall $0 \leq x \leq \pi$, und untersuchen Sie die Art der Extrema. (6 BE)

(30 BE)

Lösungen

a) $f_2(x) = 3\cos(2x) \quad (x \in R)$

Nullstellen:

$$0 = 3\cos(2x)$$
$$0 = \cos(2x)$$
$$2x_N = \frac{\pi}{2} + k \cdot \pi \qquad (k \in Z)$$
$$\underline{\underline{x_N = \frac{\pi}{4} + \frac{k \cdot \pi}{2}}}$$

Symmetrie: $f_2(-x) = 3\cos[2 \cdot (-x)] = 3\cos(2x) = f_2(x)$

$\Rightarrow$ $\underline{\underline{f_2 \text{ ist achsensymmetrisch zur y-Achse}}}$

kleinste Periode: $\frac{2\pi}{2} = \underline{\underline{\pi}}$

Extrempunkte:

$$f_2'(x) = -6\sin(2x)$$
$$0 = -6\sin(2x_E)$$
$$0 = \sin 2x_E$$
$$2x_E = k \cdot \pi \qquad (k \in Z)$$
$$x_E = \frac{k \cdot \pi}{2} \qquad y_E = \pm 3$$

$$f_2''(x) = -12\cos(2x)$$
$$f_2''\left(\frac{k \cdot \pi}{2}\right) = -12 \quad \text{für gerade k} \quad \Rightarrow \quad \text{lokale Maxima}$$
$$f_2''\left(\frac{k \cdot \pi}{2}\right) = 12 \quad \text{für ungerade k} \quad \Rightarrow \quad \text{lokale Minima}$$
$$\underline{\underline{E_{MIN}\left(\frac{2k+1}{2}\pi; -3\right)}} \qquad \underline{\underline{E_{MAX}(k\pi; 3)}} \qquad (k \in Z)$$

Tangente: t... Tangente an f_2 in $P\left(\frac{\pi}{4}; 0\right)$

$$f_2'(x) = -6\sin(2x)$$
$$f_2'\left(\frac{\pi}{4}\right) = -6\sin\frac{\pi}{2} = -6 = m_t$$
$$t\ldots \quad y - 0 = -6\left(x - \frac{\pi}{4}\right)$$
$$t\ldots \quad \underline{\underline{y = -6x + \frac{3\pi}{2}}}$$

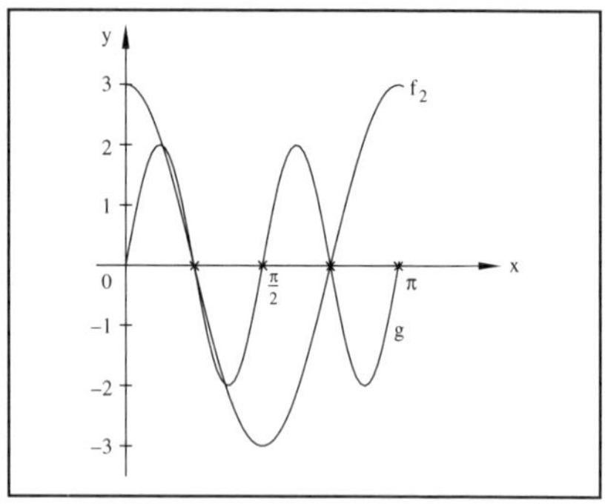

b) $$A(t) = \int_0^{\frac{\pi}{2t}} \frac{t^2+2}{2}\cos(tx)\,dx = \left[\frac{t^2+2}{2t}\sin(tx)\right]_0^{\frac{\pi}{2t}}$$

$$= \frac{t^2+2}{2t}\left(\sin\frac{t \cdot \pi}{2t} - \sin 0\right) = \frac{t^2+2}{2t}(1-0) = \underline{\underline{\frac{t^2+2}{2t}}}$$

Minimum: $$A'(t) = \frac{2t \cdot 2t - (t^2+2) \cdot 2}{4t^2} = \frac{2t^2-4}{4t^2}$$

$$0 = 2t_E^2 - 4$$
$$t_E^2 = 2$$
$$\underline{\underline{t_{E_1} = \sqrt{2}}} \qquad t_{E_2} = -\sqrt{2} \quad \text{entfällt, da } t > 0$$

$$A''(t)=\frac{4t\cdot 4t^2-(2t^2-4)\cdot 8t}{16t^4}=\frac{16t^3-16t^3+32t}{16t^4}=\frac{32t}{16t^4}=\frac{2}{t^3}$$

$$A''\left(\sqrt{2}\right)=\frac{2}{\left(\sqrt{2}\right)^3}=\frac{1}{2}\sqrt{2}>0 \quad\Rightarrow\quad \underline{\underline{\text{lokales Minimum}}}$$

Für $t=\sqrt{2}$ wird die Fläche minimal.

Volumen: $V=\pi\cdot\int_0^{\frac{\pi}{4}}[3\cos(2x)]^2\,dx$

$$=9\pi\cdot\int_0^{\frac{\pi}{4}}[\cos(2x)]^2\,dx$$

NR: (Partielle Integration)

$$\int[\cos(2x)]^2\,dx=\int\underbrace{\cos(2x)}_{u}\cdot\underbrace{\cos(2x)}_{v'}\,dx$$

$$=\cos(2x)\cdot\frac{1}{2}\sin(2x)-\int\left[-2\sin(2x)\cdot\frac{1}{2}\sin(2x)\right]dx$$

$$=\frac{\cos(2x)\cdot\sin(2x)}{2}+\int[\sin(2x)]^2\,dx$$

$$=\frac{\cos(2x)\cdot\sin(2x)}{2}+\int\left[1-\cos^2 2x\right]dx$$

$$=\frac{\cos(2x)\cdot\sin(2x)}{2}+\int dx-\int[\cos(2x)]^2\,dx$$

$$2\cdot\int[\cos(2x)]^2\,dx=\frac{\cos(2x)\cdot\sin(2x)}{2}+x$$

$$\int[\cos(2x)]^2\,dx=\frac{1}{2}\cdot\left(\frac{\cos(2x)\cdot\sin(2x)}{2}+x\right)$$

$$=9\pi\cdot\frac{1}{2}\left[\frac{\cos(2x)\cdot\sin(2x)}{2}+x\right]_0^{\frac{\pi}{4}}$$

$$=\frac{9}{2}\pi\cdot\left[\left(0+\frac{\pi}{4}\right)-(0)\right]=\frac{9}{2}\pi\cdot\frac{\pi}{4}=\underline{\underline{\frac{9}{8}\pi^2}}$$

Das Volumen des Rotationskörpers beträgt $\frac{9}{8}\pi^2$ VE.

c) $y=g(x)=2\sin(4x)\quad(x\in\mathbb{R})$
Skizze vgl. Aufgabenteil a
Schnittpunkte: $f_2(x_S)=g(x_S)$

$$3\cos(2x_S)=2\sin(4x_S)\qquad|\ z=2x_S$$
$$3\cos z=2\sin(2z)\qquad|\ 2\sin(2z)=4\sin z\cdot\cos z$$
$$3\cos z=4\sin z\cdot\cos z$$
$$0=4\sin z\cdot\cos z-3\cos z$$
$$0=\cos z\,(4\sin z-3)$$

$\cos z=0$ | $4\sin z-3=0$

$$z_1 = \frac{\pi}{2} + k \cdot \pi \quad (k \in Z) \qquad \sin z = \frac{3}{4}$$

$$\Rightarrow \quad x_{S_1} = \frac{\pi}{4} + \frac{k\pi}{2} \qquad z_2 = 0{,}848 + k \cdot 2\pi$$

$$y_{S_1} = 0 \qquad z_3 = 2{,}294 + k \cdot 2\pi$$

$$\Rightarrow \quad x_{S_2} = 0{,}424 + k\pi \quad y_{S_2} = 1{,}98$$

$$\Rightarrow \quad x_{S_3} = 1{,}147 + k\pi \quad y_{S_3} = -1{,}98$$

$$\underline{\underline{S_1\left(\frac{\pi}{4} + \frac{k\pi}{2}; 0\right)}} \qquad \underline{\underline{S_2(0{,}424 + k\pi; 1{,}98)}} \qquad \underline{\underline{S_3(1{,}147 + k\pi; -1{,}98)}} \qquad (k \in Z)$$

d) $y = s(x) = f_2(x) + g(x) = 3\cos(2x) + 2\sin(4x) \qquad (0 \le x \le \pi)$

Extrempunkte: $s'(x) = -6\sin(2x) + 8\cos(4x)$

$$0 = -6\sin(2x_E) + 8\cos(4x_E) \qquad 2x_E = z$$

$$0 = -6\sin z + 8\cos 2z \qquad |\ \cos 2z = \cos^2 z - \sin^2 z$$

$$0 = -6\sin z + 8(\cos^2 z - \sin^2 z) \qquad |\ \cos^2 z = 1 - \sin^2 z$$

$$0 = -6\sin z + 8(1 - 2\sin^2 z)$$

$$0 = -6\sin z + 8 - 16\sin^2 z$$

$$0 = -16\sin^2 z - 6\sin z + 8$$

$$0 = \sin^2 z + \frac{3}{8}\sin z - \frac{1}{2} \qquad |\ \sin z = u$$

$$0 = u^2 + \frac{3}{8}u - \frac{1}{2}$$

$$u_{1,2} = -\frac{3}{16} \pm \sqrt{\frac{9}{256} + \frac{128}{256}} = -\frac{3}{16} \pm \sqrt{\frac{137}{256}}$$

$$u_{1,2} = -\frac{3}{16} \pm \frac{\sqrt{137}}{16}$$

$$u_1 = -\frac{3}{16} + \frac{\sqrt{137}}{16} \qquad u_2 = -\frac{3}{16} - \frac{\sqrt{137}}{16}$$

$$\sin z_1 \approx 0{,}544 \qquad \sin z_2 \approx -0{,}919$$

$$z_{11} \approx 0{,}575 \qquad z_{21} \approx 4{,}307$$

$$z_{12} \approx 2{,}566 \qquad z_{22} \approx 5{,}118$$

$$\Rightarrow \quad x_{E_1} \approx 0{,}29 \quad y_{E_1} \approx 4{,}34 \qquad x_{E_3} \approx 2{,}15 \quad y_{E_3} \approx 0{,}27$$

$$x_{E_2} \approx 1{,}28 \quad y_{E_2} \approx -4{,}34 \qquad x_{E_4} \approx 2{,}56 \quad y_{E_4} \approx -0{,}27$$

$s''(x) = -12\cos(2x) - 32\sin(4x)$

$s''(0{,}29) \approx -39{,}4 \quad \Rightarrow$ lokales Maximum

$s''(1{,}28) \approx 39{,}4 \quad \Rightarrow$ lokales Minimum

$s''(2{,}15) \approx -18{,}7 \quad \Rightarrow$ lokales Maximum

$s''(2{,}56) \approx 18{,}7 \quad \Rightarrow$ lokales Minimum

$$\underline{\underline{E_{MAX_1}(0{,}29; 4{,}34)}} \qquad \underline{\underline{E_{MIN_1}(1{,}28; -4{,}34)}}$$

$$\underline{\underline{E_{MAX_2}(2{,}15; 0{,}27)}} \qquad \underline{\underline{E_{MIN_2}(2{,}56; -0{,}27)}}$$

Leistungskurs Mathematik (Sachsen): Abiturprüfung 1996
Analysis – Aufgabe A 2

Gegeben sind die Funktionen f_a durch

$$y = f_a(x) = \ln\left(\frac{a+x}{a-x}\right) \qquad (a \in R,\ a > 0;\ x \in D_{f_a}).$$

a) Geben Sie den größtmöglichen Definitionsbereich der Funktionen f_a in Abhängigkeit von a an, und führen Sie für die Funktionen f_a eine Kurvendiskussion durch (Nullstellen, Symmetrie, Monotonie, Koordinaten der lokalen Extrempunkte, Koordinaten der Wendepunkte).
Zeichnen Sie die Graphen der Funktionen f_1 und f_4 im größtmöglichen Definitonsbereich. (14 BE)

b) Ermitteln Sie eine Gleichung für die Wendetangenten an die Graphen der Funktionen f_a in Abhängigkeit von a. (2 BE)

c) Gegeben sind die Funktionen F_a durch
$F_a(x) = (a + x) \cdot \ln(a + x) + (a - x) \cdot \ln(a - x) \quad (a \in R,\ a > 0;\ x \in D_{F_a})$.
Weisen Sie nach, daß für jedes a die Funktion F_a Stammfunktion der Funktion f_a ist.
Berechnen Sie den Inhalt der Fläche, die von den Graphen der Funktionen f_1 und f_4 sowie der Geraden mit der Gleichung $x = 0{,}5$ vollständig begrenzt wird. (6 BE)

d) Gegeben ist die Funktion h durch

$$y = h(x) = \frac{2}{1-x^2} \qquad (x \in R,\ -1 < x < 1).$$

Zeichnen Sie den Graph der Funktion h im Intervall $-1 < x < 1$.
Jede der Geraden mit der Gleichung $x = u$ ($u \in R$, $0 < u < 1$) schneidet den Graph der Funktion h im Punkt P_u und den Graph der Funktion f_1 im Punkt Q_u.
Für welchen Wert u ist der Abstand $\overline{P_u Q_u}$ minimal?
Berechnen Sie diesen minimalen Abstand. (8 BE)

(30 BE)

Lösungen

a) $y = f_a(x) = \ln\left(\dfrac{a+x}{a-x}\right) \qquad (a \in R,\ a > 0;\ x \in D_{f_a})$

Definitionsbereich: $D_{f_a} = \{x \mid -a < x < a;\ x \in R\}$

Nullstellen: $\dfrac{a+x}{a-x} = 1 \;\Rightarrow\; \underline{\underline{x_N = 0}}$

Symmetrie: $f_a(x) = \ln\left(\dfrac{a+x}{a-x}\right) = \ln(a+x) - \ln(a-x)$

$$\begin{aligned} f_a(-x) &= \ln(a-x) - \ln(a+x) \\ &= -\ln(a+x) + \ln(a-x) \\ &= -1\,[\ln(a+x) - \ln(a-x)] \\ &= -f_a(x) \end{aligned}$$

$\Rightarrow$ f_a ist <u>zentralsymmetrisch zum Koordinatenursprung</u>

Monotonie: $f_a'(x) = \dfrac{1}{\frac{a+x}{a-x}} \cdot \dfrac{1\cdot(a-x)+(a+x)\cdot 1}{(a-x)^2} = \dfrac{a-x}{a+x} \cdot \dfrac{2a}{(a-x)^2}$

$$= \frac{2a}{(a+x)(a-x)} = \frac{2a}{a^2 - x^2} > 0, \text{ da } 2a > 0 \text{ und } a^2 - x^2 > 0$$

$\Rightarrow$ f_a ist im gesamten Definitionsbereich <u>monoton wachsend</u>

Extrempunkte: $f_a'(x) = \dfrac{2a}{a^2 - x^2} \neq 0$ für alle $a > 0$

$\Rightarrow$ <u>keine lokalen Extrema</u>

$$f_a''(x) = \frac{0\cdot(a^2 - x^2) + 2a \cdot 2x}{(a^2 - x^2)^2} = \frac{4ax}{(a^2 - x^2)^2}$$

$0 = 4ax_W$

$x_W = 0 \qquad y_W = 0$

<u>W(0; 0)</u>

$$f_a'''(x) = \frac{4a(a^2 - x^2)^{\cancel{2}1} + 4ax \cdot 2\cancel{(a^2 - x^2)}^{1} \cdot 2x}{(a^2 - x^2)^{\cancel{4}3}}$$

$$= \frac{4a^3 - 4ax^2 + 16ax^2}{(a^2 - x^2)^3} = \frac{4a^3 - 12ax^2}{(a^2 - x^2)^3}$$

$$f_a'''(x) = \frac{4a^3}{a^6} = \frac{4}{a^3} \neq 0$$

$f_1(x) = \ln\left(\dfrac{1+x}{1-x}\right) \qquad D_{f_1} = \{x \mid -1 < x < 1;\ x \in R\}$

$f_4(x) = \ln\left(\dfrac{4+x}{4-x}\right) \qquad D_{f_4} = \{x \mid -4 < x < 4;\ x \in R\}$

x	$\pm\frac{1}{4}$	$\pm\frac{1}{2}$	$\pm\frac{3}{4}$
f1 (x)	± 0,51	±1,1	±1,9

x	±1	±2	±3	±3,8
f4 (x)	± 0,51	±1,1	±1,9	±3,7

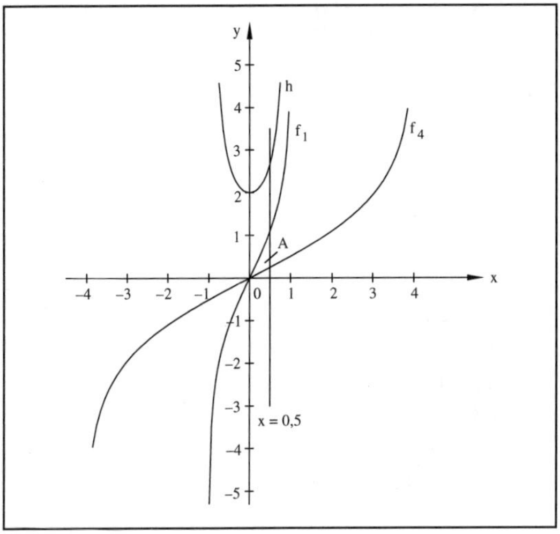

b) W(0; 0)

$$f_a'(x) = \frac{2a}{a^2 - x^2}$$

$$f_a'(0) = \frac{2a}{a^2} = \frac{2}{a} = m_t$$

Wendetangente t_W... $\underline{\underline{y_a = \frac{2}{a}x}}$

c) $F_a(x) = (a + x) \cdot \ln(a + x) + (a - x) \cdot \ln(a - x)$ $\quad$ $(a \in R, a > 0; x \in D_{f_a})$

$$F_a'(x) = \left(1 \cdot \ln(a+x) + (a+x) \cdot \frac{1}{a+x}\right) + \left(-1 \cdot \ln(a-x) + (a-x) \cdot \frac{-1}{a-x}\right)$$

$$= \ln(a + x) + 1 + (-\ln(a - x)) - 1$$

$$= \ln(a + x) - \ln(a - x) = \ln\left(\frac{a+x}{a-x}\right) = f_a(x)$$

$\Rightarrow$ $F_a(x)$ ist eine Stammfunktion von $f_a(x)$

$$A = \int_0^{0,5} [f_1(x) - f_4(x)]\,dx = \int_0^{0,5} \left[\ln\left(\frac{1+x}{1-x}\right) - \ln\left(\frac{4+x}{4-x}\right) \right] dx$$

$$= \big[[(1+x)\cdot\ln(1+x) + (1-x)\cdot\ln(1-x)] - [(4+x)\cdot\ln(4+x) + (4-x)\cdot\ln(4-x)]\big]_0^{0,5}$$

$$= [(1,5\cdot\ln 1,5 + 0,5\cdot\ln 0,5) - (4,5\cdot\ln 4,5 + 3,5\cdot\ln 3,5)] - [0 - (4\cdot\ln 4 + 4\ln 4)]$$

$$= \frac{3}{2}(\ln 3 - \ln 2) + \frac{1}{2}(\ln 1 - \ln 2) - \frac{9}{2}(\ln 9 - \ln 2) - \frac{7}{2}(\ln 7 - \ln 2) + 8\ln 4$$

$$= \frac{3}{2}\ln 3 - \frac{3}{2}\ln 2 - \frac{1}{2}\ln 2 - \frac{9}{2}\cdot 2\ln 3 + \frac{9}{2}\ln 2 - \frac{7}{2}\ln 7 + \frac{7}{2}\ln 2 + 8\cdot 2\ln 2$$

$$= -\frac{7}{2}\ln 7 - \frac{15}{2}\ln 3 + 22\ln 2 \approx 0,2$$

d) $y = h(x) = \dfrac{2}{1-x^2} \qquad (x \in R; -1 < x < 1)$

Skizze siehe Aufgabenteil a

$$\overline{P_u Q_u} = d(u) = h(u) - f_1(u) \qquad (0 < u < 1)$$

$$d(u) = \frac{2}{1-u^2} - \ln\left(\frac{1+u}{1-u}\right) \qquad (0 < u < 1)$$

$$d'(u) = \frac{4u}{(1-u^2)^2} - \frac{\cancel{1-u}^{\,1}}{1+u} \cdot \frac{(1-u)+(1+u)}{(1-u)^{\cancel{2}1}}$$

$$= \frac{4u}{(1-u^2)^2} - \frac{2}{(1+u)\cdot(1-u)} = \frac{4u}{(1-u^2)^2} - \frac{2}{1-u^2}$$

$$= \frac{4u - 2(1-u^2)}{(1-u^2)^2} = \frac{2u^2 + 4u - 2}{(1-u^2)^2}$$

$$0 = 2u_E^2 + 4u_E - 2 = u_E^2 + 2u_E - 1$$

$$u_{E_{1,2}} = -1 \pm \sqrt{2} \quad \Rightarrow \quad u_{E_1} = -1 + \sqrt{2}$$

$$u_{E_2} = -1 - \sqrt{2} \quad \text{entfällt wegen } D_d$$

$$d''(u) = \frac{(4u+4)\cdot(1-u^2)^{\cancel{2}1} - (2u^2+4u-2)\cdot 2\cancel{(1-u^2)}^{\,1}\cdot(-2u)}{(1-u^2)^{\cancel{4}3}}$$

$$= \frac{(4u+4)(1-u^2) + 4u(2u^2+4u-2)}{(1-u^2)^3} = \frac{4u^3 + 12u^2 - 4u + 4}{(1-u^2)^3}$$

$d''\left(-1+\sqrt{2}\right) \approx 8,24 \quad \Rightarrow \quad$ lokales Minimum

$$\overline{P_u Q_u} = d\left(-1+\sqrt{2}\right) = \frac{2}{1-\left(-1+\sqrt{2}\right)^2} - \ln\left(\frac{1-1+\sqrt{2}}{1+1-\sqrt{2}}\right)$$

$$= \frac{2}{2\sqrt{2}-2} - \ln\left(\frac{\sqrt{2}}{2-\sqrt{2}}\right) = \frac{1}{\sqrt{2}-1}\cdot\frac{\sqrt{2}+1}{\sqrt{2}+1} - \ln\left(\frac{\sqrt{2}}{2\sqrt{2}}\cdot\frac{2+\sqrt{2}}{2+\sqrt{2}}\right)$$

$$= \frac{\sqrt{2}+1}{2-1} - \ln\left(\frac{2\sqrt{2}+2}{4-2}\right) = \sqrt{2} + 1 - \ln\left(\sqrt{2}+1\right)$$

$$\approx 1,53$$

Leistungskurs Mathematik (Sachsen): Abiturprüfung 1996
Geometrie/Algebra – Aufgabe B 1

Familie Baumann hat sich ein Grundstück gekauft und möchte darauf ein Eigenheim errichten. Das ebene, viereckige Grundstück wird durch die Grenzsteine P_1 (25; 0; 0), P_2 (x_2; y_2; 0), P_3 (–2; 36; 0) und P_4 (–5; 15; 0) markiert (1 LE $\hat{=}$ 1 m).
Die Grenzsteine P_2 und P_4 liegen achsensymmetrisch zur Diagonale $\overline{P_1P_3}$.

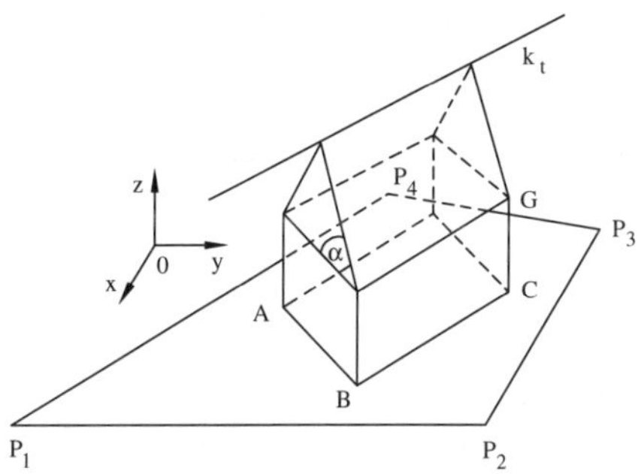

(Skizze nicht maßstäblich)

a) Berechnen Sie die Standortkoordinaten des Grenzsteines P_2.
Welchen Grundstückspreis mußte Familie Baumann bezahlen, wenn der Quadratmeterpreis des erschlossenen Grundstücks 73 DM beträgt? (6 BE)

Das Eigenheim kann als Quader mit einem aufgesetzten, dreiseitigen, geraden Prisma angenommen werden. Der Punkt C(4; 33; 0) ist ein Eckpunkt der Fundamentplatte. Jedes Haus des gewählten Typs hat eine Breite $\overline{AB}$ = 10 m und eine Länge $\overline{BC}$ = 15 m.
Die beiden Rechtecke des Daches liegen in Ebenen

E_t: $3tx + 4ty + 25z = 144t + 200$ bzw.
F_t: $3tx + 4ty - 25z = 94t - 200$ $(t \in R; t > 0)$.

Der Dachneigungswinkel α wird durch den Parameter t beeinflußt (siehe Skizze).

b) Zeigen Sie, daß die Seitenwandhöhe $\overline{CG}$ jedes solchen Hauses von der Wahl des Parameters t unabhängig ist, und berechnen Sie diese. (3 BE)

c) In einer speziellen Ausführung des Projektes liegen die Dachflächen in den Ebenen E_5 bzw. F_5.
Ermitteln Sie eine Gleichung der Dachfirstgeraden k_5.
Weisen Sie nach, daß die Dachebenen E_5 und F_5 orthogonal zueinander sind.
Für die Finanzierung des Hauses wird der umbaute Raum (Gesamtvolumen des Hauses ohne Berücksichtigung der Wandstärken) benötigt.
Berechnen Sie für dieses spezielle Projekt den umbauten Raum. (5 BE)

d) Um den umbauten Raum zu verkleinern, soll der Dachneigungswinkel α verringert werden. Als Auflage vom Bauamt muß dieser Winkel zwischen einschließlich 30° und 45° liegen.
Berechnen Sie für diese Bedingungen das Intervall der möglichen Parameterwerte von t. (3 BE)

e) Zum Bau des Hauses wird ein Turmdrehkran mit horizontalem Ausleger verwendet. Der Kran soll so aufgestellt werden, daß die Grenzsteine P_1, P_3 und P_4 gleichweit vom Standort des Kranes entfernt sind.
Berechnen Sie die Koordinaten des Kranstandortes und die erforderliche Auslegerlänge.
Überprüfen Sie, ob durch solch einen Kran bei dieser Aufstellung das gesamte Grundstück erreicht werden kann. (3 BE)

(20 BE)

Lösungen

a) Grenzsteine: $P_1\,(25;\,0;\,0)$ $\quad P_3\,(-2;\,36;\,0)$
$P_2\,(x_2;\,y_2;\,0)$ $\quad P_4\,(-5;\,15;\,0)$

$P_1P_2P_3P_4$ ist ein Drachenviereck, da P_2 und P_4 achsensymmetrisch zu $\overline{P_1P_3}$ liegen.
(Wegen z = 0 folgen die Berechnungen in der xy-Ebene)

$$g = P_1P_3 \ldots \quad \vec{x} = \begin{pmatrix}25\\0\end{pmatrix} + t\begin{pmatrix}-27\\36\end{pmatrix} \qquad t \in R$$

$$h = P_2P_4 \ldots \quad \vec{x} = \begin{pmatrix}-5\\15\end{pmatrix} + s\begin{pmatrix}36\\27\end{pmatrix} \qquad s \in R$$

(h verläuft senkrecht zu g)

$$\begin{array}{llr}
g \cap h: (1) & 25 - 27t = -5 + 36s & | \cdot 4 \\
(2) & 36t = 15 + 27s & | \cdot 3 \\
\hline
(1)' & 100 - 108t = -20 + 144s & \\
(2)' & 108t = 45 + 81s & \\
\hline
(1)' + (2)' & 100 = 25 + 225s & \\
 & s = \frac{1}{3} &
\end{array}$$

$\Rightarrow$ S(7; 24)

$$\overrightarrow{0P_2} = \overrightarrow{0P_4} + 2 \cdot \overrightarrow{P_4S} = \begin{pmatrix}-5\\15\\0\end{pmatrix} + 2 \cdot \begin{pmatrix}12\\9\\0\end{pmatrix} = \begin{pmatrix}-5\\15\\0\end{pmatrix} + \begin{pmatrix}24\\18\\0\end{pmatrix} = \begin{pmatrix}19\\33\\0\end{pmatrix}$$

$\Rightarrow$ $\underline{\underline{P_2\,(19;\,33;\,0)}}$

Flächeninhalt eines Drachenvierecks: $A = \frac{1}{2} \cdot e \cdot f$

mit $e = \left|\overrightarrow{P_1P_3}\right| = \sqrt{27^2 + 36^2} = 45$

$f = \left|\overrightarrow{P_2P_4}\right| = \sqrt{24^2 + 18^2} = 30$

$A = \frac{1}{2} \cdot 45\ \text{m} \cdot 30\ \text{m} = 675\ \text{m}^2$

$675 \cdot 73\ \text{DM} = 49\,275\ \text{DM}$

Familie Baumann hat 675 m^2 Grundstück und mußte dafür 49 275 DM bezahlen.

b) C(4; 33; 0)

$E_t \ldots\ 3tx + 4ty + 25z = 144t + 200$

$$l = CG \ldots\ \vec{x} = \begin{pmatrix} 4 \\ 33 \\ 0 \end{pmatrix} + u \begin{pmatrix} 0 \\ 0 \\ 1 \end{pmatrix} \qquad u \in R$$

$$\begin{aligned} l \cap E_t\text{:}\ 3t \cdot 4 + 4t \cdot 33 + 25 \cdot u &= 144t + 200 \\ 12t + 132t + 25u &= 144t + 200 \\ 25u &= 200 \\ u &= 8 \end{aligned}$$

$\Rightarrow$ unabhängig von t

$\Rightarrow\ \overline{CG} = 8$

Die Seitenwandhöhe jedes solchen Hauses beträgt 8 m.

c) $E_5 \ldots\ 15x + 20y + 25z = 920$

$F_5 \ldots\ 15x + 20y - 25z = 270$

$$E_5 \cap F_5 = \{k_S\}\text{:}\quad \begin{array}{lr} (1) & 15x + 20y + 25z = 920 \\ (2) & 15x + 20y - 25z = 270 \\ \hline (1) - (2) & 50z = 650 \\ & z = 13 \end{array}$$

z. B. für $x = 0$: $20y + 325 = 920 \Rightarrow\ y = \frac{119}{4} \ \Rightarrow\ P_1\left(0; \frac{119}{4}; 13\right)$

für $y = 0$: $15x + 325 = 920 \Rightarrow\ x = \frac{119}{3} \ \Rightarrow\ P_2\left(\frac{119}{3}; 0; 13\right)$

$$\text{Richtung von } k_5\text{:} \begin{pmatrix} \frac{119}{3} \\ -\frac{119}{4} \\ 0 \end{pmatrix} \text{ bzw. } \begin{pmatrix} -4 \\ 3 \\ 0 \end{pmatrix}$$

$$k_5 \ldots\ \vec{x} = \begin{pmatrix} \frac{119}{3} \\ 0 \\ 13 \end{pmatrix} + v \begin{pmatrix} -4 \\ 3 \\ 0 \end{pmatrix} \qquad v \in R$$

$$\overrightarrow{n_{E_5}} \circ \overrightarrow{n_{F_5}} = \begin{pmatrix} 15 \\ 20 \\ 25 \end{pmatrix} \circ \begin{pmatrix} 15 \\ 20 \\ -25 \end{pmatrix} = 225 + 400 - 625 = 0$$

$\Rightarrow\ E_5 \perp F_5$

$V_{ges} = V_{Quader} + V_{Prisma}$

$= 10\text{ m} \cdot 15\text{ m} \cdot 8\text{ m} + \frac{1}{2} \cdot 10\text{ m} \cdot 5\text{ m} \cdot 15\text{ m}$

$= 1\,200\text{ m}^3 + 375\text{ m}^3$

$= \underline{\underline{1575\text{ m}^3}}$

NR: Höhe des Dreiecks: $13\text{ m} - 8\text{ m} = 5\text{ m}$

Der umbaute Raum beträgt 1 575 m³.

d) α... Winkel zwischen E_t und der xy-Ebene

$$\overrightarrow{n_{E_t}} = \begin{pmatrix} 3t \\ 4t \\ 25 \end{pmatrix} \qquad \overrightarrow{n_{xy}} = \begin{pmatrix} 0 \\ 0 \\ 1 \end{pmatrix}$$

$$\cos\alpha = \frac{\left|\overrightarrow{n_{E_t}} \circ \overrightarrow{n_{xy}}\right|}{\left|\overrightarrow{n_{E_t}}\right| \cdot \left|\overrightarrow{n_{xy}}\right|} = \frac{|0+0+25|}{\sqrt{9t^2+16t^2+625} \cdot \sqrt{1}} = \frac{25}{\sqrt{25t^2+625}}$$

$$= \frac{25}{\sqrt{25(t^2+25)}} = \frac{25}{5\sqrt{t^2+25}} = \frac{5}{\sqrt{t^2+25}}$$

Wenn $30° \le \alpha \le 45°$, so $\cos 30° \ge \cos\alpha \ge \cos 45°$:

$$\frac{1}{2}\sqrt{3} \ge \frac{5}{\sqrt{t^2+25}} \ge \frac{1}{2}\sqrt{2} \qquad |\text{ Rezipr.}$$

$$\frac{2}{\sqrt{3}} \le \frac{\sqrt{t^2+25}}{5} \le \frac{2}{\sqrt{2}} \qquad |\cdot 5$$

$$\frac{10}{\sqrt{3}} \le \sqrt{t^2+25} \le \frac{10}{\sqrt{2}} \qquad |\text{ Quadr.}$$

$$\frac{100}{3} \le t^2+25 \le \frac{100}{2} \qquad |-25$$

$$\frac{25}{3} \le t^2 \le 25 \qquad |\text{ wegen } t > 0$$

$$\frac{5}{\sqrt{3}} \le t \le 5 \qquad |\text{ rat. Nenner}$$

$$\underline{\underline{\frac{5}{3}\sqrt{3} \le t \le 5}}$$

e) Der Kranstandort ist der Mittelpunkt des Umkreises vom Dreieck $P_1P_3P_4$. Dieser ergibt sich z. B. durch den Schnittpukt der Mittelsenkrechten auf $\overline{P_1P_3}$ und $\overline{P_1P_4}$. Die Berechnungen können in der xy-Ebene geführt werden.

Mittelpunkt von $\overline{P_1P_3}$: $M_{13}\left(\frac{23}{2}; 18\right)$

senkrechte Richtung: $\vec{a} = \begin{pmatrix} 36 \\ 27 \end{pmatrix}$

$$\Rightarrow \quad m_{13}\ldots \quad \vec{x} = \begin{pmatrix} \frac{23}{2} \\ 18 \end{pmatrix} + s\begin{pmatrix} 36 \\ 27 \end{pmatrix} \qquad s \in R$$

Mittelpunkt von $\overline{P_1P_4}$: $M_{14}\left(10; \frac{15}{2}\right)$

senkrechte Richtung: $\vec{b} = \begin{pmatrix} 15 \\ 30 \end{pmatrix}$

$$\Rightarrow \quad m_{14}\ldots \quad \vec{x} = \begin{pmatrix} 10 \\ \frac{15}{2} \end{pmatrix} + t\begin{pmatrix} 15 \\ 30 \end{pmatrix} \qquad t \in R$$

Schnittpunkt der Mittelsenkrechten:

$m_{13} \cap m_{14}$:

$$\begin{array}{lrcl} (1) & \frac{23}{2} + 36s &=& 10 + 15t \qquad | \cdot (-2) \\ (2) & 18 + 27s &=& \frac{15}{2} + 30t \\ \hline (1)' & -23 - 72s &=& -20 - 30t \\ (2) & 18 + 27s &=& 7{,}5 + 30t \\ \hline (1)' + (2) & -5 - 45s &=& -12{,}5 \\ & s &=& \frac{1}{6} \end{array}$$

$$\Rightarrow \quad \underline{\underline{M(17{,}5; 22{,}5; 0)}}$$

Auslegerlänge: $l = \overline{MP_1} = \sqrt{7{,}5^2 + 22{,}5^2} = \sqrt{562{,}5} = \sqrt{56{,}25 \cdot 10}$
$= \underline{\underline{7{,}5 \cdot \sqrt{10} \approx 23{,}7}}$

Der Kran muß sich im Punkt M(17,5; 22,5; 0) befinden und eine Auslegerlänge von ca. 23,7 m besitzen.
Der Kran kann das gesamte Grundstück erreichen, wenn auch P_2 innerhalb des Kreises k um M mit dem Radius l liegt.

k... $(x - 17{,}5)^2 + (y - 22{,}5)^2 = 562{,}5$

P_2 eingesetzt:

$$\begin{array}{r|l} (19 - 17{,}5)^2 + (33 - 22{,}5)^2 & 562{,}5 \\ 2{,}25 + 110{,}25 & 562{,}5 \end{array}$$
$$112{,}5 < 562{,}5$$

$\Rightarrow$ P_2 liegt innerhalb des Kreises.

Das gesamte Grundstück kann also erreicht werden.

Leistungskurs Mathematik (Sachsen): Abiturprüfung 1996
Geometrie/Algebra – Aufgabe B 2

In einem kartesischen Koordinatensystem sind die Punkte A(1; 2; 1), B(3; 1; 3), C(5; 3; 2), D(3; 4; 0) und $S(\frac{3}{2}; \frac{11}{2}; \frac{9}{2})$ gegeben.

a) Die Punkte A, B und C liegen in einer Ebene E_1.
Stellen Sie für die Ebene E_1 eine Parametergleichung und eine Gleichung in parameterfreier Form auf.
Weisen Sie nach, daß die Punkte A, B, C und D Eckpunkte eines Quadrates sind. (5 BE)

b) Der Punkt S ist die Spitze der Pyramide ABCDS. Von der Spitze S wird das Lot auf die Ebene, welche die Grundfläche der Pyramide enthält, gefällt.
Berechnen Sie die Koordinaten des Lotfußpunktes F.
Zeigen Sie, daß die Pyramide ABCDS eine gerade Pyramide ist.
Berechnen Sie das Volumen der Pyramide ABCDS und die Größe des Winkels zwischen der Grundfläche ABCD und einer der Seitenflächen der Pyramide. (7 BE)

c) Gegeben ist die Kugel K durch die Gleichung
$(x - \frac{8}{3})^2 + (y - \frac{19}{6})^2 + (z - \frac{13}{6})^2 = 1$, deren Mittelpunkt auf der Höhe $\overline{FS}$ der Pyramide ABCDS liegt.
Zeigen Sie, daß die Ebene E_1 Tangentialebene an die Kugel K ist.
Überprüfen Sie, ob es Punkte der Kugel K gibt, die außerhalb der Pyramide ABCDS liegen. (5 BE)

d) Die Pyramide ABCDS wird von einer zur Ebene E_1 parallelen Ebene E_2 geschnitten, so daß das Volumen des dadurch entstehenden Pyramidenstumpfes $\frac{19}{2}$ beträgt.
Stellen Sie für die Ebene E_2 eine Gleichung in parameterfreier Form auf. (3 BE)

(20 BE)

a) A(1; 2; 1), B(3; 1; 3), C(5; 3; 2)

$$E_1 \dots \ \vec{x} = \begin{pmatrix}1\\2\\1\end{pmatrix} + s\begin{pmatrix}2\\-1\\2\end{pmatrix} + t\begin{pmatrix}4\\1\\1\end{pmatrix} \qquad s, t \in R$$

$$\begin{array}{lrll}
(1) & x = & 1 + 2s + 4t & \\
(2) & y = & 2 - \ \ s + \ \ t & | \cdot 4 \\
(3) & z = & 1 + 2s + \ \ t & \\
\hline
(2) - (3) & y - z = & 1 - 3s & * \quad | \cdot 2 \\
(2') & 4y = & 8 - 4s + 4t & \\
(1) - (2') & x - 4y = & -7 + 6s & ** \\
\hline
*' & 2y - 2z = & 2 - 6s & | \ + \\
**' & x - 4y = & -7 + 6s & | \\
\hline
\end{array}$$

$$-2y - 2z + x = -5$$

$$E_1 \dots \quad x - 2y - 2z + 5 = 0 \quad \text{oder}$$
$$\underline{\underline{-x + 2y + 2z \quad = 5}}$$

$$\overrightarrow{AB} = \overrightarrow{DC} = \begin{pmatrix}2\\-1\\2\end{pmatrix} \quad \Rightarrow \quad \text{ABCD ist Parallelogramm}$$

$$\left|\overrightarrow{AB}\right| = \left|\overrightarrow{AD}\right| = 3 \quad \Rightarrow \quad \text{ABCD ist Rhombus}$$

$$\overrightarrow{AB} \circ \overrightarrow{AD} = \begin{pmatrix}2\\-1\\2\end{pmatrix} \circ \begin{pmatrix}2\\2\\-1\end{pmatrix} = 4 - 2 - 2 = 0 \Rightarrow \quad \overrightarrow{AB} \perp \overrightarrow{AD}$$

$$\Rightarrow \quad \underline{\underline{\text{ABCD ist Quadrat}}}$$

b) Das Lot hat die Richtung des Normalenvektors von E_1: $\overrightarrow{n_{E_1}} = \begin{pmatrix}-1\\2\\2\end{pmatrix}$

$$l \dots \ \vec{x} = \begin{pmatrix}1,5\\5,5\\4,5\end{pmatrix} + u\begin{pmatrix}-1\\2\\2\end{pmatrix} \quad u \in R$$

$$l \cap E_1: \quad -(1,5 - u) + 2(5,5 + 2u) + 2(4,5 + 2u) = 5$$
$$18,5 + 9u = 5$$
$$u = -1,5$$

$$\Rightarrow \quad \underline{\underline{F(3; 2,5; 1,5)}}$$

Die Pyramide ist gerade, wenn F der Schnittpunkt der Diagonalen bzw. der Mittelpunkt der Grundfläche ist.

$$\overrightarrow{OM} = \overrightarrow{OA} + \frac{1}{2}\overrightarrow{AC}$$

$$= \begin{pmatrix}1\\2\\1\end{pmatrix} + \frac{1}{2}\cdot\begin{pmatrix}4\\1\\1\end{pmatrix} = \begin{pmatrix}3\\2,5\\1,5\end{pmatrix} \quad\Rightarrow\quad M(3;\ 2,5;\ 1,5)$$

Der Mittelpunkt M stimmt mit F überein, also ist die Pyramide gerade.

$$V_{Pyr} = \frac{1}{3}A_G \cdot h \qquad\qquad \text{NR: } h = \left|\overrightarrow{FS}\right| = \sqrt{2,25+9+9} = 4,5$$

$$= \frac{1}{3}\cdot 9 \cdot 4,5$$

$$= \underline{\underline{13,5}}$$

$$\tan\alpha = \frac{4,5}{1,5} \quad\Rightarrow\quad \underline{\underline{\alpha \approx 71,6^\circ}}$$

Die Pyramide hat ein Volumen von 13,5 VE. Grund- und Seitenfläche schließen einen Winkel von ca. 71,6° ein.

c) E_1 ist Tangentialebene an K, wenn der Abstand des Kugelmittelpunktes vom Punkt F genau der Radius der Kugel, also 1 ist.

$$M_K\left(\frac{8}{3};\frac{19}{6};\frac{13}{6}\right) \qquad F(3;\ 2,5;\ 1,5)$$

$$\left|\overrightarrow{M_K F}\right| = \sqrt{\frac{1}{9}+\frac{4}{9}+\frac{4}{9}} = 1 = r, \text{ d. h. } E_1 \text{ ist Tangentialebene an K}$$

Da die Pyramide quadratisch und gerade ist, reicht es, den Abstand d des Kugelmittelpunktes zu einer Seitenfläche zu berechnen, z. B. E_{ABS}.

$$E_{ABS}\ldots\ \vec{x} = \begin{pmatrix}1\\2\\1\end{pmatrix} + v\begin{pmatrix}2\\-1\\2\end{pmatrix} + w\begin{pmatrix}0,5\\3,5\\3,5\end{pmatrix} \qquad v, w \in R$$

(1)	$x = 1 + 2v + 0,5w$		
(2)	$y = 2 - 1v + 3,5w$		$\mid \cdot 2$
(3)	$z = 1 + 2v + 3,5w$		
(1) – (3)	$x - z = -3w$	*	$\mid \cdot 7,5$
(2)'	$2y = 4 - 2v + 7w$		
(1) + (2)'	$x + 2y = 5 + 7,5w$	**	$\mid \cdot 3$
*'	$7,5x - 7,5z = -22,5w$		$\mid +$
**'	$3x + 6y = 15 + 22,5w$		
	$10,5x + 6y - 7,5z = 15$		$\mid \cdot \frac{2}{3}$

$$E_{ABS}\ldots \qquad 7x + 4y - 5z = 10$$

$$\overrightarrow{n_{ABS}} = \begin{pmatrix}7\\4\\-5\end{pmatrix} \quad\Rightarrow\quad \overrightarrow{n_{0_{ABS}}} = \frac{1}{\sqrt{90}}\cdot\begin{pmatrix}7\\4\\-5\end{pmatrix}$$

$\overrightarrow{n_{0_{ABS}}}$ Normaleneinheitsvektor der Ebene ABS

$$d = \left|\left(\vec{x}_1 - \vec{x}_0\right) \circ \vec{n}_0\right| = \left|\left(\overrightarrow{OM} - \overrightarrow{OA}\right) \circ \overrightarrow{n_{0_{ABS}}}\right|$$

$$= \left|\begin{pmatrix} \frac{5}{3} \\ \frac{7}{6} \\ \frac{7}{6} \end{pmatrix} \circ \frac{1}{\sqrt{90}}\begin{pmatrix} 7 \\ 4 \\ -5 \end{pmatrix}\right| = \frac{1}{\sqrt{90}} \cdot 10{,}5 = \frac{1}{3\sqrt{10}} \cdot \frac{21}{2} = \frac{7}{2 \cdot \sqrt{10}} = \frac{7}{20}\sqrt{10}$$

$d \approx 1{,}11$

Da $d > r$ gibt es keine Punkte der Kugel, die außerhalb der Pyramide liegen.

d) Skizze: $h = 4{,}5$, $a = 3$

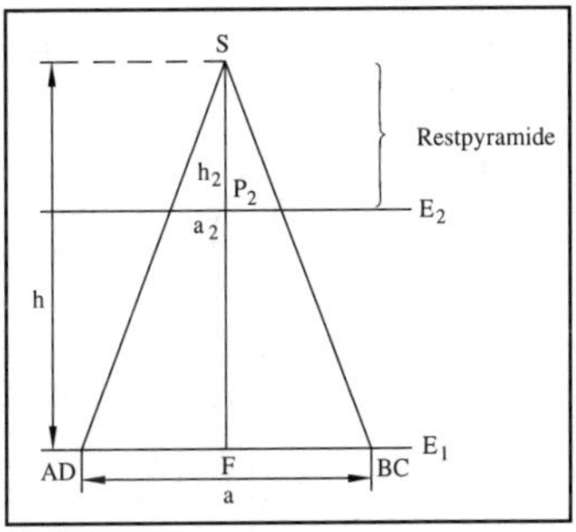

Restpyramide: $V_R = 13{,}5 - 9{,}5 = 4$

Nach Strahlensatz gilt:

$$\frac{h_2}{\frac{a_2}{2}} = \frac{h}{\frac{a}{2}}$$

$$\Rightarrow \quad h_2 = \frac{h}{a} \cdot a_2 = 1{,}5a_2 \ (1)$$

$$V_R = \frac{1}{3} \cdot a_2^2 \cdot h_2 \quad (2)$$

(1) u. (2): $4 = \frac{1}{3} \cdot a_2^2 \cdot 1{,}5a_2$

$a_2 = 2;\ h_2 = 3$

$\Rightarrow$ P_2 hat von S den Abstand 3:

$$\left|\overrightarrow{SP_2}\right| = \sqrt{(x_p - 1{,}5)^2 + (y_p - 5{,}5)^2 + (z_p - 4{,}5)^2} = 3 \qquad (3)$$

Da $P_2 \in l$ (Aufgabenteil b) gilt:

$$\left.\begin{aligned} x_p &= 1{,}5 - u \\ y_p &= 5{,}5 + 2u \\ z_p &= 4{,}5 + 2u \end{aligned}\right\} (4)$$

(4) in (3): $\sqrt{(-u)^2 + (2u)^2 + (2u)^2} = 3$

$u^2 + 4u^2 + 4u^2 = 9$

$u^2 = 1 \Rightarrow u_1 = 1$

$u_2 = -1$

Für $u_1 = 1$: P_{21} (0,5; 7,5; 6,5) entfällt, da außerhalb der Pyramide

Für $u_2 = -1$: P_{22} (2,5; 3,5; 2,5)

$\Rightarrow$ P_2 (2,5; 3,5; 2,5)

E_2... Ebene durch P_2 mit $\vec{n}_0 = \begin{pmatrix} -1 \\ 2 \\ 2 \end{pmatrix}$ (Richtung von l)

$E_2 \ldots -x + 2y + 2z = a$ und mit $P_2 \in E_2$

$-2{,}5 + 7 + 5 = a$

$a = 9{,}5$

$E_2 \ldots \underline{\underline{-x + 2y + 2z = 9{,}5}}$

Leistungskurs Mathematik (Sachsen): Abiturprüfung 1996
Stochastik – Aufgabe C 1

Susanne kommt regelmäßig mit der Straßenbahn zur Schule. Auf der Fahrstrecke passiert die Bahn 5 Ampeln und 2 Weichen. Die Ampeln geben unabhängig voneinander der Bahn mit je 30 % Wahrscheinlichkeit freie Fahrt. An den Weichen hat die Bahn mit je 96 % Wahrscheinlichkeit freie Fahrt, d. h., in ca. 4 % der Fälle muß die Bahn halten und die Weiche von Hand gestellt werden.

a) Berechnen Sie die Wahrscheinlichkeiten folgender Ereignisse.
Ereignis A: Die Bahn muß an genau einer Ampel und an keiner Weiche halten.
Ereignis B: Die Bahn muß nur an der ersten Ampel und nur an der ersten Weiche halten.
Ereignis C: Die Bahn hat an allen Ampeln und an allen Weichen freie Fahrt. (3 BE)

b) Susanne hat über einen längeren Zeitraum die Wartezeiten an Weichen und Ampeln notiert und dabei folgende Mittelwerte erhalten:

"Hindernis"	Wartezeit in Sekunden
Ampel	30
Weiche	100

Ermitteln Sie die durchschnittliche Wartezeit der Bahn auf Susannes Schulweg. Geben Sie für alle Fälle, bei denen die Bahn an mehr Weichen als an Ampeln hält, jeweils die Wahrscheinlichkeit an, mit der der Fall eintritt. (3 BE)

c) Montags, dienstags und mittwochs fährt Susanne gemeinsam mit ihrer Freundin mit der Bahn zur Schule. Fährt die Bahn mit mehreren Wagen, steigen sie in den "Wagen 2" ein, sonst in den "Wagen 1". Donnerstags und freitags fährt Susanne allein zur Schule und benutzt stets den "Wagen 1".
Nach Angaben der Verkehrsbetriebe verkehren an Schultagen auf Susannes Linie 95 % aller Straßenbahnen mit mehr als einem Wagen.
Ermitteln Sie die Wahrscheinlichkeiten, mit denen die folgenden Ereignisse an einem beliebigen Schultag einer vollen Unterrichtswoche (5 Schultage) eintreten.
Ereignis D: Susanne fährt im "Wagen 1" zur Schule.
Ereignis E: Susanne fährt mit ihrer Freundin im "Wagen 1" zur Schule. (2 BE)

d) Susanne erklärt ihrem Tutor, daß die Wahrscheinlichkeit, mit der sie zu spät zur Schule kommt, 10 % beträgt. Der Tutor lehnt diese Hypothese mit der Begründung ab, daß sie von 50 Unterrichtstagen genau 9 mal zu spät gekommen ist.
Wie groß ist die Wahrscheinlichkeit, daß er einen Fehler 1. Art begeht? (2 BE)

(10 BE)

Materialien für Aufgaben zur Stochastik (I)

B(n; p; k) Binomialverteilung für n = 20; n = 50

p

n	k	0,05	0,10	0,15	0,20	0,25	0,30	0,35	0,40	0,45	0,50	
20	0	0,3585	0,1216	0,0388	0,0115	0,0032	0,0008	0,0002	0,0000	0,0000	0,0000	20
	1	0,3774	0,2702	0,1368	0,0576	0,0211	0,0068	0,0020	0,0005	0,0001	0,0000	19
	2	0,1887	0,2852	0,2293	0,1369	0,0669	0,0278	0,0100	0,0031	0,0008	0,0002	18
	3	0,0596	0,1901	0,2428	0,2054	0,1339	0,0716	0,0323	0,0123	0,0040	0,0011	17
	4	0,0133	0,0898	0,1821	0,2182	0,1897	0,1304	0,0738	0,0350	0,0139	0,0046	16
	5	0,0022	0,0319	0,1028	0,1746	0,2023	0,1789	0,1272	0,0746	0,0365	0,0148	15
	6	0,0003	0,0089	0,0454	0,1091	0,1686	0,1916	0,1712	0,1244	0,0746	0,0370	14
	7	0,0000	0,0020	0,0160	0,0545	0,1124	0,1643	0,1844	0,1659	0,1221	0,0739	13
	8	0,0000	0,0004	0,0046	0,0222	0,0609	0,1144	0,1614	0,1797	0,1623	0,1201	12
	9	0,0000	0,0001	0,0011	0,0074	0,0271	0,0654	0,1158	0,1597	0,1771	0,1602	11
	10	0,0000	0,0000	0,0002	0,0020	0,0099	0,0308	0,0686	0,1171	0,1593	0,1762	10
	11	0,0000	0,0000	0,0000	0,0005	0,0030	0,0120	0,0336	0,0710	0,1185	0,1602	9
	12	0,0000	0,0000	0,0000	0,0001	0,0008	0,0039	0,0136	0,0355	0,0727	0,1201	8
	13	0,0000	0,0000	0,0000	0,0000	0,0002	0,0010	0,0045	0,0146	0,0366	0,0739	7
	14	0,0000	0,0000	0,0000	0,0000	0,0000	0,0002	0,0012	0,0049	0,0150	0,0370	6
	15	0,0000	0,0000	0,0000	0,0000	0,0000	0,0000	0,0003	0,0013	0,0049	0,0148	5
	16	0,0000	0,0000	0,0000	0,0000	0,0000	0,0000	0,0000	0,0003	0,0013	0,0046	4
	17	0,0000	0,0000	0,0000	0,0000	0,0000	0,0000	0,0000	0,0000	0,0002	0,0011	3
	18	0,0000	0,0000	0,0000	0,0000	0,0000	0,0000	0,0000	0,0000	0,0000	0,0002	2
	19	0,0000	0,0000	0,0000	0,0000	0,0000	0,0000	0,0000	0,0000	0,0000	0,0000	1
	20	0,0000	0,0000	0,0000	0,0000	0,0000	0,0000	0,0000	0,0000	0,0000	0,0000	0
50	0	0,0769	0,0052	0,0003	0,0000							50
	1	0,2025	0,0286	0,0026	0,0002	0,0000						49
	2	0,2611	0,0779	0,0113	0,0011	0,0001						48
	3	0,2199	0,1386	0,0319	0,0044	0,0004	0,0000					47
	4	0,1360	0,1809	0,0661	0,0128	0,0016	0,0001					46
	5	0,0658	0,1849	0,1072	0,0295	0,0049	0,0006	0,0000				45
	6	0,0260	0,1541	0,1419	0,0554	0,0123	0,0018	0,0002				44
	7	0,0086	0,1076	0,1575	0,0870	0,0259	0,0048	0,0006	0,0000			43
	8	0,0024	0,0643	0,1493	0,1169	0,0463	0,0110	0,0017	0,0002			42
	9	0,0006	0,0333	0,1230	0,1364	0,0721	0,0220	0,0042	0,0005	0,0000		41
	10	0,0001	0,0152	0,0890	0,1398	0,0985	0,0386	0,0093	0,0014	0,0001		40
	11	0,0000	0,0061	0,0571	0,1271	0,1194	0,0602	0,0182	0,0035	0,0004	0,0000	39
	12		0,0022	0,0328	0,1033	0,1294	0,0838	0,0319	0,0076	0,0011	0,0001	38
	13		0,0007	0,0169	0,0755	0,1261	0,1050	0,0502	0,0147	0,0027	0,0003	37
	14		0,0002	0,0079	0,0499	0,1110	0,1190	0,0714	0,0260	0,0059	0,0008	36
	15		0,0001	0,0033	0,0299	0,0888	0,1223	0,0923	0,0415	0,0116	0,0020	35
	16		0,0000	0,0013	0,0164	0,0648	0,1147	0,1088	0,0606	0,0207	0,0044	34
	17			0,0005	0,0082	0,0432	0,0983	0,1171	0,0808	0,0339	0,0087	33
	18			0,0001	0,0037	0,0264	0,0772	0,1156	0,0987	0,0508	0,0160	32
	19			0,0000	0,0016	0,0148	0,0558	0,1048	0,1109	0,0700	0,0270	31
	20				0,0006	0,0077	0,0370	0,0875	0,1146	0,0888	0,0419	30
	21				0,0002	0,0036	0,0227	0,0673	0,1091	0,1038	0,0598	29
	22				0,0001	0,0016	0,0128	0,0478	0,0959	0,1119	0,0788	28
	23				0,0000	0,0006	0,0067	0,0313	0,0778	0,1115	0,0960	27
	24					0,0002	0,0032	0,0190	0,0584	0,1026	0,1080	26
	25					0,0001	0,0014	0,0106	0,0405	0,0873	0,1123	25
	26					0,0000	0,0006	0,0055	0,0259	0,0687	0,1080	24
	27						0,0002	0,0026	0,0154	0,0500	0,0960	23
		0,95	0,90	0,85	0,80	0,75	0,70	0,65	0,60	0,55	0,50	k

p

Materialien für Aufgaben zur Stochastik (II)

$F_{n;\,p}(k) = B_{n;\,p}(0) + \ldots + B_{n;\,p}(k)$ Summenfunktion der Binomialverteilung

p

n	k	0,02	0,03	0,04	0,05	0,10	1/6	0,20	0,30	1/3	0,40	0,50	
20	0	0,6676	5438	4420	3585	1216	0261	0115	0008	0003	0000	0000	19
	1	9401	8802	8103	7358	3917	1304	0692	0076	0033	0005	0000	18
	2	9929	9790	9561	9245	6769	3287	2061	0355	0176	0036	0002	17
	3	9994	9973	9926	9841	8670	5665	4114	1071	0604	0160	0013	16
	4		9997	9990	9974	9568	7687	6296	2375	1515	0510	0059	15
	5			9999	9997	9887	8982	8042	4164	2972	1256	0207	14
	6					9976	9629	9133	6080	4793	2500	0577	13
	7					9996	9887	9679	7723	6615	4159	1316	12
	8					9999	9972	9900	8867	8095	5956	2517	11
	9						9994	9974	9520	9081	7553	4119	10
	10						9999	9994	9829	9624	8725	5881	9
	11							9999	9949	9870	9435	7483	8
	12								9987	9963	9790	8684	7
	13								9997	9991	9935	9423	6
	14									9998	9984	9793	5
	15										9997	9941	4
	16											9987	3
	17											9998	2
50	0	0,3642	2181	1299	0769	0052	0001	0000	0000	0000	0000	0000	49
	1	7358	5553	4005	2794	0338	0012	0002	0000	0000	0000	0000	48
	2	9216	8108	6767	5405	1117	0066	0013	0000	0000	0000	0000	47
	3	9822	9372	8609	7604	2503	0238	0057	0000	0000	0000	0000	46
	4	9968	9832	9510	8964	4312	0643	0185	0002	0000	0000	0000	45
	5	9995	9963	9856	9622	6161	1388	0480	0007	0001	0000	0000	44
	6	9999	9993	9964	9882	7702	2506	1034	0025	0005	0000	0000	43
	7		9999	9992	9968	8779	3911	1904	0073	0017	0000	0000	42
	8			9999	9992	9421	5421	3073	0183	0050	0002	0000	41
	9				9998	9755	6830	4437	0402	0127	0008	0000	40
	10					9906	7986	5836	0789	0284	0022	0000	39
	11					9968	8827	7107	1390	0570	0057	0000	38
	12					9990	9373	8139	2229	1035	0133	0002	37
	13					9997	9693	8894	3279	1715	0280	0005	36
	14					9999	9862	9393	4468	2612	0540	0013	35
	15						9943	9692	5692	3690	0955	0033	34
	16						9978	9856	6839	4868	1561	0077	33
	17						9992	9937	7822	6046	2369	0164	32
	18						9998	9975	8594	7126	3356	0325	31
	19						9999	9991	9152	8036	4465	0595	30
	20							9997	9522	8741	5610	1013	29
	21							9999	9749	9244	6701	1611	28
	22								9877	9576	7660	2399	27
	23								9944	9778	8438	3359	26
	24								9976	9892	9022	4439	25
	25								9991	9951	9427	5561	24
	26								9997	9979	9686	6641	23
	27								9999	9992	9840	7601	22
	28									9997	9924	8389	21
	29									9999	9960	8987	20
	30										9986	9405	19
	31										9995	9675	18
	32										9998	9836	17
	33										9999	9923	16
	34											9967	15
	35											9987	14
	36											9995	13
	37											9998	12
		0,98	0,97	0,96	0,95	0,90	5/6	0,80	0,70	2/3	0,60	0,50	k

Nicht aufgeführte Werte sind (auf 4 Dez.) 1,0000.

p

Lösungen

a) $P(A) = \binom{5}{1} \cdot 0{,}7^1 \cdot 0{,}3^4 \cdot 0{,}96 \cdot 0{,}96 = \underline{\underline{0{,}0261}}$

$P(B) = 0{,}7^1 \cdot 0{,}3^4 \cdot 0{,}96 \cdot 0{,}04 = \underline{\underline{0{,}0002}}$

$P(C) = 0{,}3^5 \cdot 0{,}96^2 = \underline{\underline{0{,}0022}}$

b) X... Anzahl der Halte an Ampeln
(Binomialverteilung: $n = 5$; $p = 0{,}7$)
$E(X) = n \cdot p = 5 \cdot 0{,}7 = 3{,}5$

Durchschnittliche Wartezeit an Ampeln: $3{,}5 \cdot 30\text{ s} = 105\text{ s}$

Y... Anzahl der Halte an Weichen
(Binomialverteilung: $n = 2$; $p = 0{,}04$)
$E(Y) = n \cdot p = 2 \cdot 0{,}04 = 0{,}08$

Durchschnittliche Wartezeit an Weichen: $0{,}08 \cdot 100\text{ s} = 8\text{ s}$
Durchschnittliche Wartezeit an Ampeln und Weichen: $105\text{ s} + 8\text{ s} = 113\text{ s} = \underline{\underline{1\text{ min }53\text{ s}}}$

Fall 1: F_1... 0 x Halt an Ampeln und 1 x Halt an Weichen
Fall 2: F_2... 0 x Halt an Ampeln und 2 x Halt an Weichen
Fall 3: F_3... 1 x Halt an Ampeln und 2 x Halt an Weichen

$P(F_1) = P(X = 0) \cdot P(Y = 1) = 0{,}3^5 \cdot \binom{2}{1} \cdot 0{,}96 \cdot 0{,}04 = \underline{\underline{1{,}9 \cdot 10^{-4}}}$

$P(F_2) = P(X = 0) \cdot P(Y = 2) = 0{,}3^5 \cdot 0{,}04^2 = \underline{\underline{3{,}9 \cdot 10^{-6}}}$

$P(F_3) = P(X = 1) \cdot P(Y = 2) = \binom{5}{1} \cdot 0{,}3^4 \cdot 0{,}7^1 \cdot 0{,}04^2 = \underline{\underline{4{,}5 \cdot 10^{-5}}}$

c) $P(D) = 0{,}05 \cdot 1 + 0{,}95 \cdot 0{,}4 = \underline{\underline{0{,}43}}$

$P(E) = 0{,}6 \cdot 0{,}05 = \underline{\underline{0{,}03}}$

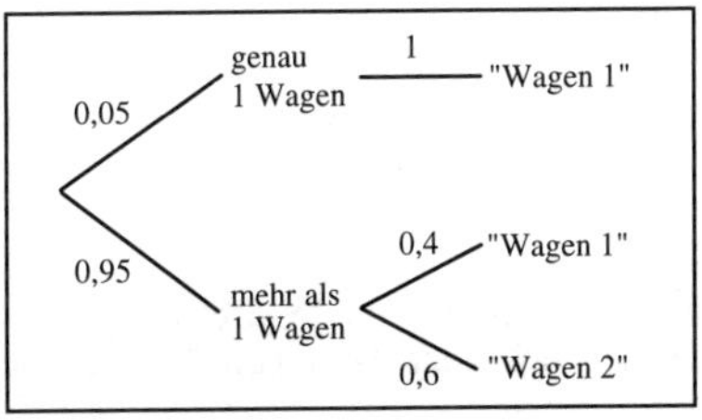

d) H_0: $p = 0{,}1$ (Wahrscheinlichkeit des Zuspätkommens ist 10 %.)
$\overline{H_0}$: $p > 0{,}1$

Anzahl der "Versuche": 50

Kritischer Bereich für H_0: $K = \{9; 10; ...; 49; 50\}$

Berechnung der Irrtumswahrscheinlichkeit α für den Fall, daß H_0 wahr sei:

S... Anzahl des Zuspätkommens
(Binomialverteilung: $n = 50$; $p = 0{,}1$)

$\alpha = P(S \geq 9) = 1 - P(S \leq 8) = 1 - 0{,}9421$ (Tafelwert)
$= \underline{\underline{0{,}0579}}$

Die Wahrscheinlichkeit, daß der Tutor einen Fehler 1. Art begeht, ist 0,0579.

Leistungskurs Mathematik (Sachsen): Abiturprüfung 1996
Stochastik – Aufgabe C 2

Bei einem Würfel W_1 haben alle sechs Seitenflächen die gleiche Chance aufzutreten. Auf einer Seitenfläche wurde die Augenzahl 2, auf zwei Seitenflächen die Augenzahl 3 und auf drei Seitenflächen die Augenzahl 4 angebracht.

a) Die Zufallsgröße X beschreibe die Augensumme beim zweifachen Wurf mit dem Würfel W_1.
Geben Sie die Wahrscheinlichkeitsverteilung von X an, und stellen Sie diese Verteilung in einem geeigneten Diagramm dar. (2 BE)

b) Wie oft muß der zweifache Wurf mit diesem Würfel mindestens durchgeführt werden, damit die Wahrscheinlichkeit für das Auftreten einer Augensumme größer als 6 in einem Doppelwurf den Wert 0,95 übersteigt? (2 BE)

c) Der zweifache Wurf mit diesem Würfel soll durch ein Urnenexperiment simuliert werden.
Beschreiben Sie ein entsprechendes Zufallsexperiment, indem Sie die Zusammensetzung des Urneninhaltes und die Art der Ziehung angeben. (1 BE)

Ein idealer Würfel W_2 sei mit den Augenzahlen 1, 2, 3, 4, 5 und 6 versehen.

d) Wie groß ist beim zweifachen Wurf des Würfels W_2 die Wahrscheinlichkeit dafür, daß die Augensumme 7 auftritt und dabei in einem Wurf die Augenzahl 4 erscheint? (1 BE)

e) Ermitteln Sie rechnerisch, welcher der beiden Würfel W_1 oder W_2 benutzt werden muß, wenn die beim zweifachen Wurf erwartete Augensumme möglichst groß sein soll. (1 BE)

f) Der Spieler A spielt mit dem Würfel W_1 gegen den Spieler B, der den Würfel W_2 verwendet. Jeder darf bei einem Spiel genau einmal werfen, und die höhere Augenzahl gewinnt.
Ermitteln Sie die Gewinnwahrscheinlichkeiten für die beiden Spieler.
Es wird vereinbart, daß bei jedem Spiel der Verlierer dem Sieger jeweils 2 DM zahlt. Zu Beginn einer Serie von 72 Spielen hat jeder Spieler 50 DM in seiner Kasse.
Welcher Kassenstand ist für den Spieler A und für den Spieler B nach dieser Serie zu erwarten? (3 BE)

(10 BE)

Lösungen

a) X... Augensumme nach 2 Würfen

$P(2) = \frac{1}{6}$;

$P(3) = \frac{1}{3}$;

$P(4) = \frac{1}{2}$

Wahrscheinlichkeitsverteilung:

x_i	4	5	6	7	8
$P(X = x_i)$	$\frac{1}{36}$	$\frac{4}{36}$	$\frac{10}{36}$	$\frac{12}{36}$	$\frac{9}{36}$

NR: $P(X = 4) = \frac{1}{6} \cdot \frac{1}{6} = \frac{1}{36}$

$P(X = 5) = 2 \cdot \frac{1}{6} \cdot \frac{1}{3} = \frac{2}{18} = \frac{4}{36}$

$P(X = 6) = \frac{1}{3} \cdot \frac{1}{3} + 2 \cdot \frac{1}{6} \cdot \frac{1}{2} = \frac{1}{9} + \frac{1}{6} = \frac{10}{36}$

$P(X = 7) = 2 \cdot \frac{1}{3} \cdot \frac{1}{2} = \frac{1}{3} = \frac{12}{36}$

$P(X = 8) = \frac{1}{2} \cdot \frac{1}{2} = \frac{1}{4} = \frac{9}{36}$

Diagramm:

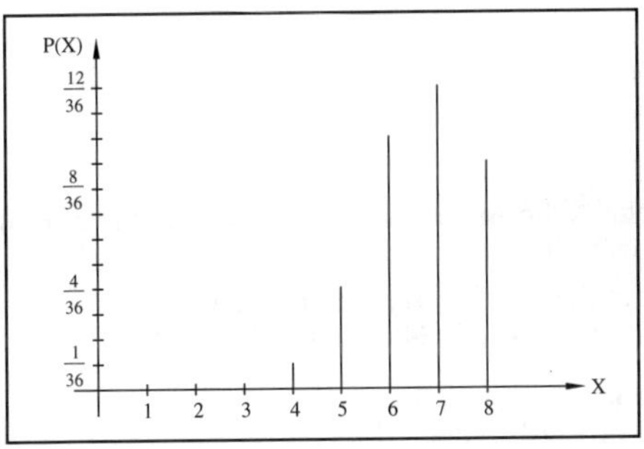

b) E_n... Bei n Versuchen tritt die Augensumme größer als 6 mindestens einmal auf.

$$P(E_n) = 1 - P(\overline{E_n})$$

$$= 1 - \left(\frac{15}{36}\right)^n > 0{,}95$$

$$0{,}05 > \left(\frac{15}{36}\right)^n$$

$$\lg 0{,}05 > n \cdot \lg \frac{15}{36}$$

$$n > \frac{\lg 0{,}05}{\lg \frac{15}{36}}$$

$$\underline{\underline{n > 3{,}42}}$$

Der Doppelwurf muß mindestens viermal durchgeführt werden.

c) Es müßten sich in der Urne 6 Kugeln befinden:
1 Kugel mit der Nummer 2,
2 Kugeln mit der Nummer 3 und
3 Kugeln mit der Nummer 4.

Gezogen wird zweimal, wobei die zuerst gezogene Kugel vor der 2. Ziehung zurückgelegt wird.

d) A... Augensumme ist 7.
(1 + 6; 2 + 5; 3 + 4 je 2 mal)
B... Ein Würfel zeigt die Augenzahl 4.

$$P(A \cap B) = P(A) \cdot P(B \mid A) = \frac{6}{36} \cdot \frac{2}{6} = \underline{\underline{\frac{1}{18}}}$$

e) Würfel 1: W_1: $E(X) = \frac{1}{36} \cdot 4 + \frac{4}{36} \cdot 5 + \frac{10}{36} \cdot 6 + \frac{12}{36} \cdot 7 + \frac{9}{36} \cdot 8 = 6\frac{2}{3}$

Würfel 2: W_2: $E(Y) = \frac{1}{36} \cdot 2 + \frac{2}{36} \cdot 3 + \frac{3}{36} \cdot 4 + \frac{4}{36} \cdot 5 + \frac{5}{36} \cdot 6 + \frac{6}{36} \cdot 7 + \frac{5}{36} \cdot 8 + \frac{4}{36} \cdot 9 + \frac{3}{36} \cdot 10 + \frac{2}{36} \cdot 11 + \frac{1}{36} \cdot 12 = 7$

Wenn die Augensumme möglichst groß sein soll, muß man den Würfel 2 benutzen, da sein Erwartungswert größer ist.

f) ij... bedeutet, daß Spieler A die Augenzahl i = 2; 3; 4 und Spieler B die Augenzahl j = 1; 2; 3; 4; 5; 6 würfelt

G_A... Spieler A gewinnt mit $G_A = \{21; 31; 32; 41; 42; 43\}$
G_B... Spieler B gewinnt mit $G_B = \{23; 24; 25; 26; 34; 35; 36; 45; 46\}$

$$P(G_A) = 1 \cdot \frac{1}{36} + 2 \cdot \frac{1}{18} + 3 \cdot \frac{1}{12} = \frac{14}{36} = \underline{\underline{\frac{7}{18}}}$$

$$P(G_B) = 4 \cdot \frac{1}{36} + 3 \cdot \frac{1}{18} + 2 \cdot \frac{1}{12} = \frac{16}{36} = \underline{\underline{\frac{8}{18}}}$$

Bei 72 Spielen hat Spieler A 28 Siege und Spieler B 32 Siege zu erwarten.

Spieler A: 50 DM + 2 · 28 DM – 2 · 32 DM = $\underline{\underline{42\text{ DM}}}$

Spieler B: 50 DM + 2 · 32 DM – 2 · 28 DM = $\underline{\underline{58\text{ DM}}}$

Leistungskurs Mathematik (Sachsen): Abiturprüfung 1997
Analysis – Aufgabe A

Gegeben ist die Funktion f durch

$$y = f(x) = \frac{x^2 + 2x + 1}{4x - 4} \quad (x \in D_f).$$

a) Geben Sie den größtmöglichen Definitionsbereich der Funktion f an, und ermitteln Sie für den Graph der Funktion f die Koordinaten der Schnittpunkte mit den Koordinatenachsen.
Bestimmen Sie die Koordinaten der lokalen Extrempunkte sowie die Art der Extrema, und untersuchen Sie den Graph der Funktion f auf die Existenz von Wendepunkten.
(Hinweis: $f''(x) = \frac{2}{(x-1)^3}$).
Untersuchen Sie das Verhalten der Funktion f in der Umgebung der Polstelle.
Ermitteln Sie eine Gleichung der linearen Funktion, deren Graph Asymptote des Graphen der Funktion f ist.
Zeichnen Sie den Graph der Funktion f im Intervall $-4 \le x \le 6$. (12 BE)

b) An den Graph der Funktion f existieren Tangenten, welche durch den Koordinatenursprung verlaufen.
Ermitteln Sie rechnerisch für jede dieser Tangenten je eine Gleichung. (5 BE)

c) Der Graph der Funktion f und die Geraden mit den Gleichungen

$$y = \frac{1}{4}(x+3),\ x = 3 \quad \text{und} \quad x = z\ (z \in R;\ z > 3)$$

begrenzen für jeden Wert z jeweils eine Fläche A(z) vollständig.
Berechnen Sie den Inhalt der Fläche A(z).
Berechnen Sie den Wert z, für den der Inhalt dieser Fläche 1 beträgt.
Ermitteln Sie $\lim\limits_{z \to \infty} A(z)$. (6 BE)

d) Für jedes u ($u \in R$; $u > 1$) wird durch die Punkte A(0; 0), B(u; 0) und C(u; f(u)) ein Dreieck bestimmt.
Ermitteln Sie den Wert u, für den das zugehörige Dreieck den kleinsten Flächeninhalt aller so gebildeten Dreiecke hat. (7 BE)

(30 BE)

Lösungen

a) $D_f = \{x: x \in R; x \neq 1\}$

Schnittpunkte mit der x-Achse:

$$0 = \frac{x_N^2 + 2x_N + 1}{4x_N - 4}$$
$$0 = x_N^2 + 2x_N + 1 \quad (x_N \neq 1)$$
$$x_{N_{1,2}} = -1 \pm \sqrt{1-1}$$
$$x_N = -1 \qquad \text{(Probe im Nenner)}$$
$$\underline{\underline{S_x(-1; 0)}}$$

Schnittpunkt mit der y-Achse:

$$f(0) = -\frac{1}{4}$$
$$\underline{\underline{S_y\left(0; -\frac{1}{4}\right)}}$$

Extrempunkte:

$$f'(x) = \frac{(2x+2)\cdot(4x-4) - (x^2+2x+1)\cdot 4}{(4x-4)^2}$$
$$= \frac{(2x+2)\cdot \cancel{4}^{1}(x-1) - (x^2+2x+1)\cdot \cancel{4}^{1}}{\cancel{16}_{4}\cdot(x-1)^2}$$
$$= \frac{2x^2 - 2 - x^2 - 2x - 1}{4\cdot(x-1)^2} = \frac{x^2 - 2x - 3}{4\cdot(x-1)^2}$$
$$0 = x_E^2 - 2x_E - 3$$
$$x_{E_{1,2}} = 1 \pm \sqrt{1+3}$$
$$x_{E_1} = 3 \quad x_{E_2} = -1$$
$$y_{E_1} = 2 \quad y_{E_2} = 0$$
$$\underline{\underline{E_1(3; 2)}} \qquad \underline{\underline{E_2(-1; 0)}}$$

$$f''(x) = \frac{(2x-2)\cdot \cancel{4}^{1}\cdot(x-1)^{\cancel{2}1} - (x^2-2x-3)\cdot \cancel{4}^{1}\cdot 2\cdot \cancel{(x-1)}^{1}}{\cancel{16}_{4}\cdot(x-1)^{\cancel{4}3}}$$
$$= \frac{2x^2 - 4x + 2 - 2x^2 + 4x + 6}{4\cdot(x-1)^3}$$
$$= \frac{\cancel{8}^{2}}{{}_1\cancel{4}\cdot(x-1)^3} = \frac{2}{(x-1)^3}$$

(2. Ableitung ist schon gegeben!)

$$f''(3) = \frac{2}{(3-1)^3} = \frac{1}{4} > 0 \quad \Rightarrow \quad \underline{\underline{\text{lokales Minimum:}}} \quad E_1(3; 2)$$
$$f''(-1) = \frac{2}{(-1-1)^3} = -\frac{1}{4} < 0 \quad \Rightarrow \quad \underline{\underline{\text{lokales Maximum:}}} \quad E_2(-1; 0)$$

Wendepunkte: $f''(x_W) = \dfrac{2}{(x_W - 1)^3} \neq 0$ für alle x

$\Rightarrow$ Es existieren keine Wendepunkte.

Polstelle: $0 = 4x_P - 4$

$x_P = 1$

$\lim\limits_{\substack{x \to 1 \\ x < 1}} f(x) = -\infty$ (Zähler positiv, Nenner negativ)

$\lim\limits_{\substack{x \to 1 \\ x > 1}} f(x) = +\infty$ (Zähler positiv, Nenner positiv)

Asymptote: $(x^2 + 2x + 1) : (4x - 4) = \frac{1}{4}x + \frac{3}{4} + \frac{4}{4x - 4}$

$$\begin{array}{l} -(x^2 - x) \\ \hline \quad 3x + 1 \\ \quad -(3x - 3) \\ \hline \qquad 4 \end{array}$$

a ... $y = \frac{1}{4}x + \frac{3}{4}$ ist Asymptote

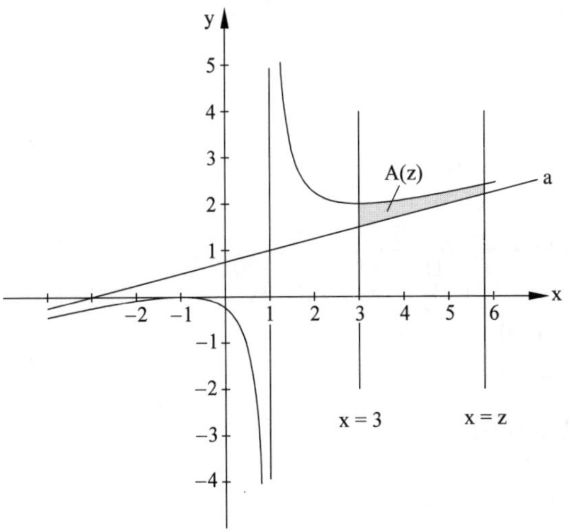

Wertetabelle:

x	−4	−3	0,5	1,5	4	6
f(x)	−1,25	−0,25	−1,125	3,125	$2{,}08\overline{3}$	2,45

b) 1. Möglichkeit: $t \ldots y = m \cdot x$

Gemeinsame Punkte von f und t:

$$\frac{x^2+2x+1}{4x-4} = mx$$

$$x^2 + 2x + 1 = 4\,mx^2 - 4\,mx$$

$$(1-4m)x^2 + (2+4m)x + 1 = 0$$

$$x^2 + \frac{2+4m}{1-4m}x + \frac{1}{1-4m} = 0$$

$$x_{1,2} = -\frac{1+2m}{1-4m} \pm \underbrace{\sqrt{\frac{(1+2m)^2}{(1-4m)^2} - \frac{1}{1-4m}}}_{\text{Da Tangente, muß Diskriminante Null sein}}$$

$$0 = \frac{(1+2m)^2}{(1-4m)^2} - \frac{1}{1-4m}$$

$$0 = \frac{4m^2+8m}{(1-4m)^2}$$

$$\left(m \neq \frac{1}{4}\right)$$

$$0 = 4m(m+2)$$

$$m_1 = 0 \qquad m_2 = -2$$

(Probe im Nenner)

$t_1 \ldots y = 0$

$t_2 \ldots y = -2x$

2. Möglichkeit: $f(x) = f'(x) \cdot x$

$$\frac{x^2+2x+1}{4(x-1)} = \frac{x^2-2x-3}{4(x-1)^2} \cdot x \quad | \cdot 4(x-1)$$

$$x^2 + 2x + 1 = \frac{x^3 - 2x^2 - 3x}{(x-1)} \quad | \cdot (x-1)$$

$$x^3 - x^2 + 2x^2 - 2x + x - 1 = x^3 - 2x^2 - 3x$$

$$3x^2 + 2x - 1 = 0$$

$$x^2 + \frac{2}{3}x - \frac{1}{3} = 0$$

$$x_{1,2} = -\frac{1}{3} \pm \sqrt{\frac{1}{9} + \frac{1}{3}}$$

$$x_1 = \frac{1}{3} \qquad x_2 = -1$$

$$f'\left(\frac{1}{3}\right) = -2 = m_1$$
$$f'(-1) = 0 = m_2$$
$$\Rightarrow \quad \underline{\underline{t_1 \ldots y = -2x}}$$
$$\underline{\underline{t_2 \ldots y = 0}}$$

c) $$A(z) = \int_3^z \left[f(x) - \frac{1}{4}(x+3) \right] dx$$
$$= \int_3^z \left[\frac{x^2+2x+1}{4x-4} - \left(\frac{1}{4}x + \frac{3}{4} \right) \right] dx$$
$$= \int_3^z \left[\frac{1}{4}x + \frac{3}{4} + \frac{4}{4x-4} - \left(\frac{1}{4}x + \frac{3}{4} \right) \right] dx \qquad \text{(siehe Teil a)}$$
$$= \int_3^z \frac{4}{4x-4}\, dx = \int_3^z \frac{1}{x-1}\, dx$$
$$= [\ln|x-1|]_3^z = \ln(z-1) - \ln 2 = \underline{\underline{\ln\frac{z-1}{2}}}$$

$$1 = \ln\frac{z-1}{2} \quad \Rightarrow \quad e^1 = \frac{z-1}{2}$$
$$\underline{\underline{z = 2e+1}}$$

Für z = 2e + 1 beträgt der Flächeninhalt A(z) = 1.

$$\lim_{z\to\infty} A(z) = \lim_{z\to\infty}\left(\ln\frac{z-1}{2} \right) = \underline{\underline{\infty}} \qquad \text{(Logarithmus wächst unbegrenzt)}$$

d) Skizze:

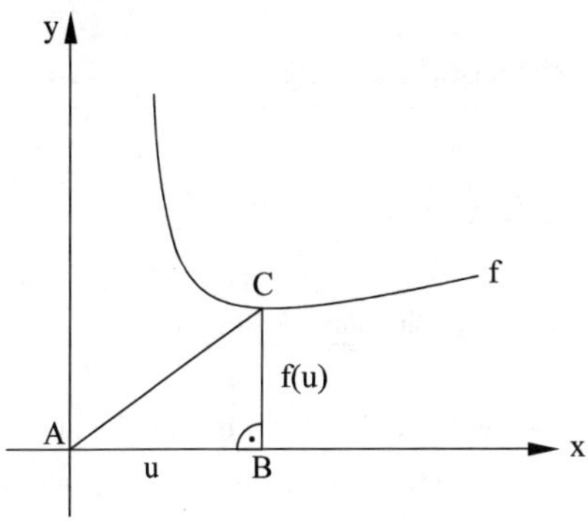

$$A_D = \frac{u \cdot f(u)}{2} = \frac{u}{2} \cdot f(u)$$
$$= \frac{u}{2} \cdot \frac{u^2 + 2u + 1}{4u - 4}$$
$$= \frac{u^3 + 2u^2 + u}{8u - 8} \qquad (u \in R; u > 1)$$

$$A_D' = \frac{(3u^2 + 4u + 1) \cdot (8u - 8) - (u^3 + 2u^2 + u) \cdot 8}{(8u - 8)^2}$$
$$= \frac{16u^3 - 8u^2 - 32u - 8}{(8u - 8)^2} \qquad (u \neq 1)$$

$$0 = 16u_E^3 - 8u_E^2 - 32u_E - 8 \quad |:8$$
$$0 = 2u_E^3 - u_E^2 - 4u_E - 1$$

$u_{E_1} = -1$ (Probieren) entfällt aber, da $u > 1$ gefordert

NR: $(2u^3 - u^2 - 4u - 1) : (u + 1) = 2u^2 - 3u - 1$

$$\begin{array}{l} -(2u^3 + 2u) \\ \hline \quad -3u^2 - 4u \\ \quad -(-3u^2 - 3u) \\ \hline \qquad -u - 1 \\ \qquad -(-u - 1) \\ \hline \qquad\quad 0 \end{array}$$

$$0 = 2u_E^2 - 3u_E - 1 \quad |:2$$
$$0 = u_E^2 - 1{,}5u_E - 0{,}5$$

$$u_{E_{2,3}} = \frac{3}{4} \pm \sqrt{\frac{9}{16} + \frac{1}{2}} = \frac{3}{4} \pm \sqrt{\frac{17}{16}} = \frac{3 \pm \sqrt{17}}{4}$$

$$\underline{\underline{u_E = u_{E_2} = \frac{3 + \sqrt{17}}{4} \approx 1{,}78}} \qquad u_{E_3} < 0 \text{ entfällt}$$

$$A_D'' = \frac{(48u^2 - 16u - 32) \cdot (8u - 8)^{\not 2\, 1} - (16u^3 - 8u^2 - 32u - 8) \cdot 2 \cdot \cancel{(8u - 8)}^{1} \cdot 8}{(8u - 8)^{\not 4\, 3}}$$
$$= \frac{(48u_E^2 - 16u_E - 32) \cdot (8u_E - 8) - 0}{(8u_E - 8)^3}$$
$$= \frac{(48u_E^2 - 16u_E - 32)}{(8u_E - 8)^2} \approx 2{,}35 > 0 \quad \Rightarrow \quad \underline{\underline{\text{lokales Minimum}}}$$

Für das Dreieck ABC mit $u = \frac{3 + \sqrt{17}}{4}$ wird der Flächeninhalt am kleinsten.

Das lokale Minimum ist auch das globale Minimum, da für u als Definitionsbereich nur $u > 1$ gegeben, also kein abgeschlossenes Intervall ($u = 1$ ist Pol).

Leistungskurs Mathematik (Sachsen): Abiturprüfung 1997
Geometrie / Algebra – Aufgabe B

In einem kartesischen Koordinatensystem ist ein schiefes Prisma ABCDEFGH mit der Grundfläche ABCD durch die Eckpunkte A(4; –2; –3), B(8; 2; –1), C(6; 3; 1), D(2; –1; –1) und H(1; 0; 5) gegeben.
Die Punkte D und H gehören zu ein und derselben Körperkante.

a) Ermitteln Sie die Koordinaten der restlichen Eckpunkte des Prismas.
Zeichnen Sie dieses Prisma in ein Koordinatensystem. (2 BE)

b) Stellen Sie für die Ebene, in der die Grundfläche ABCD liegt, eine Gleichung in parameterfreier Form auf. (2 BE)

c) Weisen Sie nach, daß die Grundfläche ABCD ein Rechteck ist.
Berechnen Sie das Volumen des Prismas ABCDEFGH. (3 BE)

d) Es existieren genau zwei Kugeln mit dem Radius $\frac{3}{2}\sqrt{30}$, auf denen die Punkte A, B, C und D liegen.
Ermitteln Sie die Koordinaten des Mittelpunktes einer dieser Kugeln. (3 BE)

(10 BE)

Lösungen

a) $\overrightarrow{DH} = \begin{pmatrix} -1 \\ 1 \\ 6 \end{pmatrix}$ $\quad \overrightarrow{OE} = \overrightarrow{OA} + \overrightarrow{DH} = \begin{pmatrix} 4 \\ -2 \\ -3 \end{pmatrix} + \begin{pmatrix} -1 \\ 1 \\ 6 \end{pmatrix} = \begin{pmatrix} 3 \\ -1 \\ 3 \end{pmatrix} \Rightarrow \underline{\underline{E(3; -1; 3)}}$

$$\overrightarrow{OF} = \overrightarrow{OB} + \overrightarrow{DH} = \begin{pmatrix} 7 \\ 3 \\ 5 \end{pmatrix} \Rightarrow \underline{\underline{F(7; 3; 5)}}$$

$$\overrightarrow{OG} = \overrightarrow{OC} + \overrightarrow{DH} = \begin{pmatrix} 5 \\ 4 \\ 7 \end{pmatrix} \Rightarrow \underline{\underline{G(5; 4; 7)}}$$

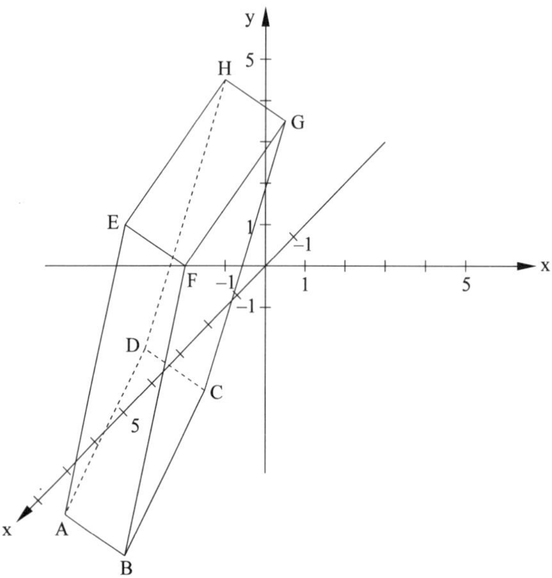

b) Eine Parametergleichung für die Ebene ABCD:

$$\begin{pmatrix} x \\ y \\ z \end{pmatrix} = \begin{pmatrix} 4 \\ -2 \\ -3 \end{pmatrix} + t \cdot \begin{pmatrix} 4 \\ 4 \\ 2 \end{pmatrix} + s \cdot \begin{pmatrix} -2 \\ 1 \\ 2 \end{pmatrix} \qquad (s, t \in R)$$

Umformen in parameterfreie Gleichung: $\underline{\underline{x - 2y + 2z = 2}}$

c) $\overrightarrow{AB} = \overrightarrow{DC} = \begin{pmatrix} 4 \\ 4 \\ 2 \end{pmatrix}$, $\overrightarrow{BC} = \overrightarrow{AD} = \begin{pmatrix} -2 \\ 1 \\ 2 \end{pmatrix}$

$\overrightarrow{AB} \circ \overrightarrow{AD} = -8+4+4=0$

Da die Gegenseiten parallel und gleich lang sind und ein rechter Winkel zwischen 2 benachbarten Seiten existiert, handelt es sich um ein Rechteck.

$V_{Pr} = A_G \cdot h$

NB: $A_G = a \cdot b$

$= |\overrightarrow{AB}| \cdot |\overrightarrow{AD}| = 6 \cdot 3 = 18$

$h = d$ ... Abstand der beiden Grundflächen

$d = |(\vec{x}_1 - \vec{x}_0) \circ \vec{e}_n|$

z. B. $\vec{x}_1 = \begin{pmatrix} 6 \\ 3 \\ 1 \end{pmatrix} = \overrightarrow{OC}$; $\vec{x}_0 = \begin{pmatrix} 5 \\ 4 \\ 7 \end{pmatrix} = \overrightarrow{OG}$

$\vec{e}_n = \frac{1}{3} \cdot \begin{pmatrix} 1 \\ -2 \\ 2 \end{pmatrix}$

$d = \frac{1}{3} \cdot \left| \begin{pmatrix} 1 \\ -1 \\ -6 \end{pmatrix} \circ \begin{pmatrix} 1 \\ -2 \\ 2 \end{pmatrix} \right| = \frac{1}{3} \cdot (1+2-12) = 3$

$V_{Pr} = 18 \cdot 3 = \underline{\underline{54}}$

Das Volumen des schiefen Prismas beträgt 54 VE.

d) $r_K = \frac{3}{2}\sqrt{30}$, $r_K^2 = 67{,}5$

Der Kugelmittelpunkt liegt auf der Senkrechten s zur Ebene ABCD durch den Diagonalenschnittpunkt des Rechtecks ABCD.

S ... Diagonalenschnittpunkt

$\overrightarrow{OS} = \overrightarrow{OA} + \frac{1}{2}\overrightarrow{AC} = \begin{pmatrix} 4 \\ -2 \\ -3 \end{pmatrix} + \frac{1}{2}\begin{pmatrix} 2 \\ 5 \\ 4 \end{pmatrix} = \begin{pmatrix} 5 \\ 0{,}5 \\ -1 \end{pmatrix} \Rightarrow$ S(5; 0,5; –1)

$\vec{a} = \vec{n} = \begin{pmatrix} 1 \\ -2 \\ 2 \end{pmatrix}$

s ... $\vec{x} = \begin{pmatrix} 5 \\ 0{,}5 \\ -1 \end{pmatrix} + t \cdot \begin{pmatrix} 1 \\ -2 \\ 2 \end{pmatrix} \Rightarrow \begin{array}{l} x_M = 5+t \\ y_M = 0{,}5-2t \\ z_M = -1+2t \end{array}$ $(t \in R)$

$$K \ldots \qquad (4-x_M)^2+(-2-y_M)^2+(-3-z_M)^2=67{,}5 \qquad (A \in K)$$

$$(4-5-t)^2+(-2-0{,}5+2t)^2+(-3+1-2t)^2=67{,}5$$

$$(-1-t)^2+(-2{,}5+2t)^2+(-2-2t)^2=67{,}5$$

$$1+2t+t^2+6{,}25-10t+4t^2+4+8t+4t^2=67{,}5$$

$$t^2=6{,}25$$

$t_1=2{,}5$

M_1: $x_1=5+2{,}5=7{,}5$
$y_1=0{,}5-5=-4{,}5$
$z_1=-1+5=4$

$\underline{\underline{M_1(7{,}5;-4{,}5;4)}}$

$t_2=-2{,}5$

M_2: $x_2=5-2{,}5=2{,}5$
$y_2=0{,}5+5=5{,}5$
$z_2=-1-5=-6$

$\underline{\underline{M_2(2{,}5;5{,}5;-6)}}$

Leistungskurs Mathematik (Sachsen): Abiturprüfung 1997
Stochastik – Aufgabe C

Bei einem Sportfest wird eine Schule durch sechs Schüler der Klasse 8, acht Schüler der Klasse 9 und vier Schüler der Klasse 10 vertreten.

a) Vor der Eröffnung werden zwei Schüler dieser Schule ausgelost, die die Sportgeräte auf die Wettkampfstätten zu verteilen haben.
Bestimmen Sie die Wahrscheinlichkeiten folgender Ereignisse:
Ereignis A: Beide Schüler sind Schüler der Klasse 8.
Ereignis B: Ein Schüler ist aus Klasse 9 und ein Schüler ist aus Klasse 10. (2 BE)

b) Zur Eröffnung des Sportfestes stellen sich alle Teilnehmer dieser Schule in einer Linie auf.
Wie viele Anordnungsmöglichkeiten gibt es, wenn nur die Zugehörigkeit zu den Klassen interessiert?
Wie groß ist bei zufälliger Anordnung der Teilnehmer in der Linie die Wahrscheinlichkeit dafür, daß die vier Schüler aus Klasse 10 nebeneinander stehen? (3 BE)

c) Ein Wettbewerb ist der Ballzielwurf. Peters Trefferwahrscheinlichkeit sei bei jedem Wurf 0,3.
Bestimmen Sie die Wahrscheinlichkeit dafür, daß Peter bei 10 Würfen genau 5 Treffer erzielt.
Wie oft muß Peter werfen, damit die Wahrscheinlichkeit dafür, daß er wenigstens einmal trifft, mindestens 0,95 beträgt? (3 BE)

d) Ein weiterer Wettbewerb ist der Weitsprung.
Ein Sportlehrer behauptet, er könne beim Anlauf eines Schülers schon vier Meter vor dem Erreichen des Absprungbalkens in mindestens 90 % aller Fälle voraussagen, ob der Schüler übertritt oder nicht. Die Hypothese des Sportlehrers wird bei dem Sportfest getestet, bei dem 50 Sprünge durchgeführt werden.
Wie oft muß der Sportlehrer die richtige Voraussage treffen, damit bei einer Irrtumswahrscheinlichkeit von 5 % seine Hypothese nicht abgelehnt werden kann? (2 BE)

(10 BE)

a) $P(A)=\frac{6}{18}\cdot\frac{5}{17}=\frac{5}{51}\approx 0{,}098$

oder: $\frac{\binom{6}{2}\cdot\binom{8}{0}\cdot\binom{4}{0}}{\binom{18}{2}}=\frac{5}{51}$

$P(B)=\frac{8}{18}\cdot\frac{4}{17}+\frac{4}{18}\cdot\frac{8}{17}=2\cdot\frac{16}{153}=\frac{32}{153}\approx 0{,}209$

oder: $\frac{\binom{6}{0}\cdot\binom{8}{1}\cdot\binom{4}{1}}{\binom{18}{2}}=\frac{8\cdot 4}{153}=\frac{32}{153}$

b) Permutationen mit Wiederholung

$\frac{18!}{6!\cdot 8!\cdot 4!}=9\,189\,180$ Möglichkeiten

C ... 4 Schüler Klasse 10 nebeneinander: nur als ein Element betrachtet

$\frac{15!}{6!\cdot 8!\cdot 1!}=45\,045$ Möglichkeiten sind günstig

$P(C)=\frac{45\,045}{9\,189\,180}=\frac{1}{204}\approx 0{,}0049$

c) X ... genau 5 Treffer bei 10 Würfen

$P(X=5)=\binom{10}{5}\cdot 0{,}3^5\cdot 0{,}7^5=252\cdot 0{,}3^5\cdot 0{,}7^5\approx 0{,}1029$

$$1-0{,}7^n\geq 0{,}95$$
$$0{,}05\geq 0{,}7^n$$
$$\lg 0{,}05\geq \lg 0{,}7^n$$
$$\lg 0{,}05\geq n\cdot \lg 0{,}7$$
$$\frac{\lg 0{,}05}{\lg 0{,}7}<n$$
$$8{,}399<n$$

Peter muß mindestens 9 Mal werfen.

d) H_0: $p \geq 0{,}9$; $n = 50$

Y ... Anzahl der richtigen Voraussagen des Lehrers
(Binomialverteilung: $n = 50$; $p = 0{,}9$ – Grenzfall)

Einseitiger Test: H_0 wird für kleine Werte von Y abgelehnt

Kritischer Bereich: $K = \{0; 1; ... ; g\}$

$P(Y < g) \leq 0{,}05$ (Irrtumswahrscheinlichkeit $\alpha = 0{,}05$)

$P(Y \geq g) > 0{,}95$

Aufsuchen des Wertes in der Tafel ($n = 50$, $p = 0{,}9$)

$\Rightarrow$ Der Lehrer muß mindestens 41 Mal richtig voraussagen.

Leistungskurs Mathematik (Sachsen): Abiturprüfung 1997
Geometrie / Algebra – Aufgabe D 1

In einem kartesischen Koordinatensystem sind die Punkte A(0; –1; 2), B(3; 3; 2), D(–4; 2; 2) und E(0; –1; 7) sowie die Ebenen E_t durch

$$(2t + 9)x + (-4t + 26)y + (10t - 21)z = 44t \quad (t \in R)$$

gegeben.

a) Weisen Sie nach, daß ein Punkt C existiert, so daß das Viereck ABCD ein Quadrat ist.
Berechnen Sie die Koordinaten des Punktes C. (3 BE)

b) Der Körper ABCDEFGH ist ein Würfel. Jede Ebene $E_t \left(t \neq \frac{21}{10}\right)$ schneidet die Ebene, in der die Seitenfläche BCGF des Würfels liegt, in ein und derselben Geraden.
Ermitteln Sie eine Gleichung dieser Geraden. (4 BE)

c) Dem Würfel ABCDEFGH ist eine Kugel einbeschrieben, die jede Seitenfläche des Würfels berührt. Die Ebene E_1 schneidet diese Kugel in einem Kreis.
Berechnen Sie die Koordinaten des Mittelpunktes und den Radius dieses Schnittkreises. (3 BE)

(10 BE)

a) $\overrightarrow{AB} = \begin{pmatrix} 3 \\ 4 \\ 0 \end{pmatrix}$ $\quad$ $\overrightarrow{AD} = \begin{pmatrix} -4 \\ 3 \\ 0 \end{pmatrix}$

$|\overrightarrow{AB}| = \sqrt{9+16} = 5 \quad |\overrightarrow{AD}| = \sqrt{16+9} = 5$

$\overrightarrow{AB} \circ \overrightarrow{AD} = -12+12 = 0 \quad \Rightarrow \quad \overrightarrow{AB} \perp \overrightarrow{AD}$

Da die benachbarten Seiten gleich lang sind und einen rechten Winkel einschließen, existiert ein Quadrat ABCD.

$\overrightarrow{OC} = \overrightarrow{OB} + \overrightarrow{AD} = \begin{pmatrix} 3 \\ 3 \\ 2 \end{pmatrix} + \begin{pmatrix} -4 \\ 3 \\ 0 \end{pmatrix} = \begin{pmatrix} -1 \\ 6 \\ 2 \end{pmatrix}$

$\Rightarrow \quad \underline{\underline{C(-1; 6; 2)}}$

b) E ... Ebene BCGF

$\vec{x}_0 = \overrightarrow{OB} = \begin{pmatrix} 3 \\ 3 \\ 2 \end{pmatrix}; \quad \vec{a} = \overrightarrow{BC} = \begin{pmatrix} -4 \\ 3 \\ 0 \end{pmatrix}; \quad \vec{b} = \overrightarrow{CG} = \overrightarrow{AE} = \begin{pmatrix} 0 \\ 0 \\ 5 \end{pmatrix}$

E ... $\vec{x} = \begin{pmatrix} 3 \\ 3 \\ 2 \end{pmatrix} + s \cdot \begin{pmatrix} -4 \\ 3 \\ 0 \end{pmatrix} + u \cdot \begin{pmatrix} 0 \\ 0 \\ 5 \end{pmatrix} \qquad (s, u \in R)$

oder:

$$\begin{aligned} x &= 3-4s \quad |\cdot 3 \\ y &= 3+3s \quad |\cdot 4 \quad |+ \\ z &= 2+5u \\ \hline 3x+4y &= 9+12 \quad \Rightarrow \quad 3x+4y = 21 \\ & \qquad\qquad\qquad\qquad z = 2+5u \end{aligned}$$

E_t ... $(2t+9)x + (-4t+26)y + (10t-21)z = 44t$

für t = 0: $\quad 9x + 26y - 21z = 0$

$$\begin{array}{lll} (1) & 3x+4y = 21 & |\cdot(-3) \\ (2) & z = 2+5u & \\ (3) & 9x+26y-21z = 0 & \\ \hline (1)' & -9x-12y = -63 & \\ (1)'+(3) & 14y-21z = -63 & |:7 \\ & 2y-3z = -9 & \\ \text{mit } (2) & 2y-3(2+5u) = -9 & \\ & 2y-6-15u = -9 & \\ & 2y = -3+15u & |:2 \\ & y = -1{,}5+7{,}5u & \end{array}$$

$$\text{in}(1)\quad 3x+4(-1{,}5+7{,}5u)=21$$
$$3x-6+30u=21$$
$$3x=27-30u \quad |:3$$
$$x=9-10u$$

$$\Rightarrow \quad x=9-10u$$
$$y=-1{,}5+7{,}5u$$
$$z=2+5u$$

Gleichung der Schnittgeraden s (eine Möglichkeit):

$$s \ldots \vec{x}=\begin{pmatrix}9\\-1{,}5\\2\end{pmatrix}+u\cdot\begin{pmatrix}-10\\7{,}5\\5\end{pmatrix} \text{ bzw. } \underline{\underline{\vec{x}=\begin{pmatrix}9\\-1{,}5\\2\end{pmatrix}+u\cdot\begin{pmatrix}-4\\3\\2\end{pmatrix}}} \qquad (u\in\mathbb{R})$$

c) $E_1 \ldots \qquad 11x+22y-11z=44$

bzw. $\qquad x+2y-z=4$

Der Mittelpunkt der Kugel ist der Schnittpunkt der Raumdiagonalen des Würfels.

$$\overrightarrow{OM}=\overrightarrow{OC}+\frac{1}{2}\overrightarrow{CE}=\begin{pmatrix}-1\\6\\2\end{pmatrix}+\frac{1}{2}\cdot\begin{pmatrix}1\\-7\\5\end{pmatrix}=\begin{pmatrix}-0{,}5\\2{,}5\\4{,}5\end{pmatrix}$$

$\Rightarrow \quad M(-0{,}5; 2{,}5; 4{,}5)$

Der Radius der Kugel entspricht der Länge einer halben Seitenkante des Würfels.

$$r=\frac{1}{2}\cdot|\overrightarrow{AB}|=\frac{1}{2}\cdot 5=2{,}5$$

Gleichung der Kugel K:

K ... $\qquad (x+0{,}5)^2+(y-2{,}5)^2+(z-4{,}5)^2=6{,}25$

$E_1 \cap K$: Der Mittelpunkt M' des Schnittkreises k liegt auf einer Geraden l durch den Kugelmittelpunkt senkrecht zu E_1.

$$l \ldots \qquad \vec{x}=\begin{pmatrix}-0{,}5\\2{,}5\\4{,}5\end{pmatrix}+t\cdot\begin{pmatrix}1\\2\\-1\end{pmatrix} \quad (t\in\mathbb{R})$$

$$M'=E_1\cap l:\quad (-0{,}5+t)+2\cdot(2{,}5+2t)-(4{,}5-t)=4$$
$$-0{,}5+t+5+4t-4{,}5+t=4$$
$$t=\frac{2}{3}$$

$$\Rightarrow \quad \underline{\underline{M'\left(\frac{1}{6};\frac{23}{6};\frac{23}{6}\right)}}$$

Skizze:

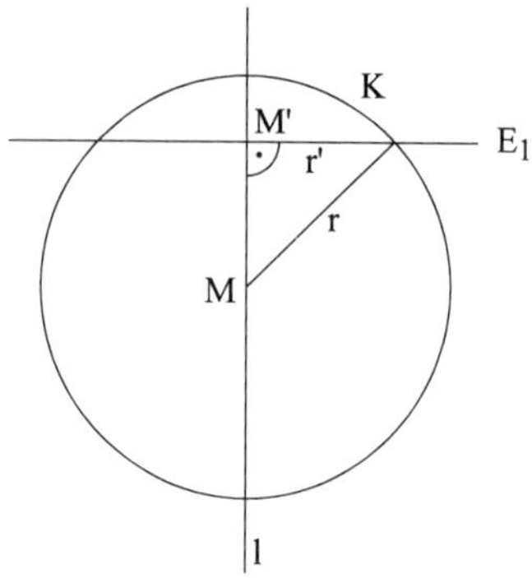

$$r' = \sqrt{r^2 - (\overline{MM'})^2}$$

$$= \sqrt{6{,}25 - \left(\frac{4}{9} + \frac{16}{9} + \frac{4}{9}\right)}$$

$$= \sqrt{\frac{43}{12}} = \frac{1}{6}\sqrt{129} \approx 1{,}89$$

Leistungskurs Mathematik (Sachsen): Abiturprüfung 1997
Stochastik – Aufgabe D 2

Bei einem Flugsimulator wird ein Flugverlauf durch einen Computer simuliert. Für die Festlegung der Flugroute wird das gedachte Übungsgebiet mit einem x-y-Koordinatensystem unterlegt. Der Beginn des „Fluges" ist stets auf der y-Achse. Die möglichen Flugrouten werden durch Graphen der Funktionen f_a mit

$$y = f_a(x) = \frac{1}{a}x^2 - ax + a \quad \left(a \in \left\{-3; \frac{1}{2}; 2; 3\right\}; \quad x \in R, x \geq 0\right) \text{ beschrieben.}$$

Der Parameter a wird vor jedem simulierten Flug neu und unabhängig vom vorangegangenen Flug durch den Computer mit folgenden Wahrscheinlichkeiten ermittelt:

$$P(a = -3) = 0{,}3; \quad P\left(a = \frac{1}{2}\right) = 0{,}1; \quad P(a = 2) = 0{,}4 \text{ und } P(a = 3) = 0{,}2.$$

a) Vier Personen absolvieren nacheinander je genau drei „Flüge" am Flugsimulator.
Wie viele verschiedene Reihenfolgen von Flugrouten sind dabei möglich? (1 BE)

b) In der Skizze sind mögliche Flugrouten mit einer Rechtskurve und einer Linkskurve dargestellt. Ermitteln Sie die Wahrscheinlichkeit, daß bei 12 simulierten Flügen höchstens zwei Rechtskurven durchflogen werden.

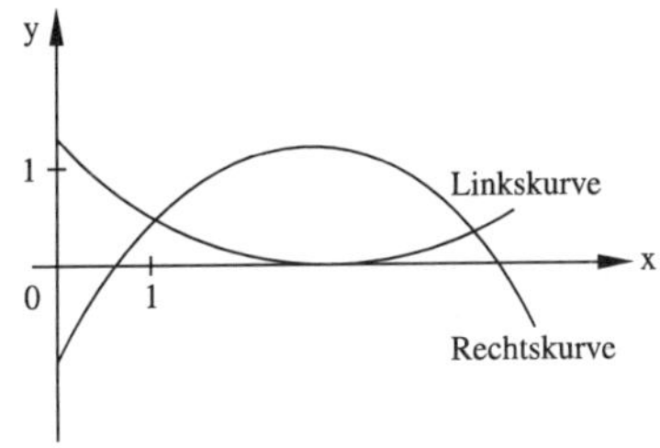

(Skizze nicht maßstäblich) (3 BE)

c) Schneidet bzw. berührt eine Flugroute die x-Achse, wird durch den Computer eine Sonderaktion (z. B. Ausfall eines Triebwerkes) simuliert.
Wie viele Sonderaktionen sind durchschnittlich bei 12 simulierten Flügen zu erwarten? (4 BE)

d) Bei einer Veränderung des Computerprogrammes werden auch die Wahrscheinlichkeiten für das Auftreten des Parameters a verändert. Herr Meyer behauptet, die Wahrscheinlichkeit, eine Rechtskurve zu „durchfliegen", sei mindestens 0,5. Bei einem Test tritt in 6 von 20 Versuchen eine Flugroute mit einer Rechtskurve auf. Herr Meyer verwirft deshalb seine Behauptung.
Ermitteln Sie die Wahrscheinlichkeit für einen Fehler erster Art bei diesem Test. (2 BE)

(10 BE)

B(n; p; k) — Binomialverteilung für n = 20; n = 50

n	k	p = 0,05	0,10	0,15	0,20	0,25	0,30	0,35	0,40	0,45	0,50	
20	0	0,3585	0,1216	0,0388	0,0115	0,0032	0,0008	0,0002	0,0000	0,0000	0,0000	20
	1	0,3774	0,2702	0,1368	0,0576	0,0211	0,0068	0,0020	0,0005	0,0001	0,0000	19
	2	0,1887	0,2852	0,2293	0,1369	0,0669	0,0278	0,0100	0,0031	0,0008	0,0002	18
	3	0,0596	0,1901	0,2428	0,2054	0,1339	0,0716	0,0323	0,0123	0,0040	0,0011	17
	4	0,0133	0,0898	0,1821	0,2182	0,1897	0,1304	0,0738	0,0350	0,0139	0,0046	16
	5	0,0022	0,0319	0,1028	0,1746	0,2023	0,1789	0,1272	0,0746	0,0365	0,0148	15
	6	0,0003	0,0089	0,0454	0,1091	0,1686	0,1916	0,1712	0,1244	0,0746	0,0370	14
	7	0,0000	0,0020	0,0160	0,0545	0,1124	0,1643	0,1844	0,1659	0,1221	0,0739	13
	8	0,0000	0,0004	0,0046	0,0222	0,0609	0,1144	0,1614	0,1797	0,1623	0,1201	12
	9	0,0000	0,0001	0,0011	0,0074	0,0271	0,0654	0,1158	0,1597	0,1771	0,1602	11
	10	0,0000	0,0000	0,0002	0,0020	0,0099	0,0308	0,0686	0,1171	0,1593	0,1762	10
	11	0,0000	0,0000	0,0000	0,0005	0,0030	0,0120	0,0336	0,0710	0,1185	0,1602	9
	12	0,0000	0,0000	0,0000	0,0001	0,0008	0,0039	0,0136	0,0355	0,0727	0,1201	8
	13	0,0000	0,0000	0,0000	0,0000	0,0002	0,0010	0,0045	0,0146	0,0366	0,0739	7
	14	0,0000	0,0000	0,0000	0,0000	0,0000	0,0002	0,0012	0,0049	0,0150	0,0370	6
	15	0,0000	0,0000	0,0000	0,0000	0,0000	0,0000	0,0003	0,0013	0,0049	0,0148	5
	16	0,0000	0,0000	0,0000	0,0000	0,0000	0,0000	0,0000	0,0003	0,0013	0,0046	4
	17	0,0000	0,0000	0,0000	0,0000	0,0000	0,0000	0,0000	0,0000	0,0002	0,0011	3
	18	0,0000	0,0000	0,0000	0,0000	0,0000	0,0000	0,0000	0,0000	0,0000	0,0002	2
	19	0,0000	0,0000	0,0000	0,0000	0,0000	0,0000	0,0000	0,0000	0,0000	0,0000	1
	20	0,0000	0,0000	0,0000	0,0000	0,0000	0,0000	0,0000	0,0000	0,0000	0,0000	0
50	0	0,0769	0,0052	0,0003	0,0000							50
	1	0,2025	0,0286	0,0026	0,0002	0,0000						49
	2	0,2611	0,0779	0,0113	0,0011	0,0001						48
	3	0,2199	0,1386	0,0319	0,0044	0,0004	0,0000					47
	4	0,1360	0,1809	0,0661	0,0128	0,0016	0,0001					46
	5	0,0658	0,1849	0,1072	0,0295	0,0049	0,0006	0,0000				45
	6	0,0260	0,1541	0,1419	0,0554	0,0123	0,0018	0,0002				44
	7	0,0086	0,1076	0,1575	0,0870	0,0259	0,0048	0,0006	0,0000			43
	8	0,0024	0,0643	0,1493	0,1169	0,0463	0,0110	0,0017	0,0002			42
	9	0,0006	0,0333	0,1230	0,1364	0,0721	0,0220	0,0042	0,0005	0,0000		41
	10	0,0001	0,0152	0,0890	0,1398	0,0985	0,0386	0,0093	0,0014	0,0001		40
	11	0,0000	0,0061	0,0571	0,1271	0,1194	0,0602	0,0182	0,0035	0,0004	0,0000	39
	12		0,0022	0,0328	0,1033	0,1294	0,0838	0,0319	0,0076	0,0011	0,0001	38
	13		0,0007	0,0169	0,0755	0,1261	0,1050	0,0502	0,0147	0,0027	0,0003	37
	14		0,0002	0,0079	0,0499	0,1110	0,1190	0,0714	0,0260	0,0059	0,0008	36
	15		0,0001	0,0033	0,0299	0,0888	0,1223	0,0923	0,0415	0,0116	0,0020	35
	16		0,0000	0,0013	0,0164	0,0648	0,1147	0,1088	0,0606	0,0207	0,0044	34
	17			0,0005	0,0082	0,0432	0,0983	0,1171	0,0808	0,0339	0,0087	33
	18			0,0001	0,0037	0,0264	0,0772	0,1156	0,0987	0,0508	0,0160	32
	19			0,0000	0,0016	0,0148	0,0558	0,1048	0,1109	0,0700	0,0270	31
	20				0,0006	0,0077	0,0370	0,0875	0,1146	0,0888	0,0419	30
	21				0,0002	0,0036	0,0227	0,0683	0,1091	0,1038	0,0598	29
	22				0,0001	0,0016	0,0128	0,0478	0,0959	0,1119	0,0788	28
	23				0,0000	0,0006	0,0067	0,0313	0,0778	0,1115	0,0960	27
	24					0,0002	0,0032	0,0190	0,0584	0,1026	0,1080	26
	25					0,0001	0,0014	0,0106	0,0405	0,0873	0,1123	25
	26					0,0000	0,0006	0,0055	0,0259	0,0687	0,1080	24
	27						0,0002	0,0026	0,0154	0,0500	0,0960	23
		p = 0,95	0,90	0,85	0,80	0,75	0,70	0,65	0,60	0,55	0,50	k

Materialien für Aufgaben zur Stochastik (II)

$F_{n;p}(k) = B_{n;p}(0) + ... + B_{n;p}(k)$ Summenfunktion der Binomialverteilung

p

n	k	0,02	0,03	0,04	0,05	0,10	1/6	0,20	0,30	1/3	0,40	0,50		
20	0	0,6676	5438	4420	3585	1216	0261	0115	0008	0003	0000	0000	19	20
	1	9401	8802	8103	7358	3917	1304	0692	0076	0033	0005	0000	18	
	2	9929	9790	9561	9245	6769	3287	2061	0355	0176	0036	0002	17	
	3	9994	9973	9926	9841	8670	5665	4114	1071	0604	0160	0013	16	
	4		9997	9990	9974	9568	7687	6296	2375	1515	0510	0059	15	
	5			9999	9997	9887	8982	8042	4164	2972	1256	0207	14	
	6					9976	9629	9133	6080	4793	2500	0577	13	
	7					9996	9887	9679	7723	6615	4159	1316	12	
	8					9999	9972	9900	8867	8095	5956	2517	11	
	9						9994	9974	9520	9081	7553	4119	10	
	10						9999	9994	9829	9624	8725	5881	9	
	11							9999	9949	9870	9435	7483	8	
	12								9987	9963	9790	8684	7	
	13								9997	9991	9935	9423	6	
	14									9998	9984	9793	5	
	15										9997	9941	4	
	16											9987	3	
	17											9998	2	
50	0	0,3642	2181	1299	0769	0052	0001	0000	0000	0000	0000	0000	49	50
	1	7356	5553	4005	2794	0338	0012	0002	0000	0000	0000	0000	48	
	2	9216	8180	6767	5405	1117	0066	0013	0000	0000	0000	0000	47	
	3	9822	9372	8609	7604	2503	0238	0057	0000	0000	0000	0000	46	
	4	9968	9832	9510	8964	4312	0643	0185	0002	0000	0000	0000	45	
	5	9995	9963	9856	9622	6161	1388	0480	0007	0001	0000	0000	44	
	6	9999	9993	9964	9882	7702	2506	1034	0025	0005	0000	0000	43	
	7		9999	9992	9968	8779	3911	1904	0073	0017	0000	0000	42	
	8			9999	9992	9421	5421	3073	0183	0050	0002	0000	41	
	9				9998	9755	6830	4437	0402	0127	0008	0000	40	
	10					9906	7986	5836	0789	0284	0022	0000	39	
	11					9968	8827	7107	1390	0570	0057	0000	38	
	12					9990	9373	8139	2229	1035	0133	0002	37	
	13					9997	9693	8894	3279	1715	0280	0005	36	
	14					9999	9862	9393	4468	2612	0540	0013	35	
	15						9943	9692	5692	3690	0955	0033	34	
	16						9978	9856	6839	4868	1561	0077	33	
	17						9992	9937	7822	6046	2369	0164	32	
	18						9998	9975	8594	7126	3356	0325	31	
	19						9999	9991	9152	8036	4465	0595	30	
	20							9997	9522	8741	5610	1013	29	
	21							9999	9749	9244	6701	1611	28	
	22								9877	9576	7660	2399	27	
	23								9944	9778	8438	3359	26	
	24								9976	9892	9022	4439	25	
	25								9991	9951	9427	5561	24	
	26								9997	9979	9686	6641	23	
	27								9999	9992	9840	7601	22	
	28									9997	9924	8389	21	
	29									9999	9960	8987	20	
	30										9986	9405	19	
	31										9995	9675	18	
	32										9998	9836	17	
	33										9999	9923	16	
	34											9976	15	
	35											9987	14	
	36											9995	13	
	37											9998	12	
		0,98	0,97	0,96	0,95	0,90	5/6	0,80	0,70	2/3	0,60	0,50	k	n

p

Lösungen

a) Für 1 Flugschüler: $4^3 = \underline{\underline{64 \text{ Möglichkeiten}}}$ (Variationen mit Wiederholung)

Für 4 Flugschüler: $4^{12} = \underline{\underline{16\,777\,216 \text{ Möglichkeiten}}}$

b) Für a = –3 ist die Parabel nach unten geöffnet, also eine Rechtskurve, sonst eine Linkskurve.

$P(a = -3) = 0{,}3$

X ... Anzahl der Rechtskurven bei zwölf simulierten Flügen
(Binomialverteilung: n = 12, p = 0,3)

$$\begin{aligned} P(X \le 2) &= P(X=0) + P(X=1) + P(X=2) \\ &= 0{,}7^{12} + 12 \cdot 0{,}3^1 \cdot 0{,}7^{11} + \binom{12}{2} \cdot 0{,}3^2 \cdot 0{,}7^{10} \\ &= 0{,}0138 + 0{,}0712 + 0{,}1678 \\ &= \underline{\underline{0{,}2528}} \end{aligned}$$

c) Anzahl der Sonderaktionen $\hat{=}$ Anzahl der Nullstellen

$$0 = \frac{1}{a}x^2 - ax + a$$

$$0 = x^2 - a^2x + a^2$$

$$\begin{aligned} x_{1,2} &= \frac{a^2}{2} \pm \sqrt{\frac{a^4}{4} - a^2} \\ &= \frac{a^2}{2} \pm \sqrt{\frac{a^4 - 4a^2}{4}} \\ &= \frac{a^2}{2} \pm \frac{1}{2}\sqrt{a^4 - 4a^2} \end{aligned}$$

$\Rightarrow$

keine NST:		$a^4 - 4a^2 = a^2(a^2 - 4) < 0$
	gilt für	$\lvert a \rvert < 2$
	hier für	$a = \frac{1}{2}$
Genau 1 NST:		$a^2(a^2 - 4) = 0$
	gilt für	$\lvert a \rvert = 2$
	hier für	$a = 2$
Genau 2 NST:		$a^2(a^2 - 4) > 0$
	gilt für	$\lvert a \rvert > 2$
	hier für	$a = 3$
	und	$a = -3$

Y ... Anzahl der Sonderaktionen je Flug

Wahrscheinlichkeitsverteilung:

y_i	0 $\left(a=\frac{1}{2}\right)$	1 (a = 2)	2 (a = ±3)
$P(Y = y_i)$	0,1	0,4	0,5

$E(Y) = 0 \cdot 0{,}1 + 1 \cdot 0{,}4 + 2 \cdot 0{,}5 = 1{,}4$

Für 12 simulierte Flüge: $12 \cdot 1{,}4 = \underline{\underline{16{,}8}}$

Es sind bei 12 Flügen durchschnittlich 16,8 Sonderaktionen zu erwarten.

d) H_0: $p \geq 0{,}5$

Z ... Anzahl der Rechtskurven bei 20 simulierten Flügen (Binomialverteilung: n = 20, p = 0,5 – Grenzfall)

Kritischer Bereich: $K = \{0; 1; 2; 3; 4; 5; 6\}$

$\alpha = P(Z \leq 6) = \underline{\underline{0{,}0577}}$ (Tafelwert)

Die Wahrscheinlichkeit für einen Fehler erster Art beträgt 0,0577.

Leistungskurs Mathematik (Sachsen): Abiturprüfung 1998
Analysis – Aufgabe A

Für jedes a ($a \in R$, $a > 0$) ist eine Funktion f_a gegeben durch

$$y = f_a(x) = 10x \cdot e^{-ax^2} \quad (x \in D_{f_a}).$$

Die Abbildung zeigt das mit einem grafikfähigen Taschenrechner erzeugte Bild des Graphen der Funktion f_1.

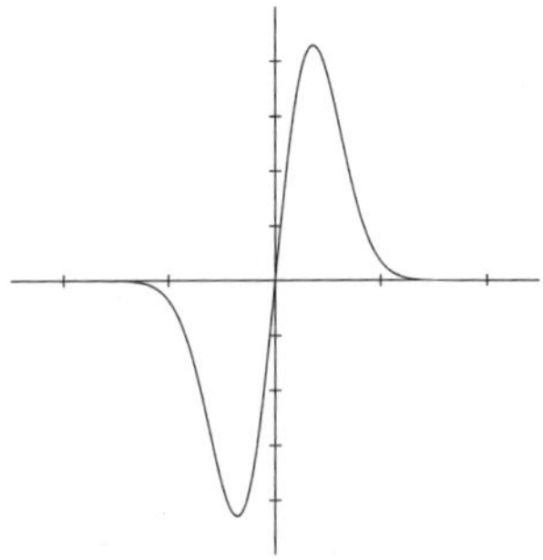

a) Geben Sie für die Funktion f_a den größtmöglichen Definitionsbereich an und führen Sie für die Funktion f_a eine Kurvendiskussion durch (Nullstellen, Symmetrie, Koordinaten der lokalen Extrempunkte, Art der Extrema, Koordinaten der Wendepunkte).
(Hinweis: Auf die Überprüfung einer hinreichenden Bedingung für die Existenz von Wendepunkten kann verzichtet werden).
Eine Funktion f_a hat den Wertebereich $-5 \le y \le 5$. Ermitteln Sie für diese Funktion den Wert a. (13 BE)

b) Ermitteln Sie eine Gleichung der Geraden g, auf der die lokalen Extrempunkte der Graphen aller Funktionen f_a liegen. Weisen Sie nach, dass auf der Geraden g ein Punkt existiert, der nicht Extrempunkt einer Funktion f_a ist. (3 BE)

c) Der Graph der Funktion f_1, die x-Achse und die Gerade mit der Gleichung $x = t$ ($t \in R$, $t > 0$) begrenzen im ersten Quadranten eine Fläche vollständig. Berechnen Sie den Inhalt dieser Fläche. (4 BE)

d) Durch den Koordinatenursprung O, den Punkt P(x; 0) und den Punkt Q(x; $f_1(x)$) wird für jedes x ($x \in R$, $x > 0$) ein Dreieck bestimmt.
Berechnen Sie den maximalen Flächeninhalt, den ein solches Dreieck annehmen kann. (Hinweis: Auf die Überprüfung einer hinreichenden Bedingung für die Existenz des lokalen Maximums kann verzichtet werden). (5 BE)

(25 BE)

Lösungen

a) $D_{f_a} = R$

Nullstellen:

$$0 = 10x_N \cdot e^{-ax_N^2}$$
$$0 = 10x_N \qquad (e^{-ax_N^2} \neq 0)$$
$$\underline{\underline{x_N = 0}}$$

Symmetrie:

$$f_a(-x) = 10 \cdot (-x) \cdot e^{-a(-x)^2}$$
$$= -10x \cdot e^{-ax^2}$$
$$= -f_a(x)$$

$\Rightarrow$ f_a ist zentralsymmetrisch zum Koordinatenursprung.

Extrempunkte: $f_a'(x) = 10 \cdot e^{-ax^2} + 10x \cdot e^{-ax^2} \cdot (-2ax)$

$= 10e^{-ax^2} \cdot (1 - 2ax^2)$

$0 = 10e^{-ax_E^2} \cdot (1 - 2ax_E^2)$

$0 = 1 - 2ax_E^2 \qquad (10e^{-ax_E^2} \neq 0)$

$x_E^2 = \frac{1}{2a}$

$x_{E_1} = \frac{1}{\sqrt{2a}} \qquad x_{E_2} = -\frac{1}{\sqrt{2a}}$

$y_{E_1} = 10 \cdot \frac{1}{\sqrt{2a}} \cdot e^{-a \cdot \frac{1}{2a}} = \frac{10}{\sqrt{2a}} \cdot e^{-\frac{1}{2}} = \frac{10}{\sqrt{2ae}}$

$y_{E_2} = 10 \cdot \left(-\frac{1}{\sqrt{2a}}\right) \cdot e^{-a \cdot \frac{1}{2a}} = -\frac{10}{\sqrt{2ae}}$

$\underline{\underline{E_1\left(\frac{1}{\sqrt{2a}}; \frac{10}{\sqrt{2ae}}\right)}} \qquad \underline{\underline{E_2\left(-\frac{1}{\sqrt{2a}}; -\frac{10}{\sqrt{2ae}}\right)}}$

$f_a''(x) = 10e^{-ax^2} \cdot (-2ax) \cdot (1 - 2ax^2) + 10e^{-ax^2} \cdot (-4ax)$

$= 20ax \cdot e^{-ax^2} \cdot (2ax^2 - 1 - 2)$

$= 20ax \cdot e^{-ax^2} \cdot (2ax^2 - 3)$

$f_a''\left(\frac{1}{\sqrt{2a}}\right) = 20a \cdot \frac{1}{\sqrt{2a}} \cdot e^{-a \cdot \frac{1}{2a}} \cdot \left(2a \cdot \frac{1}{2a} - 3\right)$

$= \frac{20a}{\sqrt{2ae}} \cdot (-2) = -\frac{40a}{\sqrt{2ae}} < 0, \text{ da } a > 0$

$\Rightarrow$ $\underline{\underline{\text{lokales Maximum } E_1\left(\frac{1}{\sqrt{2a}}; \frac{10}{\sqrt{2ae}}\right)}}$

$f_a''\left(-\frac{1}{\sqrt{2a}}\right) = 20a \cdot \left(-\frac{1}{\sqrt{2a}}\right) \cdot e^{-a \cdot \frac{1}{2a}} \cdot \left(2a \cdot \frac{1}{2a} - 3\right)$

$= \frac{40a}{\sqrt{2ae}} > 0, \text{ da } a > 0$

$\Rightarrow$ $\underline{\underline{\text{lokales Minimum } E_2\left(-\frac{1}{\sqrt{2a}}; -\frac{10}{\sqrt{2ae}}\right)}}$

Wendepunkte: $0 = 20ax_W \cdot e^{-ax_W^2} \cdot (2ax_W^2 - 3)$

$0 = 20ax_W \qquad 0 = 2ax_W^2 - 3$

$x_{W_1} = 0 \qquad x_W^2 = \frac{3}{2a}$

$x_{W_2} = \sqrt{\frac{3}{2a}} \qquad x_{W_3} = -\sqrt{\frac{3}{2a}}$

$(e^{-ax_W^2} \neq 0)$

$$y_{W_1} = 0$$

$$y_{W_2} = 10\cdot\sqrt{\frac{3}{2a}}\cdot e^{-a\cdot\frac{3}{2a}} = 10\cdot\sqrt{\frac{3}{2ae^3}}$$

$$y_{W3} = 10\cdot\left(-\sqrt{\frac{3}{2a}}\right)\cdot e^{-a\cdot\frac{3}{2a}} = -10\cdot\sqrt{\frac{3}{2ae^3}}$$

$$\underline{\underline{W_1(0;0)}} \qquad \underline{\underline{W_2\left(\sqrt{\frac{3}{2a}};10\cdot\sqrt{\frac{3}{2ae^3}}\right)}} \qquad \underline{\underline{W_3\left(-\sqrt{\frac{3}{2a}};-10\cdot\sqrt{\frac{3}{2ae^3}}\right)}}$$

Der Nachweis über die 3. Ableitung ist laut Aufgabenstellung nicht erforderlich.

Für f_a mit Wertebereich $-5 \le y \le 5$ gilt:

$$y_{e_1} = \frac{10}{\sqrt{2ae}} = 5$$

$$2 = \sqrt{2ae}$$

$$4 = 2ae$$

$$\underline{\underline{a = \frac{2}{e}}}$$

b) Da f_a zentralsymmetrisch zum Ursprung ist, liegen alle lokalen Extrempunkte auf einer Geraden g mit der Gleichung $y = mx$.

Auf g liegt z. B. $E_1\left(\frac{1}{\sqrt{2a}};\frac{10}{\sqrt{2ae}}\right)$.

$$\frac{10}{\sqrt{2ae}} = m\cdot\frac{1}{\sqrt{2a}}$$

$$m = \frac{10\cdot\sqrt{2a}}{\sqrt{2ae}} = \frac{10}{\sqrt{e}} = \frac{10}{e}\cdot\sqrt{e}$$

$$\Rightarrow \quad g\ldots \quad \underline{\underline{y = \frac{10}{e}\cdot\sqrt{e}\cdot x}}$$

Auf g liegt z. B. der Punkt O (0; 0). Wie im Aufgabenteil a gezeigt, ist O Wendepunkt, also kein lokaler Extrempunkt.

c) $f_1(x) = 10x\cdot e^{-x^2}$

$$A(t) = \int_0^t 10x\cdot e^{-x^2}\,dx$$

Substitution: $z(x) = -x^2 \;\rightarrow\; \frac{dz}{dx} = -2x$

$\rightarrow\; dz = -2x\,dx$

$\rightarrow\; dx = \frac{dz}{-2x}$

$z(0) = 0 \qquad z(t) = -t^2$

$\downarrow$

$$A(t) = \int_0^{-t^2} 10x \cdot e^z \cdot \frac{dz}{-2x} = \int_0^{-t^2} -5e^z dz$$

$$= [-5e^z]_0^{-t^2} = -5e^{-t^2} - (-5)$$

$$= 5 - 5e^{-t^2}$$

$$\underline{\underline{A(t) = 5 \cdot (1 - e^{-t^2})}}$$

d) Skizze:

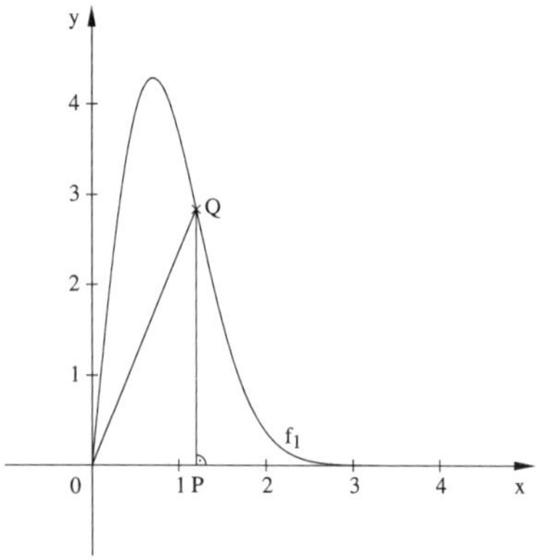

$$A_D = \frac{1}{2} \cdot \overline{OP} \cdot \overline{PQ} \qquad \overline{OP} = x$$

$$\overline{PQ} = f_1(x)$$

$$A_D(x) = \frac{1}{2} \cdot x \cdot f_1(x)$$

$$= \frac{1}{2} \cdot x \cdot 10x \cdot e^{-x^2}$$

$$= 5x^2 \cdot e^{-x^2} \qquad (x > 0)$$

$$A'_D(x) = 10x \cdot e^{-x^2} + 5x^2 \cdot e^{-x^2} \cdot (-2x)$$

$$= 10e^{-x^2} \cdot (x - x^3)$$

$$0 = x_E - x_E^3 \qquad (10 \cdot e^{-x^2} \neq 0)$$

$$0 = x_E \cdot (1 - x_E^2)$$

$x_{E_1} = 0$ entfällt, da $x > 0$ $\qquad x_E^2 = 1$

$x_{E_2} = 1 \qquad x_{E_3} = -1$ entfällt, da $x > 0$

$\Rightarrow \quad x_E = 1$

Auf den Nachweis als Maximum kann laut Aufgabenstellung verzichtet werden.

$$A_D(1) = 5 \cdot 1 \cdot e^{-1}$$

$$= \underline{\underline{\frac{5}{e} \approx 1{,}84}}$$

Das Dreieck OPQ kann maximal eine Fläche von ca. 1,84 FE besitzen.

Leistungskurs Mathematik (Sachsen): Abiturprüfung 1998
Geometrie / Algebra – Aufgabe B

In einem kartesischen Koordinatensystem sind die Punkte $A(1; 1; -1)$, $B_t(1; 1 + t; -1 + 2t)$ und $C_t(1 + 2t; 1 - t; -1)$, $(t \in R, t > 0)$ gegeben.

a) Untersuchen Sie die Vektoren $\overrightarrow{AB_2}$ und $\overrightarrow{AC_4}$ auf lineare Abhängigkeit.
Berechnen Sie die y-Koordinate des Vektors

$$\vec{x} = \begin{pmatrix} 4 \\ y \\ -8 \end{pmatrix}$$

so, dass die Vektoren $\vec{x}$, $\overrightarrow{AB_2}$ und $\overrightarrow{AC_4}$ linear abhängig sind. (5 BE)

b) Weisen Sie rechnerisch nach, dass für jeden Wert t die Punkte A, B_t und C_t ein und dieselbe Ebene bestimmen. (3 BE)

c) Für jedes t sind die Punkte A, B_t und C_t Eckpunkte eines Dreiecks AB_tC_t.
Weisen Sie rechnerisch nach, dass jedes Dreieck AB_tC_t ein gleichschenkliges Dreieck mit der Basis $\overline{B_tC_t}$ ist.
Zeigen Sie, dass eine Gleichung für alle Winkelhalbierenden der Winkel C_tAB_t existiert, die unabhängig vom Wert des Parameters t ist, und ermitteln Sie eine Gleichung dieser Winkelhalbierenden. (4 BE)

d) Berechnen Sie den Wert des Parameters t, für den das zugehörige Dreieck AB_tC_t den Flächeninhalt $\sqrt{6}$ hat. (3 BE)

(15 BE)

a) $B_2(1; 3; 3)$, $C_4(9; -3; -1)$

$$\overrightarrow{AB_2} = \begin{pmatrix} 0 \\ 2 \\ 4 \end{pmatrix}, \quad \overrightarrow{AC_4} = \begin{pmatrix} 8 \\ -4 \\ 0 \end{pmatrix}$$

Gilt $\overrightarrow{AB_2} = a \cdot \overrightarrow{AC_4}$ mit $a \in R$, so sind die Vektoren linear abhängig.

$0 = a \cdot 8 \quad \Rightarrow \quad a = 0$

$2 = a \cdot (-4) \quad \Rightarrow \quad a = -\frac{1}{2}$

$4 = a \cdot 0 \quad \Rightarrow$ keine Lösung für a

$\Rightarrow$ $\overrightarrow{AB_2}$ und $\overrightarrow{AC_4}$ sind linear unabhängig.

Es muss gelten: $\vec{x} = b \cdot \overrightarrow{AB_2} + c \cdot \overrightarrow{AC_4}$

$$\begin{pmatrix} 4 \\ y \\ -8 \end{pmatrix} = b \cdot \begin{pmatrix} 0 \\ 2 \\ 4 \end{pmatrix} + c \cdot \begin{pmatrix} 8 \\ -4 \\ 0 \end{pmatrix}$$

$4 = 8c \quad \Rightarrow \quad c = \frac{1}{2}$

$y = 2b - 4c$

$-8 = 4b \quad \Rightarrow \quad b = -2$

$y = 2 \cdot (-2) - 4 \cdot \frac{1}{2} = \underline{\underline{-6}}$

b) E ... Ebene durch die Punkte A, B_t und C_t

$$E \ldots \begin{pmatrix} x \\ y \\ z \end{pmatrix} = \begin{pmatrix} 1 \\ 1 \\ -1 \end{pmatrix} + r \cdot \begin{pmatrix} 0 \\ t \\ 2t \end{pmatrix} + s \cdot \begin{pmatrix} 2t \\ -t \\ 0 \end{pmatrix} \quad (s, t \in R)$$

(1) $x = 1 + 2st \quad \Rightarrow \quad s = \frac{x-1}{2t}$

(2) $y = 1 + rt - st$

(3) $z = -1 + 2rt \quad \Rightarrow \quad r = \frac{z+1}{2t}$

Einsetzen in (2):

$$y = 1 + \frac{z+1}{2t} \cdot t - \frac{x-1}{2t} \cdot t$$

$$y = 1 + \frac{z+1}{2} - \frac{x-1}{2} \qquad | \cdot 2$$

$$2y = 2 + z + 1 - (x-1)$$

E ... $\underline{\underline{x + 2y - z = 4}}$

Die Gleichung der Ebene ist von t unabhängig.

c) $\overline{AB_t} = \sqrt{0^2 + t^2 + 4t^2} = \sqrt{5t^2} = \sqrt{5}t$

$\overline{AC_t} = \sqrt{4t^2 + t^2 + 0} = \sqrt{5t^2} = \sqrt{5}t$

$\overline{AB_t} = \overline{AC_t} \quad \Rightarrow$ Das Dreieck AB_tC_t ist gleichschenklig.

Die Winkelhalbierende verläuft durch A und den Mittelpunkt M der Strecke $\overline{B_tC_t}$.

$$M\left(\frac{2+2t}{2}; \frac{2}{2}; \frac{-2+2t}{2}\right)$$

$M(1 + t; 1; t - 1)$

$$w \ldots \quad \begin{pmatrix} x \\ y \\ z \end{pmatrix} = \begin{pmatrix} 1 \\ 1 \\ -1 \end{pmatrix} + u \cdot \begin{pmatrix} t \\ 0 \\ t \end{pmatrix} \quad (u \in R)$$

$$w \ldots \quad \begin{pmatrix} x \\ y \\ z \end{pmatrix} = \begin{pmatrix} 1 \\ 1 \\ -1 \end{pmatrix} + u \cdot t \cdot \begin{pmatrix} 1 \\ 0 \\ 1 \end{pmatrix}$$

mit $u \cdot t = v$ gilt:

$$w \ldots \quad \underline{\underline{\begin{pmatrix} x \\ y \\ z \end{pmatrix} = \begin{pmatrix} 1 \\ 1 \\ -1 \end{pmatrix} + v \cdot \begin{pmatrix} 1 \\ 0 \\ 1 \end{pmatrix}}}$$

Diese Gleichung ist unabhängig von t.

d) $A_D = \frac{1}{2} \cdot g \cdot h_g, \qquad g = \overline{B_tC_t}$

$\qquad h_g = \overline{AM}$

$$A_D = \frac{1}{2} \cdot \sqrt{4t^2 + 4t^2 + 4t^2} \cdot \sqrt{t^2 + 0 + t^2}$$

$$= \frac{1}{2} \cdot \sqrt{12} \cdot t \cdot \sqrt{2} \cdot t = \frac{\sqrt{24}}{2} t^2$$

$$\sqrt{6} = \frac{\sqrt{24}}{2} t^2$$

$$t^2 = \frac{2 \cdot \sqrt{6}}{\sqrt{24}} = \frac{\sqrt{24}}{\sqrt{24}} = 1$$

$\underline{\underline{t_1 = 1}} \qquad t_2 = -1$ entfällt wegen $t > 0$

Leistungskurs Mathematik (Sachsen): Abiturprüfung 1998
Stochastik – Aufgabe C

Eine Firma stellt verschiedene Elektronikerzeugnisse her. Eines dieser Produkte besteht aus drei Bauteilen T_1, T_2 und T_3. Falls ein Bauteil ausfällt, ist das Produkt nicht mehr funktionsfähig. Es ist bekannt, dass jedes dieser Teile innerhalb der Garantiezeit mit der Wahrscheinlichkeit 0,2 ausfällt und dass dieser Ausfall keine Auswirkungen auf die Funktionsfähigkeit der anderen Teile hat. In den Garantiebedingungen erklärt sich die Herstellerfirma bereit, bei jedem Bauteil einmalig die Kosten für den Austausch zu übernehmen. Die Kosten für den Austausch von T_1 betragen 150 DM, von T_2 120 DM und von T_3 30 DM.

a) Die Zufallsgröße X beschreibt die Kosten pro Produkt, die der Herstellerfirma durch die Garantieleistungen entstehen. Geben Sie die Wahrscheinlichkeitsverteilung der Zufallsgröße X an. Ermitteln Sie die Kosten, die die Herstellerfirma durch die Garantieleistungen pro Produkt erwarten muss. (3 BE)

Ein Erzeugnis der Firma sind Taschenrechner. Bekannt ist, dass 10 % der produzierten Geräte defekt sind. Ursache dafür können die Fehler F_1 und F_2 sein. Die Wahrscheinlichkeit für das Auftreten von Fehler F_1 beträgt 0,04. Sowohl Fehler F_1 als auch Fehler F_2 haben 0,25 % der produzierten Taschenrechner.

b) Untersuchen Sie, ob die beiden Fehler F_1 und F_2 unabhängig voneinander auftreten. (3 BE)

c) Ein Kontrolleur benötigt für eine Analyse einen Taschenrechner, der sowohl Fehler F_1 als auch Fehler F_2 aufweist. Wie viele Geräte müssen der Produktion wenigstens entnommen werden, damit mit einer Wahrscheinlichkeit von mindestens 99 % wenigstens ein solcher Rechner dabei ist? (2 BE)

d) Um Taschenrechner preiswert kaufen zu können, gaben die Gymnasien einer Stadt eine Sammelbestellung von 750 Stück bei dieser Firma ab. Die Zufallsgröße Y beschreibt die Anzahl der Rechner unter den 750 gelieferten Geräten, die den Fehler F_1 aufweisen. Wie groß ist die Wahrscheinlichkeit dafür, dass der Fehler F_1 bei weniger als 20 Rechnern auftritt? (2 BE)

(10 BE)

Materialien für Aufgaben zur Stochastik:

$$\phi(z)=\frac{1}{\sqrt{2\pi}}\int_{-\infty}^{z} e^{-\frac{1}{2}t^2}\,dt$$

$$\phi(-z)=1-\phi(z)$$

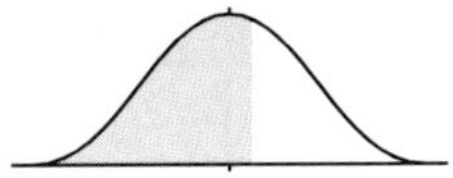

z	0	1	2	3	4	5	6	7	8	9
0,0	0,5000	0,5040	0,5080	0,5120	0,5160	0,5199	0,5239	0,5279	0,5319	0,5359
0,1	0,5398	0,5438	0,5478	0,5517	0,5557	0,5596	0,5636	0,5675	0,5714	0,5753
0,2	0,5793	0,5832	0,5871	0,5910	0,5948	0,5987	0,6026	0,6064	0,6103	0,6141
0,3	0,6179	0,6217	0,6255	0,6293	0,6331	0,6368	0,6406	0,6443	0,6480	0,6517
0,4	0,6554	0,6591	0,6628	0,6664	0,6700	0,6736	0,6772	0,6808	0,6844	0,6879
0,5	0,6915	0,6950	0,6985	0,7019	0,7054	0,7088	0,7123	0,7157	0,7190	0,7224
0,6	0,7257	0,7291	0,7324	0,7357	0,7389	0,7422	0,7454	0,7486	0,7517	0,7549
0,7	0,7580	0,7611	0,7642	0,7673	0,7703	0,7734	0,7764	0,7794	0,7823	0,7852
0,8	0,7881	0,7910	0,7939	0,7967	07995	0,8023	0,8051	0,8078	0,8106	0,8133
0,9	0,8159	0,8186	0,8212	0,8238	0,8264	0,8289	0,8315	0,8340	0,8365	0,8389
1,0	0,8413	0,8438	0,8461	0,8485	0,8508	0,8531	0,8554	0,8577	0,8599	0,8621
1,1	0,8643	0,8665	0,8686	0,8708	0,8729	0,8749	0,8770	0,8790	0,8810	0,8830
1,2	0,8849	0,8869	0,8888	0,8907	0,8925	0,8944	0,8962	0,8980	0,8997	0,9015
1,3	0,9032	0,9049	0,9066	0,9082	0,9099	0,9115	0,9131	0,9147	0,9162	0,9177
1,4	0,9192	0,9207	0,9222	0,9236	0,9251	0,9265	0,9279	0,9292	0,9306	0,9319
1,5	0,9332	0,9345	0,9357	0,9370	0,9382	0,9394	0,9406	0,9418	0,9429	0,9441
1,6	0,9452	0,9463	0,9474	0,9484	0,9495	0,9505	0,9515	0,9525	0,9535	0,9545
1,7	0,9554	0,9564	0,9573	0,9582	0,9591	0,9599	0,9608	0,9616	0,9625	0,9633
1,8	0,9641	0,9649	0,9656	0,9664	0,9671	0,9678	0,9686	0,9693	0,9699	0,9706
1,9	0,9713	0,9719	0,9726	0,9732	0,9738	0,9744	0,9750	0,9756	0,9761	0,9767
2,0	0,9772	0,9778	0,9783	0,9788	0,9793	0,9798	0,9803	0,9808	0,9812	0,9817
2,1	0,9821	0,9826	0,9830	0,9834	0,9838	0,9842	0,9846	0,9850	0,9854	0,9857
2,2	0,9861	0,9864	0,9868	0,9871	0,9875	0,9878	0,9881	0,9884	0,9887	0,9890
2,3	0,9893	0,9896	0,9898	0,9901	0,9904	0,9906	0,9909	0,9911	0,9913	0,9916
2,4	0,9918	0,9920	0,9922	0,9925	0,9927	0,9929	0,9931	0,9932	0,9934	0,9936
2,5	0,9938	0,9940	0,9941	0,9943	0,9945	0,9946	0,9948	0,9949	0,9951	0,9952
2,6	0,9953	0,9955	0,9956	0,9957	0,9959	0,9960	0,9961	0,9962	0,9963	0,9964
2,7	0,9965	0,9966	0,9967	0,9968	0,9969	0,9970	0,9971	0,9972	0,9973	0,9974
2,8	0,9974	0,9975	0,9976	0,9977	0,9977	0,9978	0,9979	0,9979	0,9980	0,9981
2,9	0,9981	0,9982	0,9982	0,9983	0,9984	0,9984	0,9985	0,9985	0,9986	0,9986
3,0	0,9987	0,9987	0,9987	0,9988	0,9988	0,9989	0,9989	0,9989	0,9990	0,9990
3,1	0,9990	0,9991	0,9991	0,9991	0,9992	0,9992	0,9992	0,9992	0,9993	0,9993
3,2	0,9993	0,9993	0,9994	0,9994	0,9994	0,9994	0,9994	0,9995	0,9995	0,9995
3,3	0,9995	0,9995	0,9996	0,9996	0,9996	0,9996	0,9996	0,9996	0,9996	0,9997
3,4	0,9997	0,9997	0,9997	0,9997	0,9997	0,9997	0,9997	0,9997	0,9997	0,9998
3,5	0,9998	0,9998	0,9998	0,9998	0,9998	0,9998	0,9998	0,9998	0,9998	0,9998
3,6	0,9998	0,9998	0,9999	0,9999	0,9999	0,9999	0,9999	0,9999	0,9999	0,9999
3,7	0,9999	0,9999	0,9999	0,9999	0,9999	0,9999	0,9999	0,9999	0,9999	0,9999
3,8	0,9999	0,9999	0,9999	0,9999	0,9999	0,9999	0,9999	0,9999	0,9999	0,9999
3,9	1,0000	1,0000	1,0000	1,0000	1,0000	1,0000	1,0000	1,0000	1,0000	1,0000

Lösungen

a)

Ausgefallene Bauteile	Kosten für Garantieleistung
keine	0
T_1	150 DM
T_2	120 DM
T_3	30 DM
T_1 und T_2	270 DM
T_1 und T_3	180 DM
T_2 und T_3	150 DM
T_1 und T_2 und T_3	300 DM

Wahrscheinlichkeitsverteilung:

x_i	0	30	120	150	180	270	300
$P(X = x_i)$	0,512	0,128	0,128	0,16	0,032	0,032	0,008

NR: $P(X = 0) = 0{,}8^3 = 0{,}512$
$P(X = 30) = 0{,}8^2 \cdot 0{,}2 = 0{,}128$
$P(X = 120) = 0{,}8^2 \cdot 0{,}2 = 0{,}128$
$P(X = 150) = 0{,}8^2 \cdot 0{,}2 + 0{,}8 \cdot 0{,}2^2 = 0{,}16$
$P(X = 180) = 0{,}8 \cdot 0{,}2^2 = 0{,}032$
$P(X = 270) = 0{,}8 \cdot 0{,}2^2 = 0{,}032$
$P(X = 300) = 0{,}2^3 = 0{,}008$

$$E(X) = 30 \cdot 0{,}128 + 120 \cdot 0{,}128 + 150 \cdot 0{,}16 + 180 \cdot 0{,}032 + 270 \cdot 0{,}032 + 300 \cdot 0{,}008 = \underline{\underline{60}}$$

Die Herstellerfirma muss durch die Garantieleistungen pro Produkt mit 60 DM Kosten rechnen.

b) $P(F_1 \cup F_2) = P(F_1) + P(F_2) - P(F_1 \cap F_2)$

$$P(F_2) = P(F_1 \cup F_2) - P(F_1) + P(F_1 \cap F_2)$$
$$= 0{,}1 - 0{,}04 + 0{,}0025$$
$$= 0{,}0625$$

$$P(F_1) \cdot P(F_2) = 0{,}04 \cdot 0{,}0625 = \underline{\underline{0{,}0025 = P(F_1 \cap F_2)}}$$

$\Rightarrow$ F_1 und F_2 sind unabhängig voneinander.

c) A ... Anzahl der Taschenrechner, die sowohl F_1 als auch F_2 aufweisen (Binomialverteilung: $p = 0{,}0025$)

A_n ... Ereignis: Von n entnommenen Rechner ist wenigstens einer defekt.

$$P(\overline{A_n}) = (1 - 0{,}0025)^n = 0{,}9975^n$$

$$1 - 0{,}9975^n \geq 0{,}99$$
$$0{,}01 \geq 0{,}9975^n$$
$$\ln 0{,}01 \geq n \cdot \ln 0{,}9975$$
$$\frac{\ln 0{,}01}{\ln 0{,}9975} \leq n$$
$$\underline{\underline{1839{,}8 \leq n}}$$

Der Produktion müssen mindestens 1840 Geräte entnommen werden.

d) Y ... Anzahl der Rechner (unter 750 gelieferten Geräten), die F_1 aufweisen
(Binomialverteilung: $n = 750$; $p = 0{,}04$)

Wegen $n \cdot p \cdot (1 - p) = 750 \cdot 0{,}04 \cdot 0{,}96 = 28{,}8 > 9$ kann mit der „Näherungsformel nach Moivre-Laplace“ gearbeitet werden:

$E(Y) = 750 \cdot 0{,}04 = 30 = \mu$

$\sigma = \sqrt{28{,}8}$

$$
\begin{aligned}
P(Y \leq 19) &= \Phi\left(\frac{19 + 0{,}5 - 30}{\sqrt{28{,}8}}\right) \\
&= \Phi(-1{,}96) \\
&= 1 - \Phi(1{,}96) \\
&= 1 - 0{,}9750 \qquad \text{(Tabelle)} \\
&= \underline{\underline{0{,}025}}
\end{aligned}
$$

Mit einer Wahrscheinlichkeit von 0,025 tritt der Fehler F_1 bei weniger als 20 Rechnern auf.

Leistungskurs Mathematik (Sachsen): Abiturprüfung 1998
Analysis – Aufgabe D 1

Gegeben ist die Funktion f durch $y = f(x) = \frac{x}{(\ln x)^2}$ $(x \in D_f)$.

Die Abbildung zeigt das mit einem grafikfähigen Taschenrechner erzeugte Bild des Graphen der Funktion f:

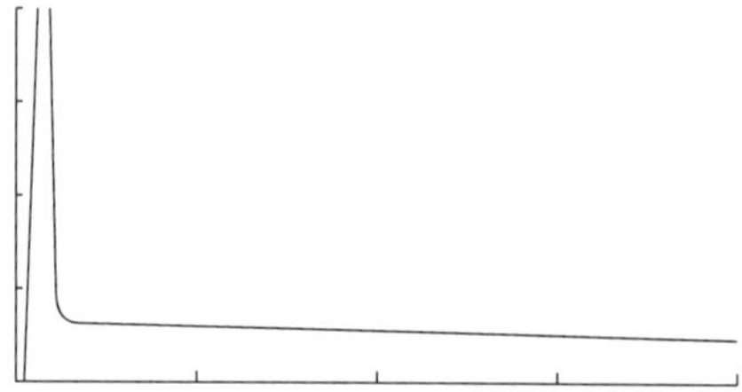

a) Geben Sie den größtmöglichen Definitionsbereich der Funktion f an.
Der Graph der Funktion f besitzt genau einen lokalen Minimumpunkt.
Berechnen Sie dessen Koordinaten.
(Hinweis: Auf die Überprüfung einer hinreichenden Bedingung für die Existenz eines lokalen Extremums kann verzichtet werden). (4 BE)

b) Es existiert genau ein Punkt P(x; f(x)) $(x \in R,\ x > 1)$, dessen Abstand zum Koordinatenursprung minimal ist.
Berechnen Sie die Koordinaten dieses Punktes P.
(Hinweis: Auf die Überprüfung einer hinreichenden Bedingung für die Existenz des lokalen Minimums kann verzichtet werden). (6 BE)

(10 BE)

Lösungen

a) $\underline{\underline{D_f = \{x: x > 0, x \neq 1, x \in R\}}}$

$$y = f(x) = \frac{x}{(\ln x)^2}$$

$$f'(x) = \frac{1 \cdot (\ln x)^{\cancel{2}\,1} - x \cdot 2 \cdot \cancel{(\ln x)} \cdot \frac{1}{x}}{(\ln x)^{\cancel{4}\,3}}$$

$$= \frac{\ln x - 2}{(\ln x)^3}$$

$$0 = \ln x_E - 2$$

$$\ln x_E = 2$$

$$x_E = e^2$$

$$y_E = \frac{e^2}{(\ln e^2)^2} = \frac{e^2}{4}$$

$$\underline{\underline{E\left(e^2; \frac{e^2}{4}\right)}}$$

b) Skizze:

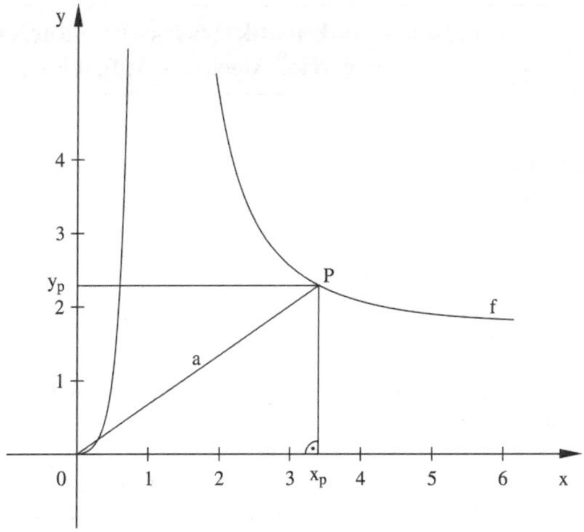

$$a(x)=\sqrt{x^2+[f(x)]^2}=\sqrt{x^2+\frac{x^2}{(\ln x)^4}} \qquad (x>1)$$

$$a'(x)=\frac{1}{2\cdot\sqrt{x^2+\frac{x^2}{(\ln x)^4}}}\cdot\left(2x+\frac{2x\cdot(\ln x)^4-x^2\cdot 4\cdot(\ln x)^3\cdot\frac{1}{x}}{(\ln x)^{8\;5}}\right)$$

$$=\underbrace{\frac{1}{2\cdot\sqrt{x^2+\frac{x^2}{(\ln x)^4}}}}_{\neq 0 \text{ für alle } x>1}\cdot\left(2x+\frac{2x\ln x-4x}{(\ln x)^5}\right)$$

$$0=2x_E+\frac{2x_E\ln x_E-4x_E}{(\ln x_E)^5} \qquad |\cdot(\ln x_E)^5$$

$$0=2x_E\cdot(\ln x_E)^5+2x_E\cdot\ln x_E-4x_E \qquad |:2x_E$$

$$0=(\ln x_E)^5+\ln x_E-2 \qquad |\ln x_E=z$$

$$0=z^5+z-2$$

$z_1=1$ (Probieren)

$$\ln x_E=1 \Rightarrow x_E=e$$

$$y_E=\frac{e}{1^2}=e$$

$$E(e;e)$$

Da laut Aufgabenstellung genau ein Extrempunkt existiert, gilt für P: $\underline{\underline{P(e;e)}}$

Leistungskurs Mathematik (Sachsen): Abiturprüfung 1998
Geometrie / Algebra – Aufgabe D 2

In einem kartesischen Koordinatensystem sind die Punkte A(3; –5; –15), B(2; 4; –1) und C(8; 10; –7) sowie die Gerade g durch

$$\vec{x} = \begin{pmatrix} -2 \\ -20 \\ -23 \end{pmatrix} + t \cdot \begin{pmatrix} 3 \\ -1 \\ 2 \end{pmatrix} \quad (t \in R)$$

gegeben.

a) Zeigen Sie, dass die durch die Punkte B und C bestimmte Gerade h windschief zur Geraden g verläuft. (3 BE)

b) Die Höhe h_a auf der Seite $\overline{BC}$ des Dreiecks ABC zerlegt das Dreieck in zwei Teildreiecke. Das flächenmäßig größere der beiden Teildreiecke rotiere um die Höhe h_a.
Zeigen Sie, dass der Punkt F(4; 6; –3) Höhenfußpunkt der Höhe h_a ist.
Berechnen Sie das Volumen des entstehenden Rotationskörpers. (4 BE)

c) Ermitteln Sie eine Gleichung derjenigen Geraden, die durch den Punkt A verläuft und die die Gerade g sowie h schneidet. (3 BE)

(10 BE)

Lösungen

a) h ... $\begin{pmatrix} x \\ y \\ z \end{pmatrix} = \begin{pmatrix} 2 \\ 4 \\ -1 \end{pmatrix} + s \cdot \begin{pmatrix} 6 \\ 6 \\ -6 \end{pmatrix} \quad (s \in R)$

$g \cap h$:

$$\begin{array}{llll} (1) & -2+3t = 2+6s & & \\ (2) & -20-t = 4+6s & & \\ (3) & -23+2t = -1-6s & & \\ \hline (1)+(3) & -25+5t = 1 & \Rightarrow & t = \frac{26}{5} \\ (2)+(3) & -43+t = 3 & \Rightarrow & t = 46 \end{array}$$

Es gibt keine gemeinsamen Punkte von g und h. Da g und h auch nicht parallel sind, denn es gibt kein a, das die Gleichung

$$\begin{pmatrix} 6 \\ 6 \\ -6 \end{pmatrix} = a \cdot \begin{pmatrix} 3 \\ -1 \\ 2 \end{pmatrix}$$

erfüllt, sind g und h <u>windschief</u>.

b) Zu prüfen:

(1) $F \in h$

(2) $\overrightarrow{BC} \perp \overrightarrow{AF}$

Skizze:

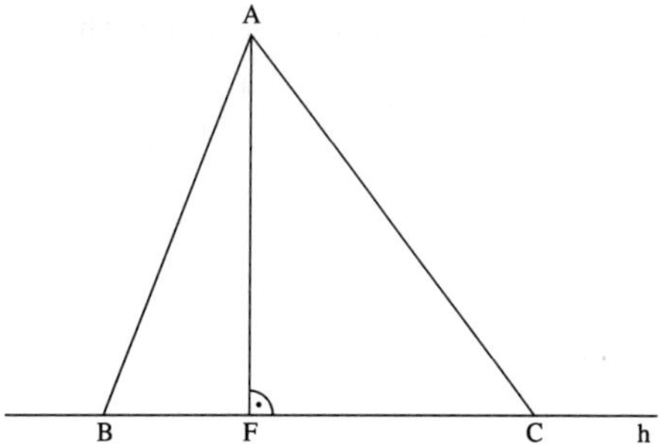

zu (1): $\begin{pmatrix} 4 \\ 6 \\ -3 \end{pmatrix} = \begin{pmatrix} 2 \\ 4 \\ -1 \end{pmatrix} + s \cdot \begin{pmatrix} 6 \\ 6 \\ -6 \end{pmatrix}$

$$4 = 2 + 6s \quad \Rightarrow \quad s = \frac{1}{3}$$
$$6 = 4 + 6s \quad \Rightarrow \quad s = \frac{1}{3}$$
$$-3 = -1 - 6s \quad \Rightarrow \quad s = \frac{1}{3}$$

$\Rightarrow$ F liegt auf h

zu (2): $\overrightarrow{BC} = \begin{pmatrix} 6 \\ 6 \\ -6 \end{pmatrix}, \qquad \overrightarrow{AF} = \begin{pmatrix} 1 \\ 11 \\ 12 \end{pmatrix}$

$$\overrightarrow{BC} \circ \overrightarrow{AF} = 6 + 66 - 72 = 0$$

$\Rightarrow \overrightarrow{BC} \perp \overrightarrow{AF}$

Also ist F Höhenfußpunkt der Höhe h_a.

Der Rotationskörper ist ein Kreiskegel mit dem Durchmesser $d = 2 \cdot \overline{CF}$, denn

$$\overline{CF} = \sqrt{4^2 + 4^2 + 4^2} = \sqrt{48}$$
$$\overline{BF} = \sqrt{2^2 + 2^2 + 2^2} = \sqrt{12}$$
$$\overline{CF} > \overline{BF},$$

und der Höhe $h = \overline{AF}$.

$$\overline{AF} = \sqrt{1^2 + 11^2 + 12^2} = \sqrt{266}$$

$$V_k = \frac{\pi}{12} d^2 h$$
$$= \frac{\pi}{12} \cdot (2 \cdot \sqrt{48})^2 \cdot \sqrt{266} = \frac{\pi}{12} \cdot 192 \cdot \sqrt{266} =$$
$$= 16\pi \cdot \sqrt{266}$$
$$\approx 819{,}8$$

c) E ... Ebene ABC bzw. durch A und h

$$E \ldots \begin{pmatrix} x \\ y \\ z \end{pmatrix} = \begin{pmatrix} 3 \\ -5 \\ -15 \end{pmatrix} + u \cdot \begin{pmatrix} -1 \\ 9 \\ 14 \end{pmatrix} + v \cdot \begin{pmatrix} 5 \\ 15 \\ 8 \end{pmatrix}$$

$(u, v \in R)$

Skizze:

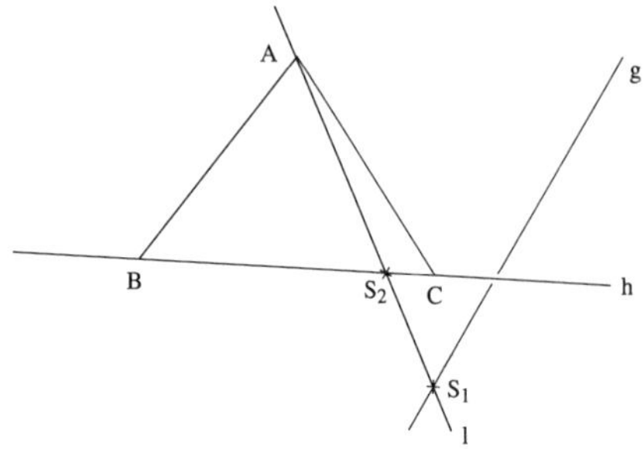

$g \cap E$:

$$\begin{array}{ll}
(1) & -2+3t = 3-u+5v \\
(2) & -20-t = -5+9u+15v \\
(3) & -23+2t = -15+14u+8v \\
\hline
(1)' & u = 5+5v-3t \\
\text{in } (2) & -20-t = -5+9(5+5v-3t)+15v \\
 & t = \dfrac{60+60v}{26} \\
\text{in } (3) & -23+2t = -15+14(5+5v-3t)+8v \\
 & t = \dfrac{78+78v}{44} \\
\hline
 & \dfrac{60+60v}{26} = \dfrac{78+78v}{44} \\
 & v = -1 \quad \Rightarrow \quad t = 0 \\
 & u = 5+5\cdot(-1)-3\cdot 0 \\
 & u = 0
\end{array}$$

$\Rightarrow$ $\underline{\underline{S_1(-2; -20; -23)}}$

l ... Gerade durch die Punkte A und S_1

$$l \ldots \begin{pmatrix} x \\ y \\ z \end{pmatrix} = \begin{pmatrix} 3 \\ -5 \\ -15 \end{pmatrix} + w \cdot \begin{pmatrix} -5 \\ -15 \\ -8 \end{pmatrix} \quad (w \in R)$$

$l \cap h$:

$$\begin{array}{llll}
(1) & 3-5w = 2+6s & & \\
(2) & -5-15w = 4+6s & & \\
(3) & -15-8w = -1-6s & & \\
\hline
(1)+(3) & -12-13w = 1 & \Rightarrow & w = -1 \\
(2)+(3) & -20-23w = 3 & \Rightarrow & w = -1 \\
\hline
\text{in } (1) & 3-5\cdot(-1) = 2+6s & & \\
 & s = 1 & &
\end{array}$$

$\Rightarrow$ $\underline{\underline{S_2(8; 10; -7)}}$

Die Gerade l ist die gesuchte Gerade, denn sie verläuft durch A und schneidet g in S_1 und h in S_2.

Ihre Meinung ist uns wichtig!

Ihre Anregungen sind uns immer willkommen.
Bitte informieren Sie uns mit diesem Schein über Ihre Verbesserungsvorschläge!

Titel-Nr.	Seite	Fehler, Vorschlag

STARK
... und lernen wird einfacher!

Bitte hier abtrennen

Bitte hier abtrennen

Zutreffendes bitte ankreuzen!

Die Absenderin/der Absender ist:

- ☐ Lehrer/in
- ☐ Referendar/in im Ausbildungsabschnitt: ______
- ☐ Fachbetreuer/in
  Fächer: ______
- ☐ Oberstufenbetreuer/in
- ☐ Schulleiter/in
- ☐ Seminarlehrer/in
  Fächer: ______
- ☐ Leiter/in Lehrerbibliothek
- ☐ Leiter/in Schülerbibliothek
- ☐ Regierungsfachberater/in
  Fächer: ______
- ☐ Eltern
- ☐ Schüler/in, Klasse: ______
- ☐ Sekretariat
- ☐ Sonstiges: ______

Unterrichtsfächer: **(Bei Lehrkräften!)**

______

STARK Verlag
Postfach 1852
85318 Freising

Kennen Sie Ihre Kundennummer?
Bitte hier eintragen.

Absender **(Bitte in Druckbuchstaben!)**

Name/Vorname

Straße/Nr.

PLZ/Ort

Schule/Schulstempel **(Bitte immer angeben!)**

8-V14

Bitte ausfüllen und im frankierten Umschlag an uns einsenden. Für Fensterkuverts geeignet.

Abitur-Training

Faktenwissen und praxisgerechte Übungen mit vollständigen Lösungen.

Mathematik

Analysis – LK .... Best.-Nr. 94002
Analysis – gk .... Best.-Nr. 94001
Analytische Geometrie 1 – gk/LK .... Best.-Nr. 94005
Analytische Geometrie 2 – gk/LK .... Best.-Nr. 54008
Stochastik – LK .... Best.-Nr. 94003
Stochastik – gk .... Best.-Nr. 94007
Mathematik Aufgaben Analysis – gk .... Best.-Nr. 40011
Integralrechnung – gk .... Best.-Nr. 40015
Exponential- und Logarithmus-, gebrochenrationale Funktionen – gk .... Best.-Nr. 40016
Wahrscheinlichkeitsrechnung und Statistik– gk .... Best.-Nr. 40055

Physik

NEU: Elektromagnetische Schwingungen und Wellen – LK .... Best.-Nr. 94309
Elektrisches und magnetisches Feld – LK .... Best.-Nr. 94308
Kernphysik – LK .... Best.-Nr. 94305
Atommodelle – LK .... Best.-Nr. 94304
Wellen- und Teilchenaspekt von Licht und Materie – LK .... Best.-Nr. 94303
Physik 1 – gk .... Best.-Nr. 94321
Physik 2 – gk .... Best.-Nr. 94322

Chemie/Biologie

Chemie 1 – LK .... Best.-Nr. 94731
NEU: Chemie 2 – LK .... Best.-Nr. 94732
Chemie 1 – gk .... Best.-Nr. 94741
Chemie 2 – gk .... Best.-Nr. 94742
Chemie für den LK Biologie .... Best.-Nr. 54705
Biologie 1 – LK Bayern .... Best.-Nr. 94701
Biologie 2 – LK Bayern .... Best.-Nr. 94702
Biologie 1 – gk Bayern .... Best.-Nr. 94715
Biologie 2 – gk Bayern .... Best.-Nr. 94716

Deutsch

Dt. Literaturgeschichte – gk/LK .... Best.-Nr. 94405
Deutsch 1 – gk/LK .... Best.-Nr. 94401
Deutsch 2 – gk/LK .... Best.-Nr. 94402
Deutsch 3 – gk/LK .... Best.-Nr. 94403
Aufsatz Oberstufe .... Best.-Nr. 84401
Deutsch Training 11. Klasse .... Best.-Nr. 90405
Deutsch – Interpretationshilfen 1 .... Best.-Nr. 94407
NEU: Interpretationshilfe Der fremde Freund/Drachenblut .... Best.-Nr. 2400061

Latein

Kurzgrammatik .... Best.-Nr. 94601
Lateinische Literaturgeschichte .... Best.-Nr. 94602
Wortkunde .... Best.-Nr. 94603

Pädagogik/Psychologie

Grundwissen Pädagogik .... Best.-Nr. 92480
NEU: Grundwissen Psychologie .... Best.-Nr. 92481

Englisch

Englisch – Textaufgaben zur Landeskunde USA .... Best.-Nr. 94463
Englisch – Textaufgaben zur Landeskunde Großbritannien .... Best.-Nr. 94461
Englisch – Textaufgaben zur Literatur .... Best.-Nr. 94462
Englisch – Grundlagen der Textarbeit .... Best.-Nr. 94464
Englisch – Grundfertigkeiten des Schreibens .... Best.-Nr. 94466
Englisch – Übersetzungsübung .... Best.-Nr. 82454
Englisch – Grammatikübung Oberstufe .... Best.-Nr. 82452
Englisch – Wortschatzübung Oberstufe .... Best.-Nr. 82451
Englisch – Literaturgeschichte .... Best.-Nr. 94465
Englisch – Übertritt in die Oberstufe .... Best.-Nr. 82453
Englisch – Interpretationshilfen 1 .... Best.-Nr. 82455
Englisch – Interpretationshilfen 2 .... Best.-Nr. 82456
NEU: Interpretationshilfe Macbeth .... Best.-Nr. 2500011
NEU: Interpretationshilfe Romeo and Juliet Best.-Nr. 2500041

Französisch

Textaufgaben z. Landeskunde Frankreich Best.-Nr. 94501
Französisch – Wortschatz .... Best.-Nr. 94503
Textaufgaben zur Literatur – gk/LK .... Best.-Nr. 94502
Französisch – Textarbeit .... Best.-Nr. 94504
Französisch – Wortschatzübung .... Best.-Nr. 94505
Französisch – Literaturgeschichte .... Best.-Nr. 94506
Interpretationshilfen 1 – Lyrik .... Best.-Nr. 94507
NEU: Interpretationshilfen 2 – Prosa .... Best.-Nr. 94508

Geschichte

NEU: Die Weimarer Republik .... Best.-Nr. 47815
NEU: Geschichte Quellen Die Weimarer Republik Best.-Nr. 47811
Geschichte 1 – gk .... Best.-Nr. 84761
Geschichte 2 – gk .... Best.-Nr. 84762

Ethik/Religion

Ethische Positionen in historischer Entwicklung – gk .... Best.-Nr. 94951
Katholische Religion 1 – gk .... Best.-Nr. 84991
NEU: Katholische Religion 2 – gk .... Best.-Nr. 84992
Evangelische Religion 1 – gk .... Best.-Nr. 94971
Evangelische Religion 2 – gk .... Best.-Nr. 94972

Kunst

Grundwissen Malerei – LK .... Best.-Nr. 94961
Analyse u. Interpretation – LK .... Best.-Nr. 94962

Sport

Bewegungslehre – LK .... Best.-Nr. 94981
NEU: Sport Trainingslehre – LK .... Best.-Nr. 94982

Erdkunde

NEU: Erdkunde – gk/LK .... Best.-Nr. 94901

(Bitte blättern Sie um)

Abitur-Prüfungsaufgaben

Viele Jahrgänge bis einschließlich 1998 der zentralgestellten Prüfungsaufgaben an Gymnasien in Sachsen und Baden-Württemberg bieten ein breites Spektrum an Vorbereitungsmöglichkeiten. Dazu vollständige Lösungen!

Mathematik

Abiturprüfung Mathematik – LK Sachsen
Mit vollständigen Lösungen .... Best.-Nr. 145000

Abiturprüfung Mathematik – gk Sachsen
Mit vollständigen Lösungen .... Best.-Nr. 145100

NEU: Abiturprüfung Mathematik Mündl. Prüfung – gk/LK BW
Prüfungsaufgaben mit Lösungen ..... Best.-Nr. 85101

Abiturprüfung Mathematik – LK Baden-Württemberg
Mit vollständigen Lösungen .... Best.-Nr. 85000

Abiturprüfung Mathematik – gk Baden-Württemberg
Mit vollständigen Lösungen .... Best.-Nr. 85100

Chemie/Biologie

NEU: Abiturprüfung Chemie – gk/LK Sachsen
Mit vollständigen Lösungen .... Best.-Nr. 145730

Abiturprüfung Chemie – LK Baden-Württemberg
Mit vollständigen Lösungen .... Best.-Nr. 85730

Abiturprüfung Biologie – gk/LK Sachsen
Mit vollständigen Lösungen .... Best.-Nr. 145700

Abiturprüfung Biologie – LK Baden-Württemberg
Mit vollständigen Lösungen .... Best.-Nr. 85700

Abiturprüfung Biologie – gk Baden-Württemberg
Mit vollständigen Lösungen .... Best.-Nr. 85710

Physik

Abiturprüfung Physik – LK Sachsen
Mit vollständigen Lösungen .... Best.-Nr. 145300

Abiturprüfung Physik – LK Baden-Württemberg
Mit vollständigen Lösungen .... Best.-Nr. 85300

Abiturprüfung Physik – gk Baden-Württemberg
Mit vollständigen Lösungen .... Best.-Nr. 85320

Deutsch

Abiturprüfung Deutsch – LK Sachsen
Mit Lösungsvorschlägen ....Best.-Nr. 145400

Abiturprüfung Deutsch – gk Sachsen
Mit Lösungsvorschlägen ....Best.-Nr. 145410

Abiturprüfung Deutsch – LK Baden-Württemberg
Mit Lösungsvorschlägen ....Best.-Nr. 85400

Abiturprüfung Deutsch – gk Baden-Württemberg
Mit Lösungsvorschlägen ....Best.-Nr. 85410

Abiturprüfung Deutsch Mündliche Prüfung – gk/LK BW
Prüfungsaufgaben mit Lösungen ..... Best.-Nr. 85411

Kunst

Abiturprüfung Kunst – LK Baden-Württemberg
Mit Lösungsvorschlägen ....Best.-Nr. 85960

Englisch

Abiturprüfung Englisch – LK Sachsen
Mit vollständigen Lösungen .... Best.-Nr. 145460

Abiturprüfung Englisch – LK Baden-Württemberg
Mit vollständigen Lösungen ....Best.-Nr. 85460

Abiturprüfung Englisch – gk Baden-Württemberg
Mit vollständigen Lösungen ....Best.-Nr. 85470

Französisch/Latein

Abiturprüfung Französisch – LK Baden-Württemberg
Mit vollständigen Lösungen ....Best.-Nr. 85500

Abiturprüfung Latein – LK Baden-Württemberg
Mit vollständigen Lösungen ....Best.-Nr. 85600

Abiturprüfung Latein – gk Baden-Württemberg
Mit vollständigen Lösungen ....Best.-Nr. 85630

Geschichte

Abiturprüfung Geschichte – LK Sachsen
Mit Lösungsvorschlägen ....Best.-Nr. 145760

Abiturprüfung Geschichte – gk Sachsen
Mit Lösungsvorschlägen ....Best.-Nr. 145780

Abiturprüfung Geschichte – LK Baden-Württemberg
Mit Lösungsvorschlägen ....Best.-Nr. 85760

Abiturprüfung Geschichte – gk Baden-Württemberg
Mit Lösungsvorschlägen ....Best.-Nr. 85780

Erdkunde/Gemeinschaftskunde

Abiturprüfung Erdkunde – LK Baden-Württemberg
Mit vollständigen Lösungen ....Best.-Nr. 85900

Abiturprüfung Gemeinschaftskunde – LK Baden-Württ.
Mit vollständigen Lösungen ....Best.-Nr. 85800

Sport/Religion

Abiturprüfung Sport – LK Baden-Württemberg
Mit vollständigen Lösungen ....Best.-Nr. 85980

Abiturprüfung ev. Religion – gk Baden-Württemberg
Mit Lösungsvorschlägen ....Best.-Nr. 85970

Abiturprüfung Religion r.-k. – gk Baden-Württemberg
Mit Lösungsvorschlägen ....Best.-Nr. 85990

Natürlich führen wir noch mehr Buchtitel für alle Schularten. Bitte rufen Sie uns an. Wir informieren Sie gerne!

Telefon: 0 81 61/17 90

STARK
... und lernen wird einfacher!

Bestellungen bitte direkt an: Stark Verlag · Postfach 1852 · 85318 Freising
Tel. 0 81 61/17 90 · FAX 0 81 61/179 51 · Internet http://www.stark-verlag.de